Geometrie

W0251855

Mathematik Primarstufe

Herausgegeben von
Prof. Dr. Friedhelm Padberg
Universität Bielefeld

Bisher erschienene Bände:

F. Padberg: Einführung in die Mathematik I – Arithmetik (GS)
M. Stein: Einführung in die Mathematik II – Geometrie (GS)
M. Stein: Geometrie (HS)

Weitere Bände in Vorbereitung:

Einführung in die Didaktik des Mathematikunterrichts der Primarstufe (GS)
Stochastik (HS)
Zahlentheorie/Arithmetik (HS)
Anregungen zur Planung von Mathematikunterricht in der Primarstufe (HS)
Didaktik der Geometrie (HS)
Didaktik des Sachrechnens (HS)

GS = Grundstudium
HS = Hauptstudium

Martin Stein

Geometrie

Spektrum Akademischer Verlag Heidelberg · Berlin

Die Deutsche Bibliothek – CIP-Einheitsaufnahme

Stein, Martin:
Geometrie / Martin Stein. - Heidelberg ; Berlin :
Spektrum, Akad. Verl., 1999
(Mathematik Primarstufe)
ISBN 3-8274-0385-5

© 1999 Spektrum Akademischer Verlag GmbH Heidelberg · Berlin

Alle Rechte, insbesondere die der Übersetzung in fremde Sprachen, sind vorbehalten. Kein Teil des Buches darf ohne schriftliche Genehmigung des Verlages photokopiert oder in irgendeiner anderen Form reproduziert oder in eine von Maschinen verwendbare Sprache übertragen oder übersetzt werden.

Es konnten nicht sämtliche Rechteinhaber von Abbildungen ermittelt werden. Sollte dem Verlag gegenüber der Nachweis der Rechtsinhaberschaft geführt werden, wird das branchenübliche Honorar nachträglich gezahlt.

Lektorat: Dr. Georg W. Botz, Sabine Loss (Ass.)
Reihengestaltung: Zembsch' Werkstatt, München
Umschlaggestaltung: Kurt Bitsch, Birkenau
Druck und Verarbeitung: Druckerei und Verlag Bitsch, Birkenau

Inhaltsverzeichnis

Vorwort

Mit diesem Buch wenden wir uns an Studierende im Hauptstudium des Faches Mathematik für das Lehramt Primarstufe. In fünf Kapiteln beleuchten wir dabei schlaglichtartig zwei grundsätzlich unterschiedliche Möglichkeiten geometrischen Arbeitens.

Die ersten beiden Kapitel stellen wir unter das Schlagwort *Der Kopf in der Welt*.
Im ersten Kapitel stellen wir die Mittel bereit, *Hausmodelle* aus Papier zu bauen. Dabei werden auch einige einfache Verfahren der zeichnerischen räumlichen Darstellung vorgestellt. Auf die Behandlung der Zentralperspektive verzichten wir bewußt, da die hier zu behandelnden technischen Probleme unseres Erachtens den Aufwand nicht rechtfertigen.
Das zweite Kapitel behandelt *Bandornamente* und *Parkettierungen.* Auch wenn hier einige (einfache) Beweise geführt werden, liegt der Schwerpunkt doch auf den ästhetischen Aspekten des Themas. Den Methoden der eigenständigen Konstruktion solcher Ornamente wird breiter Raum gegeben.

Die folgenden drei Kapitel können unter das Schlagwort *Die Welt im Kopf* gestellt werden.
Das dritte Kapitel behandelt - zum Teil als Wiederholung aus dem Band *Einführung in die Mathematik II - Geometrie* (Stein [23]) - die *Graphentheorie.* Hier findet der Umgang mit der - mathematisierten - Wirklichkeit im wesentlichen "im Kopf" statt. Der Bezug zu Problemen "aus der Welt" kann und soll zwar Fragestellungen der Graphentheorie motivieren, die eigentlichen Leistungen beim Umgang mit den Problemen (z.B. *Problem des Straßeninspektors; Problem des Handlungsreisenden*) finden aber "im Kopf" statt und können - besonders im Falle nicht lösbarer Probleme - gerade *nicht* durch Zeichnen oder Basteln bewältigt werden.
Die letzten beiden Kapitel behandeln Ausschnitte aus der "Schulgeometrie" sowie der Axiomatik:
Begriffe wie Punkt, Gerade, Dreieck oder Kreis stellen idealisierte Formen aus der Umwelt dar, die in "reiner" Form nirgends anzutreffen sind. Das vierte (*Schulgeometrie*) und das fünfte Kapitel (*Axiomatik*) zeigen mit unterschiedlicher Zielsetzung Zusammenhänge zwischen und Erkenntnisse über diese Objekte auf.
Wir stellen die Ausführungen dieser letzten beiden Kapitel unter die Leitvorstellung des *Axiomatisierens*: Nachdem das vierte Kapitel einen Zugang zu Sätzen über Dreiecke, Vierecke und Kreise unter dem Aspekt des *lokalen*

Ordnens geschaffen hat (vgl. Stein [21], Stein [22]), wird im fünften Kapitel in exemplarischer Weise ein Stück weit der Weg der Axiomatik beschritten. *Wesentlich neu* an dem hier gewählten Zugang zur Axiomatik ist der Aufbau in mehreren Schichten. Die erste Schicht der Darstellung ist speziell für Studierende im *weiteren Fach* konzipiert. Hier konzentrieren wir uns auf wesentliche Grundideen und behandeln nur solche Sätze, deren Beweisen inhaltlich klare Ideen zugrunde liegen. Die Behandlung dieser Schicht ist in der Vorlesung in sieben bis acht Doppelstunden möglich und kann auch schwächeren Studierenden einen kleinen Einblick in die Wege axiomatischen Arbeitens geben.

Auch wenn dieser für das Hauptstudium konzipierte Band zum Teil etwas anspruchsvoller ist als der erste Band *Einführung in die Mathematik II - Geometrie*, treffen alle wesentlichen Teile der Konzeption des ersten Bandes auch auf diesen Band zu.
Wie im ersten Band verfolgen wir auch hier neben der *Vermittlung der Inhalte* die *Einführung in Möglichkeiten und Methoden des Problemlösens* als wesentliche weitere Zielsetzung: Aus diesem Grund

- behandeln wir auch hier an vielen Stellen Beweise und Problemlösungen nicht in der üblichen Form, sondern "Schritt für Schritt",
- betrachten wir auch hier häufig Beispiele, um einen besseren Überblick über das Problem zu erhalten,
- und führen rückblickende Analysen der geleisteten Arbeit durch.

Eine Ausnahme bildet das Kapitel über die *Graphentheorie*. Da es in einigen Teilen eine *Wiederholung* von Inhalten aus der *Einführung in die Mathematik II - Geometrie* enthält, haben wir hier die Ausarbeitung der Beweise *gestrafft* und der üblichen "Norm" mathematischen Beweisens angepaßt. Die Entwicklung und Ausarbeitung der Beweise aus der *Einführung* hin zum hier vorliegenden Buch für das Hauptstudium zeigt in exemplarischer Weise auf, wie der Prozeß mathematischen Arbeitens von der Problemlösung bis hin zum standardisierten Beweis aussieht.

Das Buch soll sowohl Studierende mit Mathematik als *Schwerpunktfach* als auch Studierende im sogenannten *weiteren Fach* ansprechen. Deshalb ist es so aufgebaut, daß bei der Lektüre wie auch bei der Behandlung in einer Vorlesung verschiedene Schwerpunktsetzungen möglich sind.
Für Studierende im sogenannten *weiteren Fach Mathematik* kann man in einem kurzen Sommersemester

- die Schulgeometrie,
- die Kapitel 1 bis 7 der axiomatischen Geometrie,

- das Kapitel über die Hausmodelle, sowie die
- Färbungssätze (als Ergänzung zur Graphentheorie des Grundstudiums)

behandeln.[1]
In einem längeren Wintersemester bietet sich die zusätzliche Behandlung von Parkettierungen und Bandornamenten an.

In einem anderen Aufbau könnte man sich besonders auf die ersten drei Kapitel konzentrieren. Die eventuell aus der *Einführung in die Mathematik II - Geometrie* bekannten Teile der Graphentheorie würden in diesem Fall vertieft wiederholt. Die neuen Teile bieten - besonders bei den Rösselsprungproblemen - vielfache Möglichkeiten problemlösenden Arbeitens.

Für Studierende mit *Mathematik als Schwerpunktfach* hält das Buch an vielen Stellen Möglichkeiten zur vertiefenden und ergänzenden Behandlung bereit.

Die Gestaltung des Textes wie auch die in den Text eingebundenen Aufgaben - zu denen sich Lösungshinweise am Ende des Bandes finden - sollen zur aktiven Teilnahme an der Dynamik des mathematischen Arbeitsprozesses anregen.

Neben dem Verfasser haben viele Personen Beiträge zu diesem Text geleistet. Frau S. van Straelen hat wie im ersten Teil das Kapitel zur Graphentheorie betreut. Layout und Texte der anderen Kapitel wurden von Frau St. Behr, Frau B. Burchartz, Frau K. Nimsgern und Frau A. Heinermann mitgestaltet und überprüft. Text und Zeichnungen im Kapitel über Bandornamente und Parkettierungen wurden von Frau A. Heinermann betreut, die viele Ideen zum Gelingen des Kapitels beigetragen hat. Die Idee für das Kapitel über Hausmodelle verdanke ich Gesprächen mit Herrn B. Wollring.
Ihnen allen gebührt mein herzlicher Dank.

Danken möchte ich auch den 450 Studentinnen und Studenten meiner Vorlesung *Geometrie (Hauptstudium)* im Sommersemester 1997. Ihre Reaktionen auf diese Vorlesung - der die "Urfassung" dieses Buches zugrunde lag - haben mich insbesondere davon überzeugt, daß die Konzeption des Buches, neben "alltagsbezogenen" auch "formalere" Inhalte der Geometrie zu behandeln, auch für Studierende im sogenannten *weiteren Fach* zugänglich ist. Die sehr schönen und teilweise beeindruckenden Reaktionen auf die Möglichkeit, im

---

[1] In dieser Form wurde das Konzept im Sommersemester 1997 in Münster erprobt.

Rahmen der wöchentlichen Übungszettel “eigene” Hausmodelle zu entwerfen und zu realisieren, haben gezeigt, zu welchen Leistungen unsere Studierenden bei einem problemorientierten Zugang zur Mathematik in der Lage sind.
Die Abschlußklausur der damaligen Vorlesung wird im Anhang dieses Bandes vorgestellt.

I Die Welt nachbauen: Flächenmodelle verschiedener Haus- und Dachformen

1 Das Spitzgiebeldach

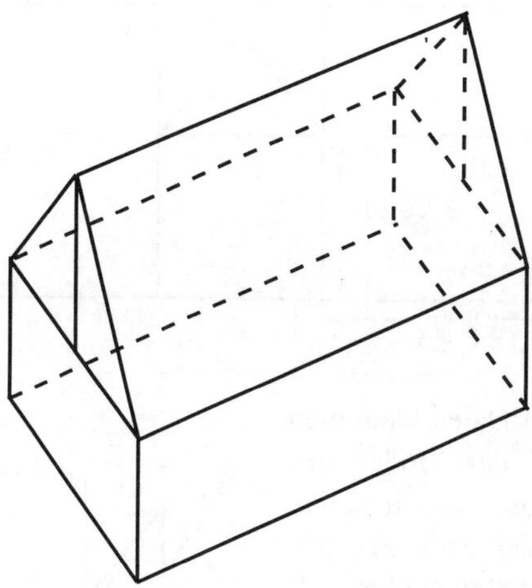

Das Spitzgiebeldach setzt sich aus zwei senkrecht stehenden Dreiecksflächen sowie aus zwei identisch geneigten Rechtecksflächen zusammen. In der perspektivischen Darstellung läßt sich der beschriebene Aufbau erkennen.

Wie können wir nun selbst ein geeignetes Faltmodell zum Zeichnen und Basteln eines solchen Spitzgiebelhauses herstellen?
Wir wählen für das oben stehende Beispiel als Vorgaben eine Hausgrundfläche von 9 m Länge, 6 m Breite und 3,20 m Höhe. Der Neigungswinkel der Seitenrechtecke des Daches soll 50° betragen.
Zum späteren Zeichnen und Basteln des Hauses wählen wir einen Maßstab von 1:100, d.h. die Vorgaben lauten nach der entsprechenden Umrechnung folgendermaßen:

$$l = 9 \text{ cm} \qquad b = 6 \text{ cm}$$
$$h = 3{,}20 \text{ cm} \qquad \alpha = 50°$$

Wir werden im folgenden *Text* ausschließlich mit Angaben in Zentimetern arbeiten. Die *Zeichnungen und Skizzen* enthalten häufig entsprechende Maßangaben, sind aber *nicht maßstabsgerecht.*[1]

Für diese uns zur Verfügung stehenden Anfangsdaten zeichnen wir zunächst eine entsprechende Skizze für ein späteres Faltmodell, in die wir die Vorgaben eintragen.

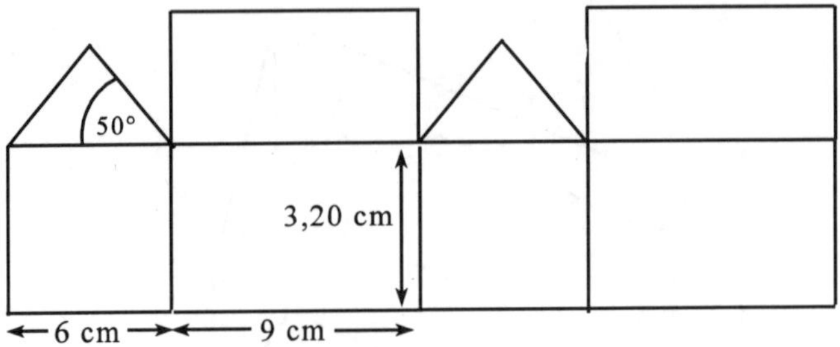

Mit den angegebenen Daten kann man den Bastelbogen für das Modell des Hauses bereits erstellen. Da wir in den folgenden Abschnitten auch kompliziertere Modelle herstellen wollen, soll an diesem einfachen Beispiel gezeigt werden, wie man als weitere Größen die Höhe h_D des Spitzgiebels und die Höhe h_R des Dach-Rechtecks berechnet.

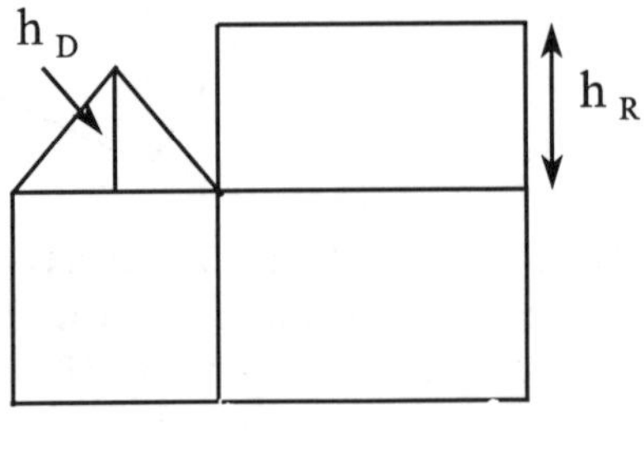

Dazu fertigen wir (vgl. folgende Seite) eine neue Zeichnung an, die als sogenannte *Dreitafelprojektion* bezeichnet wird und alle Ansichten des zu erstellenden Modells wiedergibt. In die Zeichnung tragen wir die gegebenen und die gesuchten Größen ein. Um Mißverständnisse zu vermeiden, haben wir noch die Dachhöhe a eingetragen und stellen fest, daß a *nicht* gleich h_R, sondern gleich h_D ist. Zum besseren Verständnis tragen wir die beiden zu berechnenden Größen auch in die räumliche Darstellung unseres Hauses ein.

---

[1] Entscheidend für die Gestaltung der Zeichnungen in diesem Kapitel war, den auf der Druckseite zur Verfügung stehenden Raum möglichst gut zu nutzen. Aus diesem Grunde sind unter anderem lange Strecken häufig "im Verhältnis kürzer" als kurze Strecken.

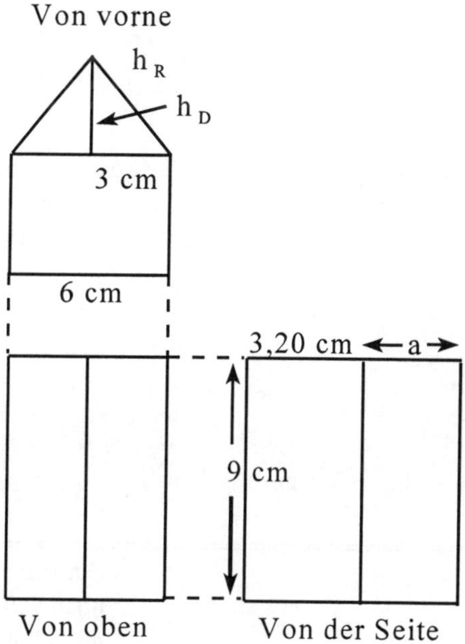

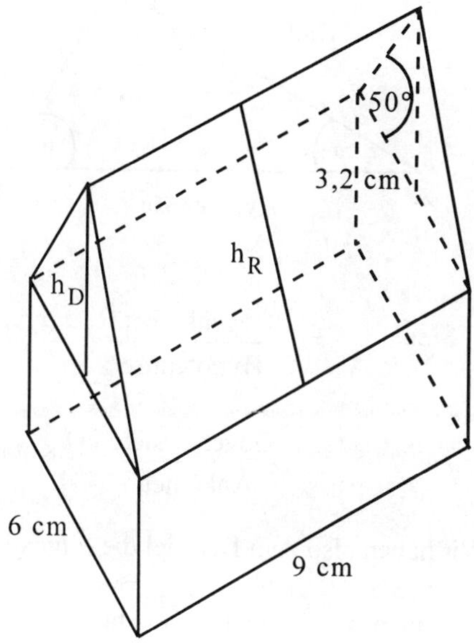

Zunächst berechnen wir h_D. Die Höhe teilt das Seitendreieck in zwei rechtwinklige Dreiecke, die jeweils einen Winkel von 50°, eine Seitenlänge von 3 cm und eine Seitenlänge h_D besitzen. Die Seitenlänge von 3 cm ergibt sich aus der Tatsache, daß h_D die ursprüngliche Breite des Spitzgiebelhauses von 6 cm halbiert.

Gemeinsam mit den Vorgaben ist h_D nun berechenbar:

Es gilt:

$$\tan 50^\circ = \frac{h_D}{3\ \text{cm}}$$

$$\Rightarrow h_D = \tan 50^\circ \cdot 3\ \text{cm} \approx 3{,}6\ \text{cm}.$$

Als nächstes berechnen wir h_R. Wir haben diese Strecke ebenfalls in der Vorderansicht unserer Dreitafelprojektion markiert, und zwar an den Außenkanten des Seitendreiecks, da sie in der Seitenansicht verkürzt dargestellt wird.

Es gilt:

$$\cos 50^\circ = \frac{3\ \text{cm}}{h_R}$$

$$\Rightarrow h_R = \frac{3\ \text{cm}}{\cos 50^\circ} \Rightarrow h_R \approx 4{,}7\ \text{cm}$$

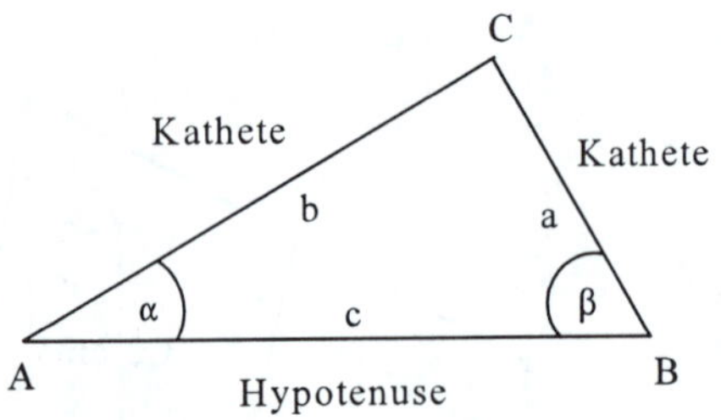

Zur Erinnerung führen wir noch auf, wie die bekannten Winkelfunktionen Sinus, Kosinus, Tangens und Kotangens berechnet werden.

Es wird festgesetzt:

$$\text{Sinus} = \frac{\text{Gegenkathete}}{\text{Hypotenuse}} \qquad \text{Kosinus} = \frac{\text{Ankathete}}{\text{Hypotenuse}}$$

$$\text{Tangens} = \frac{\text{Gegenkathete}}{\text{Ankathete}} \qquad \text{Kotangens} = \frac{\text{Ankathete}}{\text{Gegenkathete}}$$

Wir haben also zum Beispiel die folgenden Beziehungen:

$$\sin \alpha = \frac{a}{c};\ \sin \beta = \frac{b}{c};\ \tan \beta = \frac{b}{a}$$

Aufgaben

(1) Basteln Sie das Haus, für das die Berechnungen durchgeführt wurden.

(2) Führen Sie die notwendigen Rechnungen für die folgenden Angaben durch:

$l = 9$ cm $\quad b = 7$ cm
$h = 4{,}50$ cm $\quad \alpha = 45°$

(3) Die folgenden Sätze werden Sie im folgenden gelegentlich benötigen. Schlagen Sie sie in einer Formeltafel o.ä. nach: Sinussatz; Kosinussatz. Sehen Sie auch nach, was dort unter den Winkelfunktionen vermerkt steht.

2 Das Walmdach

Das Walmdach stellt eine weitere spezifische Dachform dar. Im Gegensatz zum Spitzgiebeldach haben die Teilflächen alle eine identische Neigung. Die perspektivische Darstellung eines entsprechenden Walmdachhauses verdeutlicht diesen Aufbau.

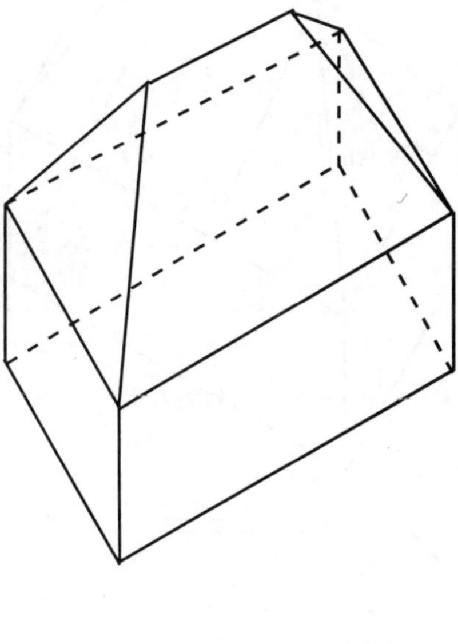

Um das Faltmodell eines solchen Walmdachhauses unter Vorgabe einiger Grundmaße selbst herstellen zu können, müssen wir wie zuvor beim Spitzgiebeldach aus den uns zur Verfügung stehenden Daten weiterführende Berechnungen anstellen, die schließlich das exakte Zeichnen und eventuelle Basteln eines solchen Faltmodells ermöglichen.
Wir wählen für das nachfolgende Beispiel eine Hausgrundfläche von 15 m Länge und 10 m Breite. Ferner soll die Höhe des Hauses bis zur Dachfläche 5 m betragen. Der Neigungswinkel des Walmdaches wird mit 50° festgelegt.

Die Skizze für den Bastelbogen des Faltmodells würde hierzu zunächst folgendermaßen aussehen:

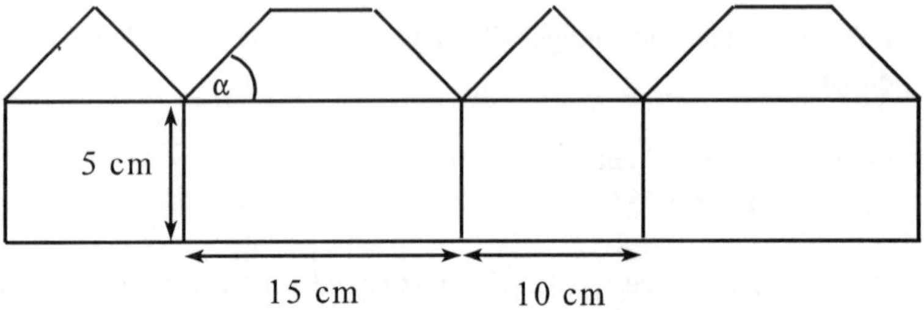

Man könnte zunächst versucht sein, den Winkel α mit 50° anzugeben. Dies ist jedoch falsch. (Überlegen Sie, warum).

Dies sind nun also die Daten, die uns für die weiterführenden Überlegungen zur Verfügung stehen, sie reichen jedoch zur maßstabsgerechten Herstellung des Walmdachhauses noch nicht aus. Für die Zeichnung des Bastelbogens benötigen wir die Höhen h_T und h_D des Trapezes und des Dreiecks sowie die Strecke a. Um die zur Berechnung der fehlenden Größen benötigten Gleichungen aufstellen zu können, fertigen wir erneut, wie schon im vorangegangenen Kapitel, eine *Dreitafelprojektion* des Walmdachhauses an. Zur besseren Orientierung tragen wir die fehlenden Größen zusätzlich in die räumliche Darstellung des Hauses ein. Da hier die dreidimensionale Zeichnung in die zweidimensionale Ebene eingebettet worden ist, treten wie schon beim Spitzgiebeldach eine Reihe von Verzerrungen auf.

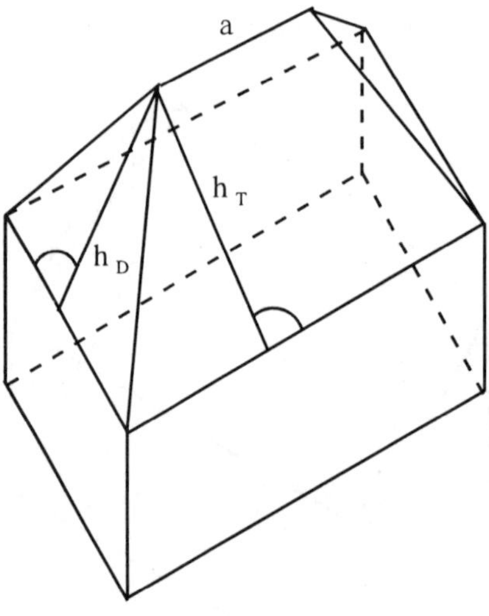

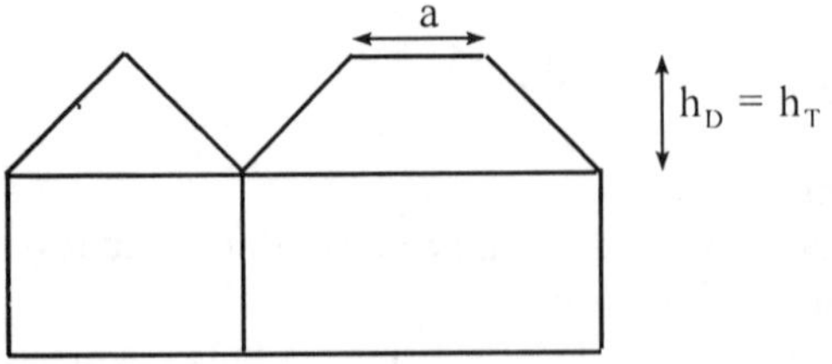

So ist zum Beispiel die Höhe h_D des Seitendreiecks in der Vorderansicht nicht mehr identisch mit der Lage in der ersten Zeichnung. Gleiches gilt für die Höhe h_T des Trapezes in der Seitenansicht (wir müssen nur einmal aus dem Fenster blicken und die umliegenden Häuser betrachten, um diese Tatsache ebenfalls feststellen zu können).

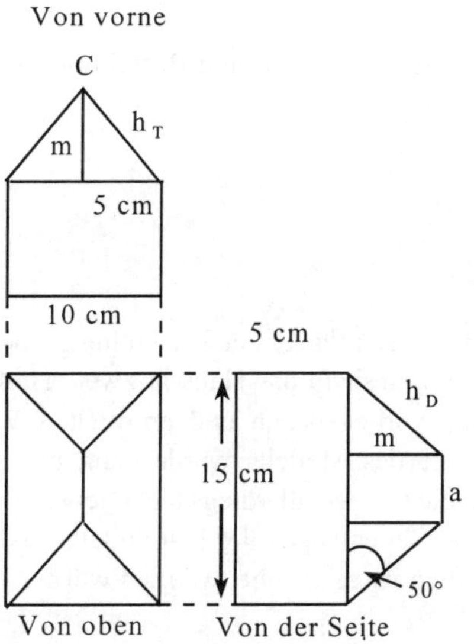

Man kann die Höhen h_D und h_T aber dennoch in der Dreitafelprojektion unverzerrt zeichnen, nämlich an den Außenkanten des Seitendreiecks und des Trapezes. Wir markieren also diese Stellen mit h_D bzw. h_T und beginnen mit der Berechnung von h_T in der Vorderansicht.
Wir zeichnen nun die Mittelsenkrechte m in das Dreieck ein. Da dieses gleichschenklig ist, schneidet m die Spitze C des Dreiecks. Es ergeben sich zwei identische rechtwinklige Dreiekke, die jeweils die Höhe m, den Neigungswinkel von 50° und eine Kathete der Länge 5 cm haben. (Die Länge von 5 cm ergibt sich aus der einfachen Überlegung, daß m die ursprünglich Grundfläche des Seitendreiecks von 10 cm halbiert).
Es gilt nun:

$$\cos 50^\circ = \frac{5\text{ cm}}{h_T}$$

$$\Rightarrow \quad h_T = \frac{5\text{ cm}}{\cos 50^\circ} \Rightarrow h_T \approx 7{,}8\text{ cm}$$

Damit haben wir die Höhe des Seitentrapezes in der Vorderansicht berechnet. Die Höhe h_D muß ebenso groß sein, da sonst die oberen Kanten des Daches beim Herstellen nicht exakt aneinanderstoßen würden.
Als nächstes berechnen wir a. Welche Daten stehen uns hierfür zur Verfügung?

Wir haben den Neigungswinkel α, der 50° beträgt, ebenso die Höhe h_T, die wir mit 7,8 cm bereits errechnet haben. Die beiden entstandenen rechtwinkligen Dreiecke an den Seiten des Trapezes sind folglich identisch zu denen des Seitendreiecks in der Vorderansicht, daher beträgt die Länge der Grundseite hier ebenfalls jeweils 5 cm. Da wir die Länge des Hauses mit 15 cm vorgegeben haben, beträgt die Oberkante a des Daches folglich: 15 cm - 10 cm = 5 cm.

Damit haben wir alle Daten, die wir zum Zeichnen und Basteln des Walmdachhauses benötigen, denn es ist nun :

$a = 5$ cm
$h_T = h_D = 7{,}8$ cm
$l = 15$ cm
$b = 10$ cm

Mit den angegebenen Maßen wird die Gesamtlänge der Zeichnung größer als 30 cm. Mit DIN A4-Papier müßte man deshalb das Haus in zwei "Hälften" herstellen. Man kann aber auch die vorgegebenen und ermittelten Werte nochmals halbieren. Die Gesamtlänge des Modells würde dann nur noch 25 cm betragen. Noch kleiner sollten die Größen allerdings nicht gewählt werden, da hier ansonsten durch zu kurze Seitenlängen des Faltmodells aus dem Bastelspaß schnell eine äußerst knifflige Angelegenheit werden würde.

So sollte der fertige Bastelbogen aussehen:

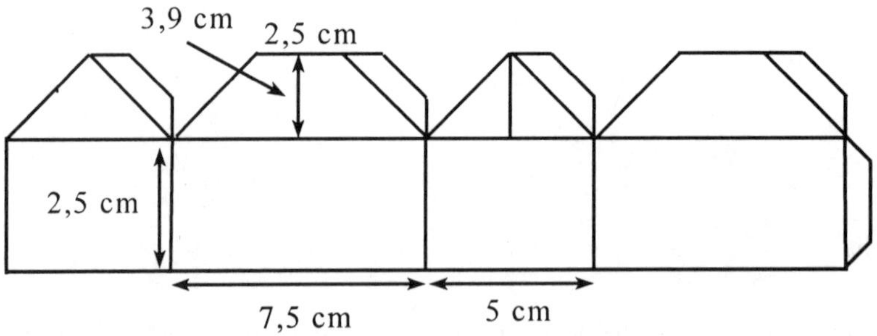

3 Dreitafelprojektion

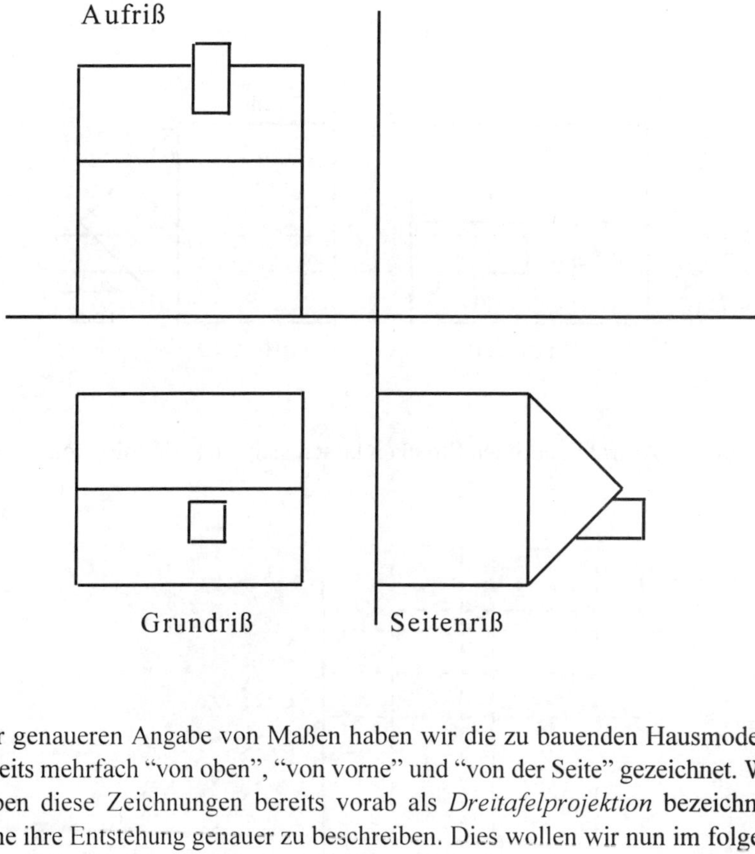

Zur genaueren Angabe von Maßen haben wir die zu bauenden Hausmodelle bereits mehrfach "von oben", "von vorne" und "von der Seite" gezeichnet. Wir haben diese Zeichnungen bereits vorab als *Dreitafelprojektion* bezeichnet, ohne ihre Entstehung genauer zu beschreiben. Dies wollen wir nun im folgenden nachholen.

Die einzelnen Zeichnungen werden allgemein als *Riß* bezeichnet. Im einzelnen haben wir hierbei den *Grundriß*, *Aufriß* und *Seitenriß*.
Der Grundriß entsteht, wenn man ein Kantenmodell des entsprechenden Objektes mit parallel verlaufenden Lichtstrahlen senkrecht von oben beleuchtet. Analog entstehen auch die anderen beiden Risse.
In der folgenden Abbildung wird noch einmal das Spitzgiebeldach zur Demonstration herangezogen. Dabei ist das Haus aber um 90 ° gedreht und erhält noch

einen Schornstein. Der Neigungswinkel des Daches beträgt 45 °.
Wir wollen jetzt zeigen, wie man eine exakte Dreitafelprojektion unter Benutzung der gegebenen Größen zeichnen kann. Zunächst zeichnen wir Grundriß und Seitenriß. Dabei geben wir zugleich alle benötigten Maßangaben vor.

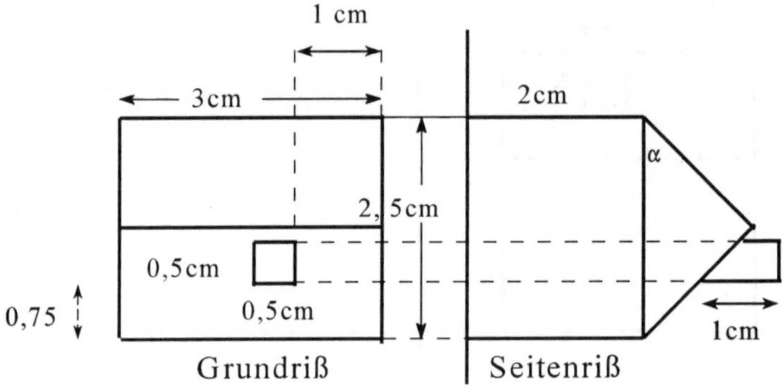

Alle für den Aufriß benötigten Strecken lassen sich jetzt wie folgt konstruieren:

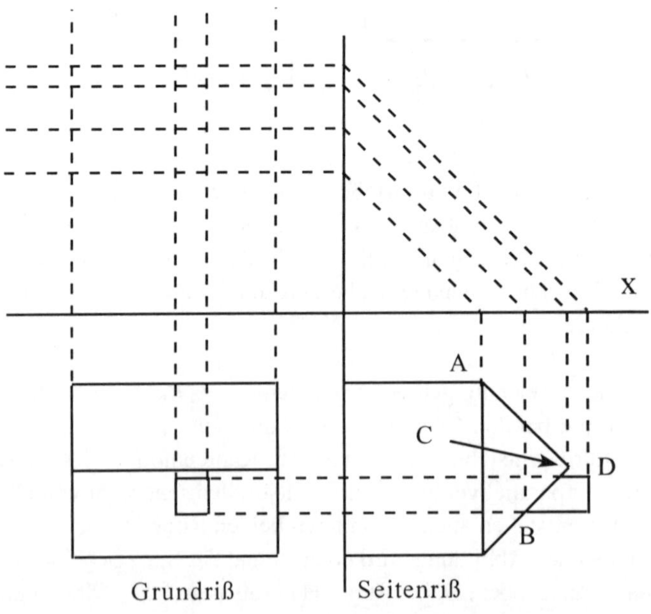

Zunächst fällt man das Lot von der Achse x auf die Punkte A, B, C, D. Dann werden jeweils Geraden mit dem Neigungswinkel von 45 ° in der angegbenen Weise gezeichnet. Alle für den Aufriß benötigten Hilfslinien können jetzt wie im folgenden Bild konstruiert werden.

Aufgabe

(4) Stellen Sie die entsprechenden Zeichnungen selbst her.

Damit läßt sich der Aufriß leicht fertigstellen. Zur abschließenden Veranschaulichung des Vorgehens fertigen wir jetzt noch einmal die vollständige Dreitafelprojektion an.

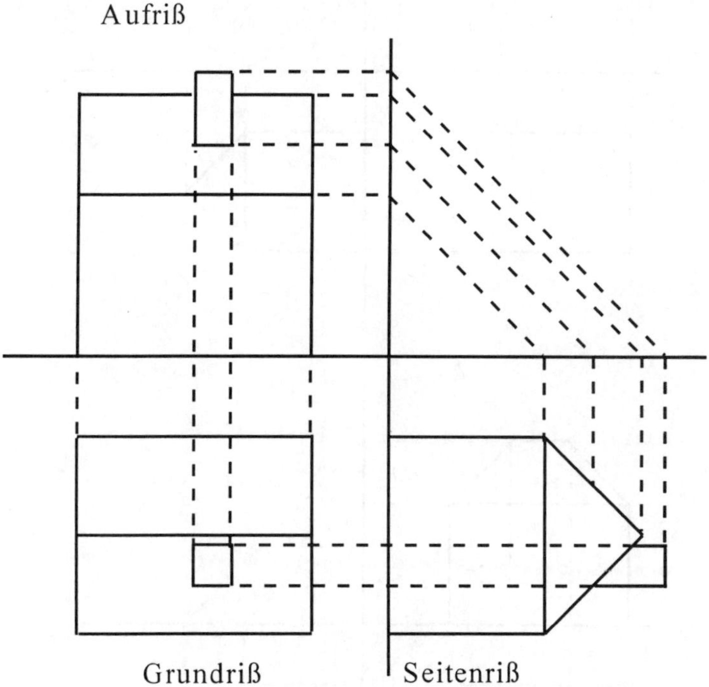

Aufgaben

(5) Versehen Sie die Zeichnung mit geeigneten Längenangaben. Stellen sie die entsprechenden Zeichnungen selbst her.

(6) Fertigen Sie einen Bastelbogen und bauen Sie ein Modell.

Als weiteres Beispiel fertigen wir jetzt noch einmal die Dreitafelprojektion eines Walmdachhauses an. Zur Durchführung zeichnen wir zunächst wieder Hilfslinien und vervollständigen dann die Zeichnung. Die Projektionen der Dachkanten werden als weitere Hilfslinien eingezeichnet.

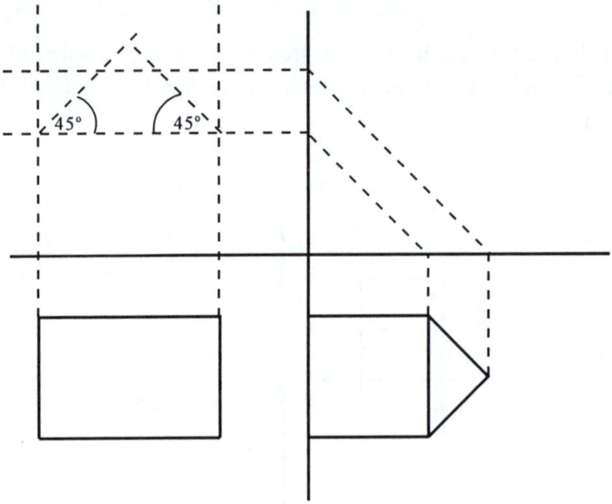

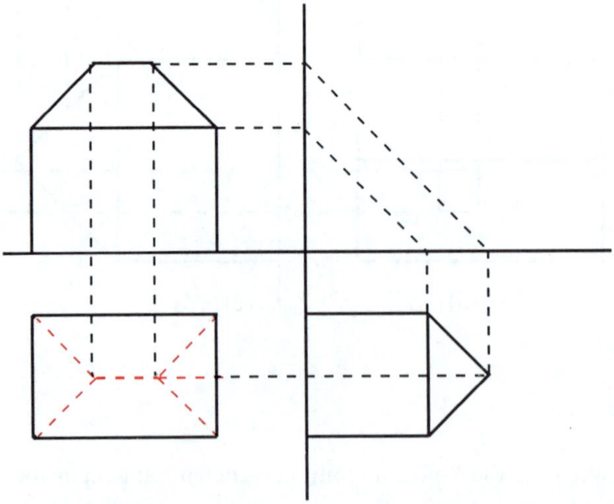

4 Kavalierperspektive und Militärperspektive

Zur anschaulichen Darstellung der betrachteten Objekte haben wir bereits perspektivische Darstellungen benutzt (genau genommen handelt es sich nicht um perspektivische, sondern um sogenannte *axonometrische* Darstellungen), ohne deren Herstellung näher zu betrachten. Dies soll im folgenden geschehen.

4.1 Kavalierperspektive

Wir betrachten wieder ein Spitzgiebeldachhaus, diesmal aber in anderer Lage: Wir stellen uns nun vor, daß unser Zeichenblatt parallel zum Aufriß liegt.
Bei der Anfertigung der Zeichnung in Kavalierperspektive werden alle Strekken, die dann parallel zum Zeichenblatt liegen, in wahrer Größe und Richtung wiedergegeben.

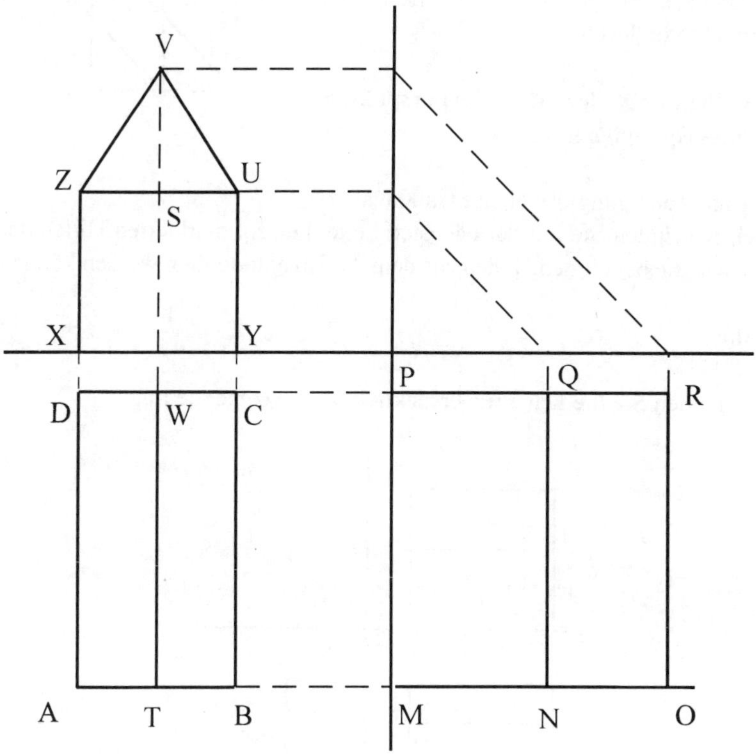

Dies sind:
[A, B], [D, C], [X, Y], [X, Z], [Y, U], [P, Q], [Q, R], [M, N], [N, O], [S, V]

Alle Strecken, die senkrecht zur Bildebene verlaufen, werden unter 45° geneigt und auf die Hälfte verkürzt.
Dies sind:

[A, D], [B, C], [T, W]

Wir erhalten jetzt Schritt für Schritt das folgende Bild:

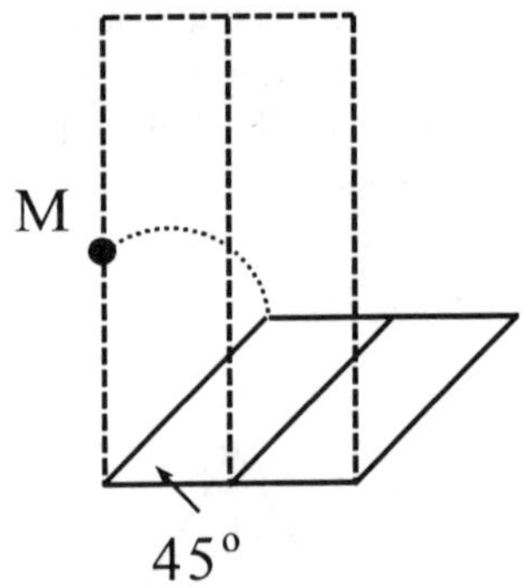

(1) Erzeugung des Grundrisses in Kavalierperspektive

In der nebenstehenden Zeichnung ist M der Mittelpunkt von [AD].

(2) Vollendung der Kavalierperspektive eines Spitzgiebelhauses

Die fertige Zeichnung des Hauses in Kavalierperspektive finden Sie auf der nächsten Seite. Die rot markierten Hilfslinien zeigen, wie die benötigten Höhen aus dem Aufriß entnommen werden können.

Aufgabe

(7) Zeichnen Sie die Kavalierperspektive für die folgende Lage.

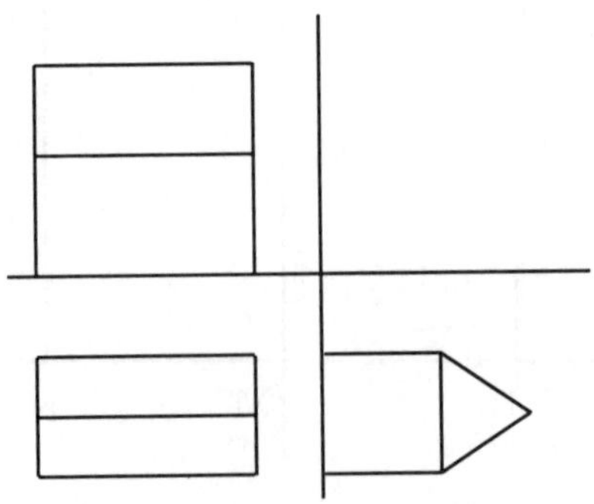

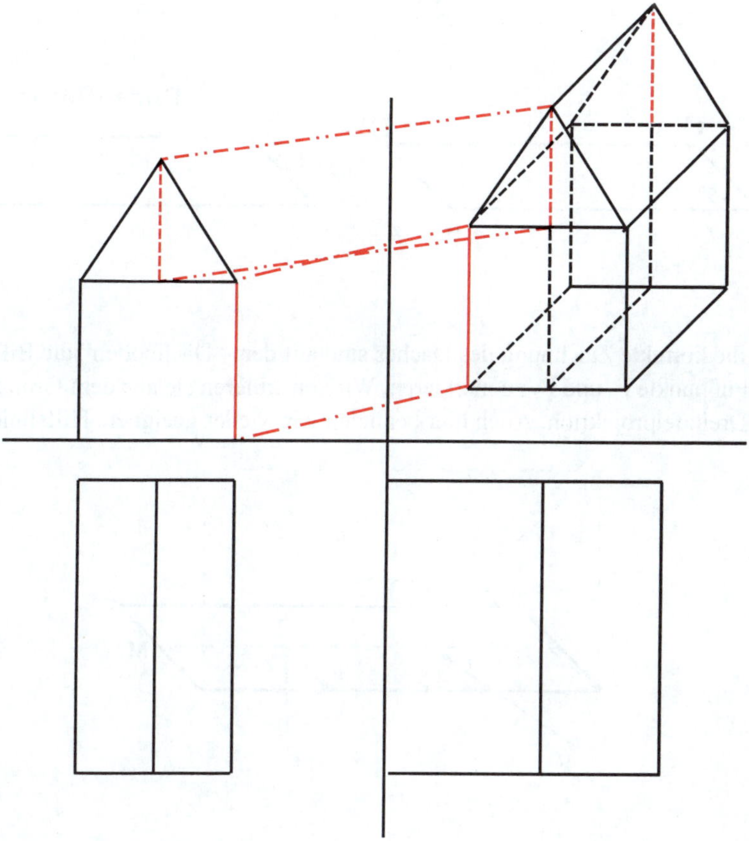

4.2 Kavalierperspektive eines Walmdachhauses

Zu einem Walmdachhaus in Dreitafelprojektion erzeugen wir jetzt Schritt für Schritt ein Bild in Kavalierperspektive.

Wir beginnen mit

(1) Konstruktion der Bodenfläche (nächste Seite)

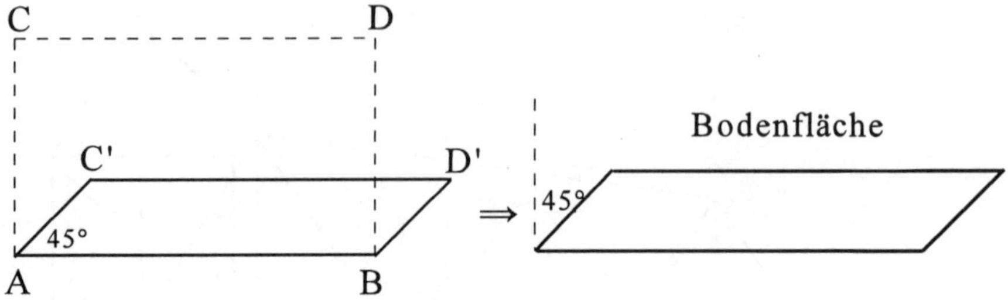

Für die korrekte Zeichnung des Daches sind auf dem "Dachboden" die Bilder der Fußpunkte F_1 und F_2 zu markieren. Wir konstruieren sie aus dem Grundriß der Dreitafelprojektion. Auch hier benutzen wir wieder geeignete Hilfslinien:

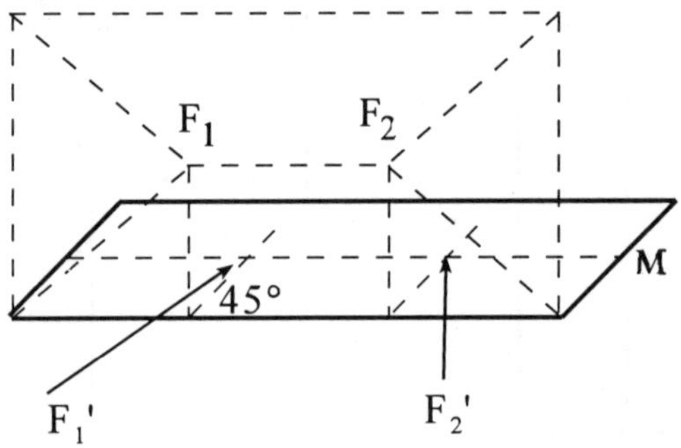

(2) Haus ohne Dach

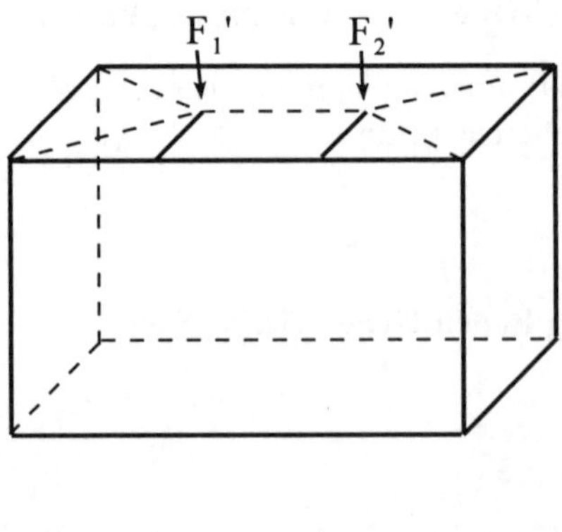

(3) Konstruktion des Walmdaches

Auf die Fußpunkte der Höhe setzen wir jetzt die Höhe in wahrer Größe.

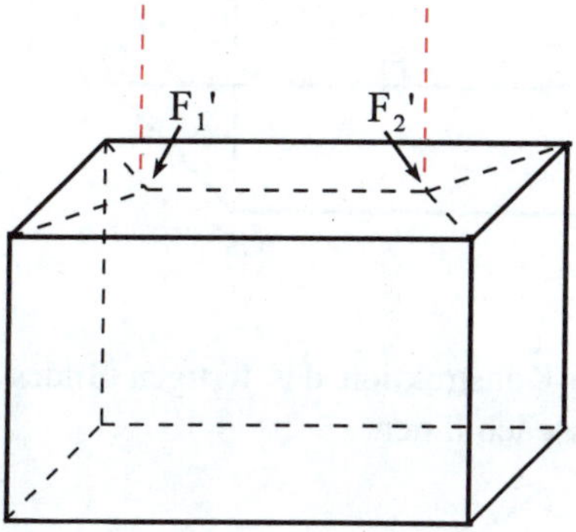

Jetzt können wir das Haus endgültig zeichnen.

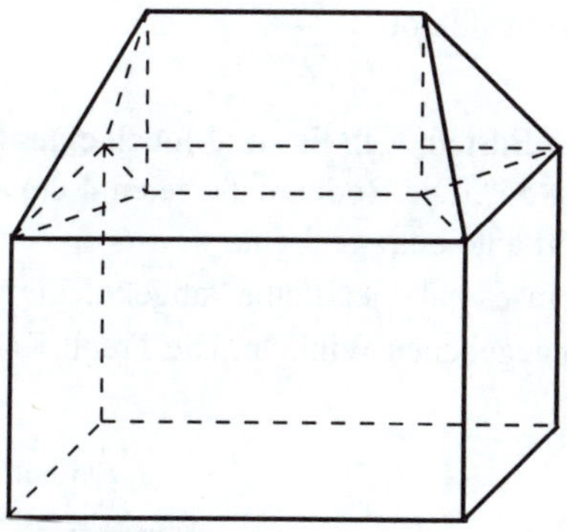

4.3 Eine alternative Zeichnung in Kavalierperspektive

Wir haben bisher mit dem Verkürzungsfaktor 0,5 gearbeitet. Mit dem Verkürzungsfaktor $\frac{1}{\sqrt{2}}$ werden die Zeichnungen noch einfacher, da man dann bei der Konstruktion der Bodenfläche jeweils nur die Mittelparallelen m der

Ausgangsrechtecke zu zeichnen braucht [2].

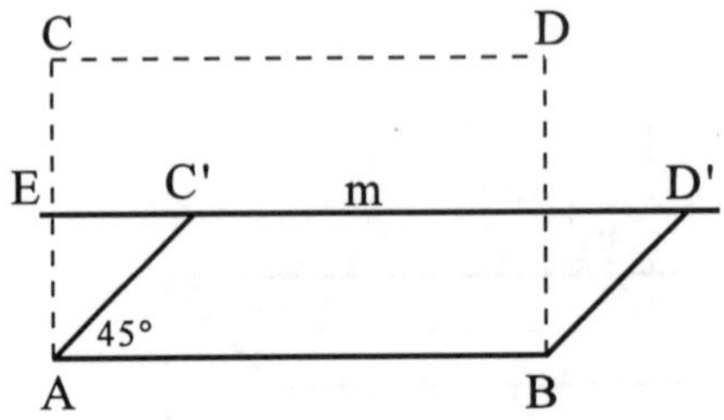

Die sich daraus ergebende Konstruktion des fertigen Bildes in der neuen Kavalierperspektive überlasse ich Ihnen.

Aufgaben

(8) Zeichnen Sie das Walmdachhaus in Kavalierperspektive
a) mit dem Verkürzungsfaktor 0,5;
b) mit dem Verkürzungsfaktor $\frac{1}{\sqrt{2}}$.

(9) a) Fertigen Sie einen Bastelbogen für das Modell eines Spitzgiebelhauses mit Dachneigung 55°. Die Bodenmaße seien 4 cm • 6 cm. Die Höhe bis zur Dachunterkante betrage 3 cm.
b) Das Dach des Hauses habe jetzt eine "abgeknickte" Form mit den in der Zeichnung angegebenen Winkeln. Die Trenn-Kante an den Dach-

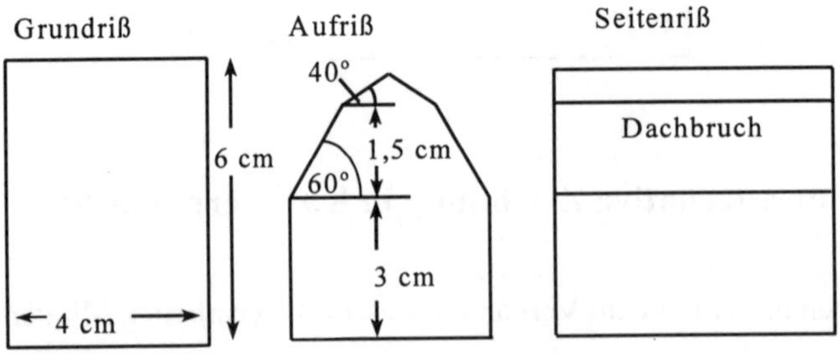

---

[2] Dies gilt wegen des Satzes von Pythagoras, da EAC' ein gleichschenkliges rechtwinkliges Dreieck ist.

flächen mit verschiedener Neigung heißt *Dachbruch.* Ein solcher Dachbruch verläuft immer parallel zur Traufe. Fertigen Sie auch hierfür einen Bastelbogen. Alle Berechnungen sind nachvollziehbar zu erläutern.

c) Fertigen Sie für das Haus aus b) die Dreitafelprojektion sowie eine Zeichnung in Kavalierperspektive. Der Verkürzungsfaktor kann von Ihnen gewählt werden.

5 Militärperspektive

Bei der Militärperspektive wird der Grundriß unter Beibehaltung der Maße und Winkel um 30° geneigt gezeichnet. Alle senkrecht stehenden Strecken werden in wahrer Länge so konstruiert, wie das nachfolgende Beispiel zeigt:

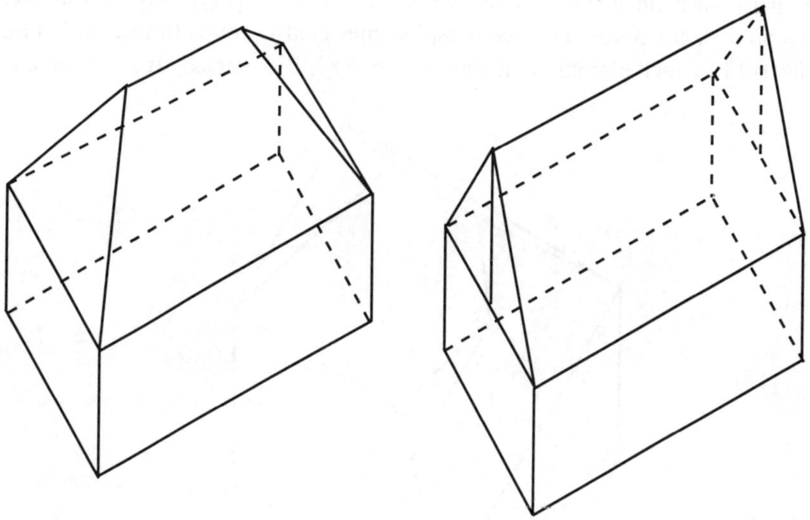

Aufgaben

(10) Ein achteckiger Pavillon habe einen Grundriß, der in einen Kreis mit Radius 3 cm einbeschrieben ist.
Die Dachneigung betrage 40°. Die Höhe bis zum Ansatz des Daches sei 5 cm. Zeichnen Sie die Dreitafelprojektion, und erstellen Sie einen Bastelbogen sowie eine Zeichnung in Kavalierperspektive.

(11) Beim Haus aus Aufgabe 9 seien jetzt alle Dachflächen abgeknickt. (vgl. Seitenriß).
Alle Neigungswinkel seien gleich denen im Aufriß. Fertigen Sie auch hierfür einen Bastelbogen.
Alle Berechnungen sind nachvollziehbar zu erläutern.
Fertigen Sie eine Zeichnung in Militärperspektive an.

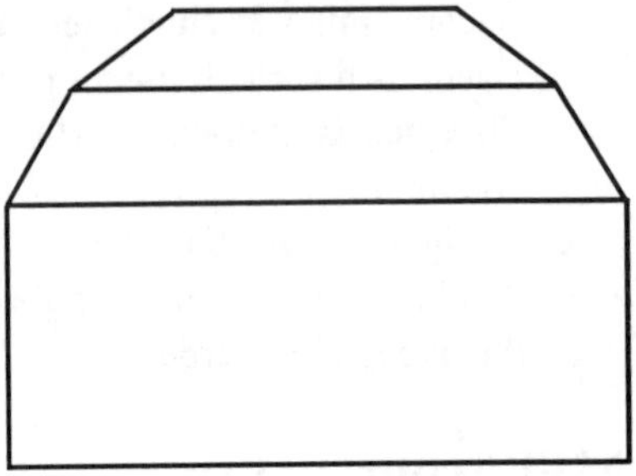

6 Das Haus mit L-förmigem Grundriß

Für die weitere Arbeit mit den Hausmodellen ist es hilfreich, einige Fachbegriffe zu kennen (vgl. Zickenheiner/Nehmelmann [27]). Zugleich können wir an dem etwas komplexeren Beispiel eines Hauses mit L-förmigem Grundriß (Bild 1) noch einmal die Konstruktion der Militärperspektive betrachten.

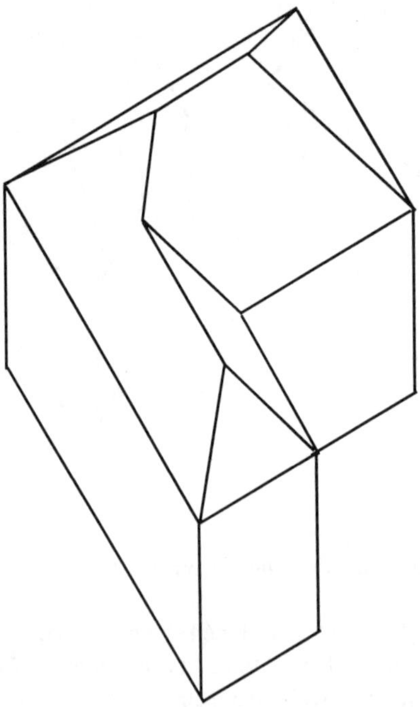

Bild 1

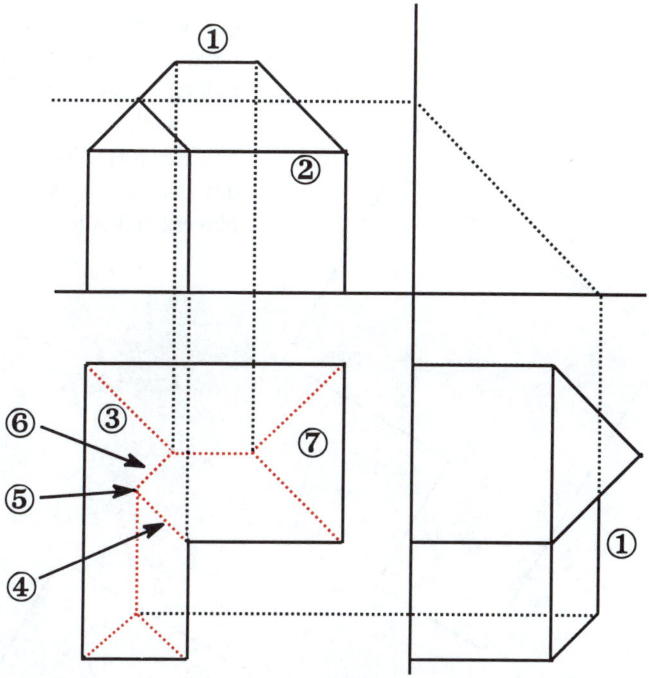

Bild 2

① Der *First* ist die oberste, stets waagerechte Dachkante.
② Die *Traufe* ist die unterste, stets waagerechte Dachkante.
③ Der *Grat* entsteht, wenn zwei Dachflächen an einer ausspringenden Ecke zusammentreffen.
④ Die *Kehle* entsteht, wenn zwei Dachflächen an einer einspringenden Ecke zusammentreffen.
⑤ Im *Anfallspunkt* treffen drei oder mehr Dachflächen zusammen.
⑥ Die *Verfallung* ist eine Gratlinie bei zusammengesetzten Dächern. Sie entsteht bei verschieden hoch liegenden Firsten und verbindet zwei Anfallspunkte.
⑦ Der *Walm* ist die geneigte, von zwei Graten und der Traufe begrenzte dreieckige Dachfläche an der Giebelseite.

Bild 3 zeigt, wie man auf den "Fußboden" die "Stützpfeiler" für den Dachboden in wahrer Höhe einzeichnet. Bild 4 zeigt dann, wie man auf dem "Dachboden" mit Hilfe der eingezeichneten Projektionen von Firsten, Graten, Kehle und Verfallung (rot gestrichelt) “Stützpunkte” erhält, auf denen man die aus der Dreitafelprojektion ermittelten Höhen gewissermaßen als “Stützbalken” einträgt (durchgehend rot). Die Zeichnung des Daches ist dann leicht zu bewerkstelligen.

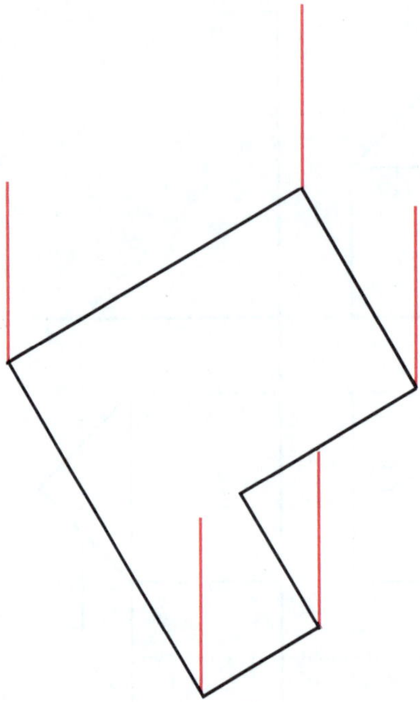

Bild 3

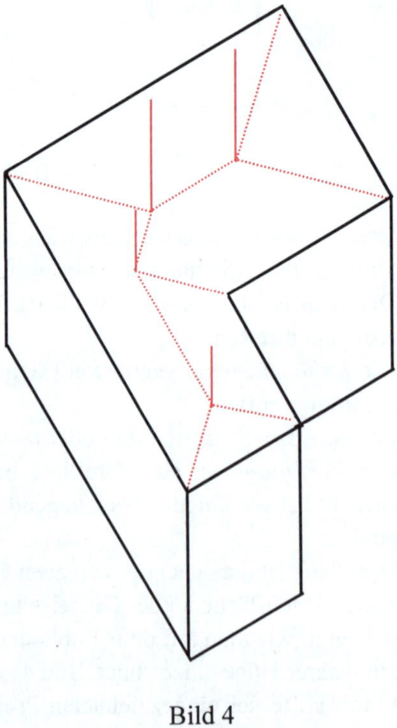

Bild 4

7 Dachausbauten

7.1 Satteldachgaube

Dieses Spitzgiebeldachhaus hat als Dachausbau eine *Satteldachgaube*.Wir zeichnen die vollständige Dreitafelprojektion und fertigen eine Darstellung in Kavalierperspektive.

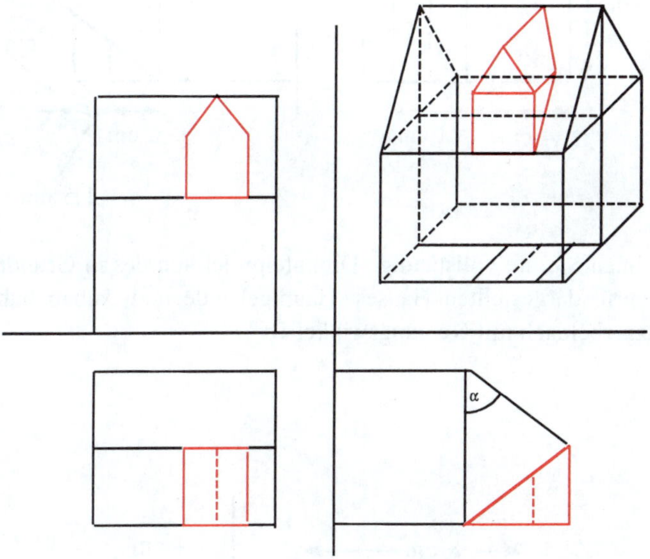

Aufgaben

(12) Fertigen Sie die Zeichnungen selbst an. Fertigen Sie einen Bastelbogen an.

(13) Das folgende Spitzgiebeldachhaus (Abbildung auf der nächsten Seite) hat eine Satteldachgaube. Der Ansatz der Dachflächen des Ausbaus ist markiert.

a) Zeichnen Sie die vollständige Dreitafelprojektion bei einem um 90° gedrehten Grundriß.

b) Berechnen Sie den Neigungswinkel der Dachflächen der Dachgaube.

c) Fertigen Sie den vollständigen Bastelbogen für das Haus an.

Alle Rechnungen sind nachvollziehbar zu dokumentieren.

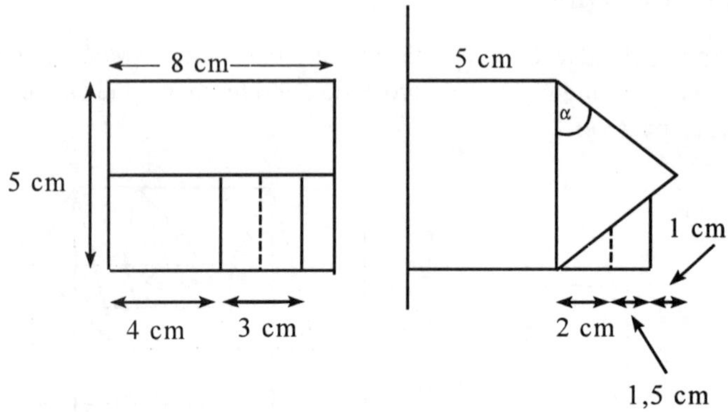

(14) Zeichnen Sie die vollständige Dreitafelprojektion des in Grundriß und Seitenriß dargestellten Hauses. Hauptgebäude und Anbau haben ein Spitzgiebeldach mit Neigungswinkel 50 °.

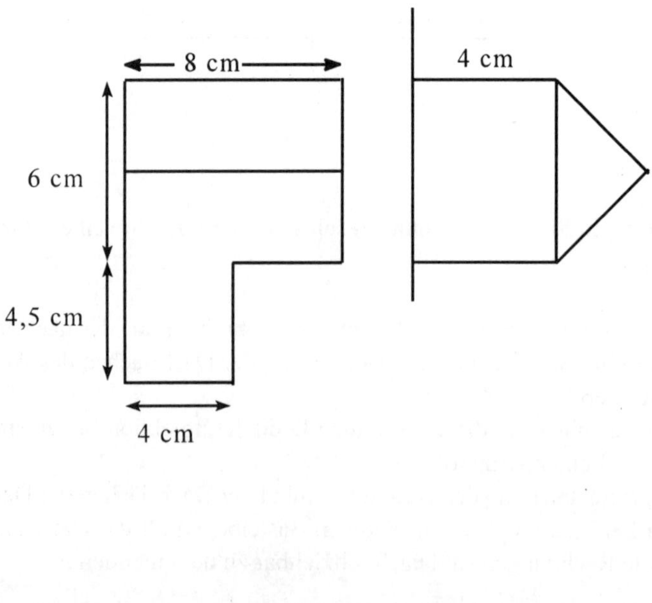

7.2 Walmdachgaube

Die Walmdachgaube hat an der Vorderfront eine abgewinkelte dreieckige Dachfläche.

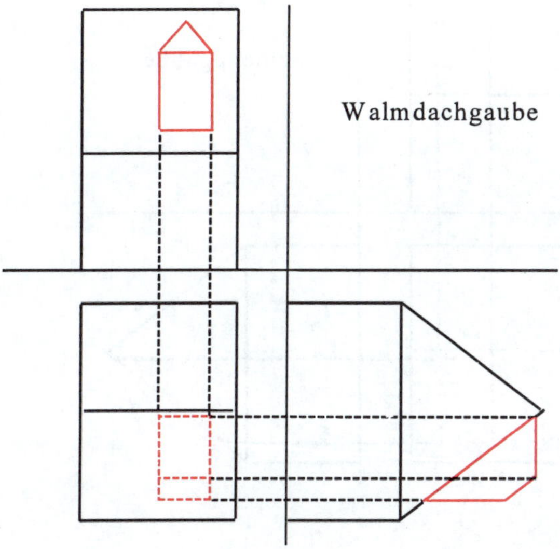

Aufgaben

(14) Fertigen Sie mit Maßen Ihrer Wahl eine Dreitafelprojektion. Zeichnen Sie das Haus in Kavalierperspektive. Zeichnen Sie einen Bastelbogen, und bauen Sie das Haus.

7.3 Schleppgaube und Krüppelwalm

Das Dach einer *Schleppgaube* hat eine geringere Neigung als das Hauptdach. Unsere Dreitafelprojektion zeigt ein Spitzgiebelhaus mit *Krüppelwalm* (①, ein nicht bis zur Haupttraufe hinab reichender Walm).

Aufgabe

(15) Fertigen Sie mit Maßen Ihrer Wahl eine Dreitafelprojektion.
Erläutern Sie die Konstruktion der Projektionen der Grate des Krüppel-

walms auf den Grundriß .
Zeichnen Sie das Haus in Kavalierperspektive.

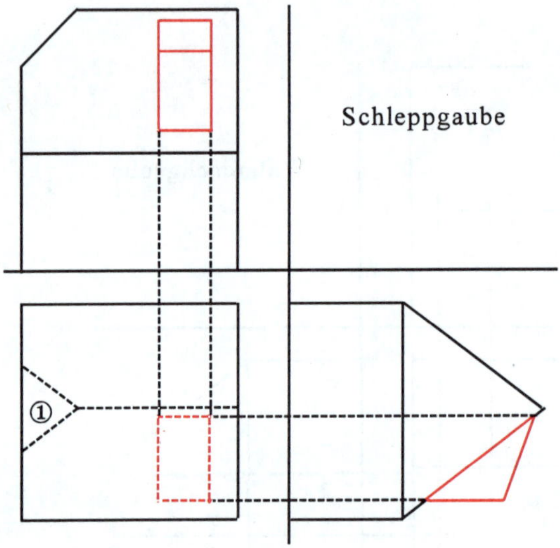

(16) Die Neigung des Hauptdaches sei 50 ^{0}. Die Neigung des Daches der Schleppgaube betrage 35 ^{o}. Fertigen Sie einen Bastelbogen. Bei der weiteren Wahl der Maße ist Ihnen freie Hand gelassen.

II Parkettierungen und Bandornamente

1 Einführung

Parkettierungen und Bandornamente haben oft einen hohen ästhetischen Reiz und werden deshalb häufig in Kunstgewerbe und Architektur verwendet.

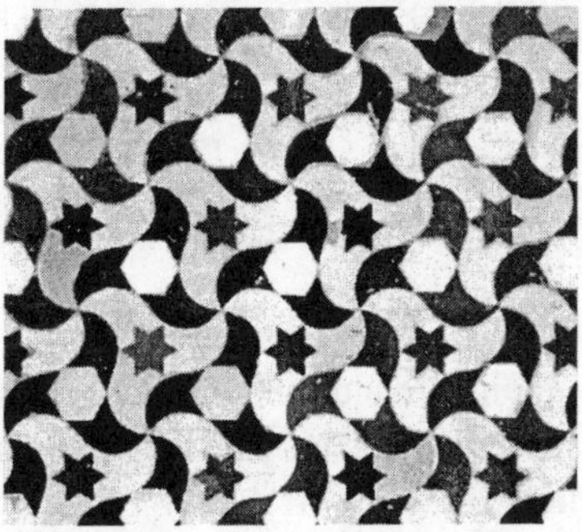

Ein Mosaik aus der Alhambra in Granada

Kachelmuster in Anlehnung an einen Entwurf von J. M. Olbrich

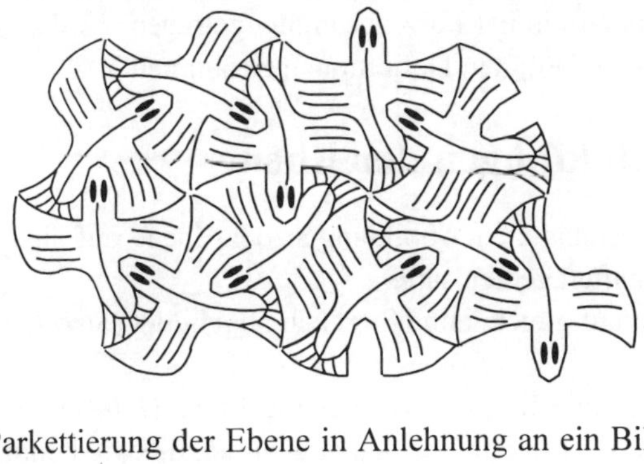

Parkettierung der Ebene in Anlehnung an ein Bild von M. C. Escher (1898 - 1972)

Kachelmuster aus der Zeit des Jugendstils (um 1900)

Aufgabe

(1) Suchen Sie einige weitere Beispiele für Parkettierungen und Bandornamente aus der Umwelt.

Wir werden in diesem Kapitel einige Parkettierungen und Bandornamente mit Hilfe mathematischer Methoden etwas genauer untersuchen. Zur vertiefenden Lektüre empfehlen wir unseren Leserinnen und Lesern die Artikel von Puscher [18], Heinrich [9], Lorenz [11] und Wippermann [25]. Insbesondere den beiden erstgenannten Artikeln haben wir viele Anregungen entnommen.
Wir greifen dabei auf Vorkenntnisse über geometrische Abbildungen zurück, die im folgenden noch einmal kurz zusammengetragen werden sollen[1]. Zunächst stellen wir die benötigten Definitionen zusammen:

2 Die Deckabbildungen der Ebene

Die im folgenden behandelten Abbildungen der Ebene auf sich haben eine Reihe von Eigenschaften gemeinsam:
- Strecken werden auf gleich lange Strecken abgebildet (*Streckentreue*; *Längentreue*);
- Winkel werden auf gleich große Winkel abgebildet (*Winkelmaßtreue*);
- parallele Geraden werden auf Geraden abgebildet, die wiederum zueinander

---

[1] Detaillierte Ausführungen finden sich in Stein [23]

parallel sind (*Parallelentreue*).

Insgesamt haben damit alle diese Abbildungen gemeinsam, daß eine beliebige Figur $\mathcal{F}$ durch sie stets auf eine zu ihr *deckungsgleiche* Figur abgebildet wird. Die nachfolgend definierten Abbildungen heißen deshalb *Deckabbildungen*.

Definition 1 (Spiegelung)

Gegeben sei eine Gerade g. Eine Abbildung der Ebene auf sich heißt *Spiegelung* an g, kurz S_g, wenn sie den Punkten der Ebene wie folgt Bildpunkte zuordnet:

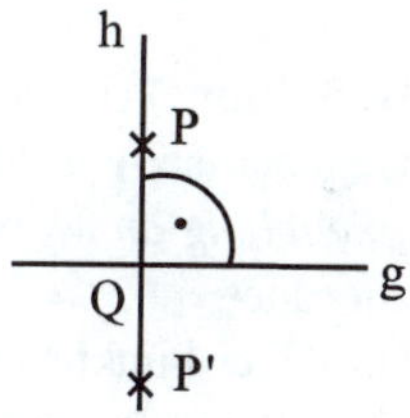

(1) Wenn P auf g liegt, setzt man:
$S_g(P) = P$.

(2) Wenn P *nicht* auf g liegt, konstruiert man einen Punkt P' wie folgt: Man zeichnet die Gerade h, die durch P geht und senkrecht auf g steht. Die Gerade schneidet g in Q. P' ist so zu wählen, daß P' von P verschieden ist und $|PQ| = |P'Q|$ gilt.[2]
Wir setzen:
$S_g(P) = P'$

Definition 2 (Drehung)

Gegeben seien ein Punkt M und ein Winkel α. Eine Abbildung der Ebene auf sich heißt *Drehung gegen den Uhrzeigersinn*[3] *um α mit dem Drehzentrum M* (kurz: $D_{M;\alpha}$), wenn sie den Punkten der Ebene wie folgt Bildpunkte zuordnet:

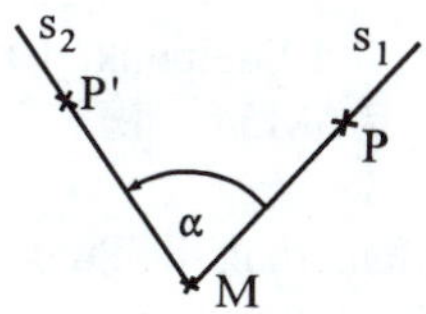

(1) Das Drehzentrum M wird auf sich selbst abgebildet:
$D_{M;\alpha}(M) = M$

(2) Wenn P von M verschieden ist, konstruiert man einen Bildpunkt P' wie folgt:
Man zeichnet eine Halbgerade s_1, die den Anfangspunkt M und den zweiten Punkt P hat, indem man M mit P verbindet und über P hinaus

---

[2] Dabei bezeichnet für zwei Punkte A und B |A B| die *Länge* der Verbindungsstrecke von A nach B.

[3] Die Formulierung *gegen den Uhrzeigersinn* werden wir im folgenden fortlassen. Lediglich dann, wenn diese Bedingung *nicht* erfüllt ist - wenn also *im Uhrzeigersinn* gedreht wird - werden wir dies erwähnen.

verlängert. Dann zeichnet man eine zweite Halbgerade s_2 mit Anfangspunkt M derart, daß s_1 und s_2 den Winkel α einschließen. *Dabei wird* α *stets gegen den Uhrzeigersinn gemessen.* Auf s_2 wählt man P' derart, daß $|MP| = |MP'|$.

Wir setzen: $D_{M;\,\alpha}(P) = P'$

Bei der nachfolgend definierten *Punktspiegelung* wird das zu spiegelnde Objekt nicht an einer Geraden, sondern - wie es der Name sagt - an einem Punkt M "gespiegelt".

Definition 3 (Punktspiegelung)
Gegeben sei ein Punkt M. Eine Abbildung der Ebene auf sich heißt *Punktspiegelung an M*, wenn sie den Punkten P der Ebene wie folgt Bildpunkte P' zuordnet:

(1) Der Punkt M wird auf sich abgebildet.

(2) Wenn P von M verschieden ist, zieht man von P aus eine Verbindungsstrecke zum Punkt M, die man über M hinaus verlängert. P' liegt auf dieser Verlängerung derart, daß P und P' den gleichen Abstand von M haben.
P' ist also so konstruiert, daß gilt:
Die Verbindungsstrecke vom Urpunkt zum Bildpunkt geht durch den Mittelpunkt der Punktspiegelung und wird von ihm halbiert. Es gilt also:
$|M\,P| = |M\,P'|$

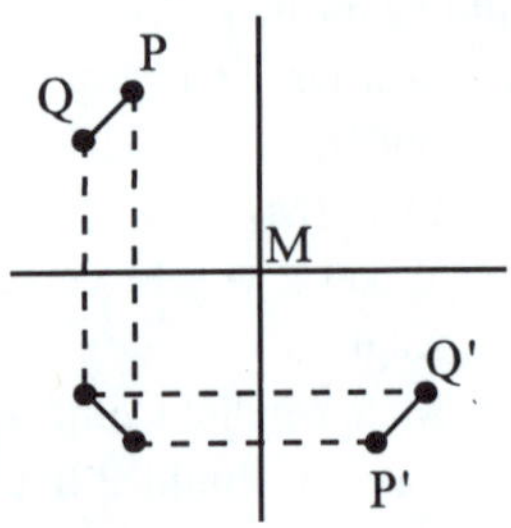

Man erhält die Punktspiegelung aber auch durch die Verknüpfung von zwei Geradenspiegelungen. Die beiden Geraden müssen dabei senkrecht aufeinander stehen. Der Mittelpunkt der Punktspiegelung ist dabei der Schnittpunkt der beiden Geraden.
Die Punktspiegelung ist also ein Spezialfall einer Drehung (eine Drehung setzt sich, wie wir im Band für das Grundstudium, Kapitel IV, Satz 2a gesehen haben, aus zwei Spiegelungen zusammen), sie entspricht hierbei, da die Spiegelachsen senkrecht aufeinander stehen, einer Drehung um $2 \cdot 90° = 180°$.

Bei der *Parallelverschiebung* werden alle Punkte des zu verschiebenden Objektes in gleicher Richtung um Strecken gleicher Länge parallel verscho-

ben.
Die gerichteten Verbindungsstrecken von den Urpunkten zu den Bildpunkten heißen "Verschiebungspfeile".
Diese Abbildung ist bereits durch einen einzigen Verschiebungspfeil eindeutig bestimmt. Es ist also unnötig, mehrere (bzw. alle) Verschiebungspfeile einzuzeichnen, einer reicht hier völlig aus.
Wir nennen diese Verschiebungspfeile *Vektoren*.[4]

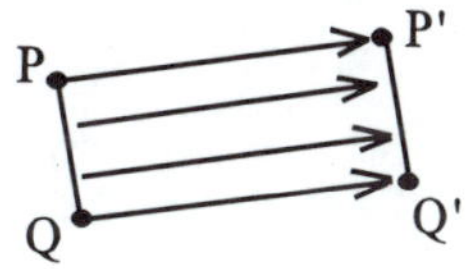

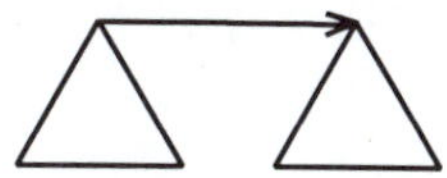

Definition 4 (Parallelverschiebung)
Gegeben sei ein Vektor $\vec{v}$. Eine Abbildung der Ebene auf sich heißt *Parallelverschiebung* (kürzer auch: *Verschiebung*) *um* $\vec{v}$, wenn sie den Punkten der Ebene wie folgt Bildpunkte zuordnet:
Zu jedem Punkt P zeichnet man P' derart, daß der Vektor von P nach P' parallel, gleich lang und gleichgerichtet zu $\vec{v}$ ist.

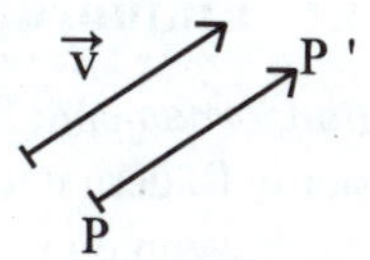

Definition 5 (Schubspiegelung)
Die *Schubspiegelung* besteht aus einer Geradenspiegelung, welche mit einer Parallelverschiebung verknüpft wird. Der Vektor (Verschiebungspfeil) der Parallelverschiebung liegt dabei auf der Geraden, an der gespiegelt wird.
Dabei spielt es hier - *anders als bei der Verknüpfung zweier beliebiger Abbildungen, etwa von zwei Spiegelungen* - keine Rolle, welche der beiden Abbildungen als erste und welche als zweite ausgeführt wird.

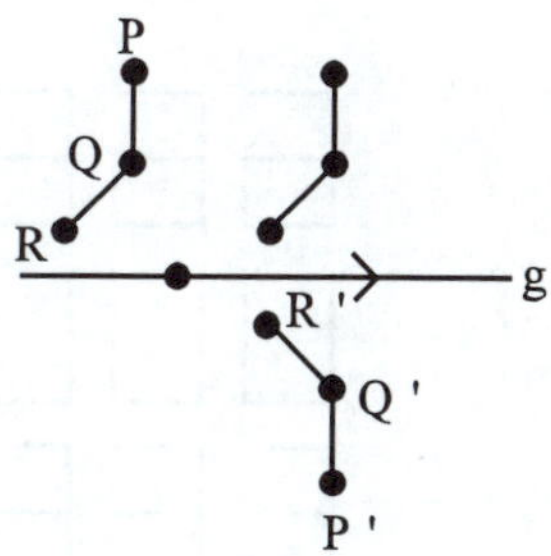

Achtung: Auch wenn es auf den ersten Blick so aussieht, die Schubspiegelung ist *nicht* mit der Punktspiegelung identisch! Das Bild auf der nächsten Seite macht dies deutlich.

---

[4] Genau genommen sind Vektoren Klassen von parallelen, gleichgerichteten und gleich langen Verschiebungspfeilen. Für unsere Zwecke genügt aber die hier eingeschlagene einfachere Begriffsbildung

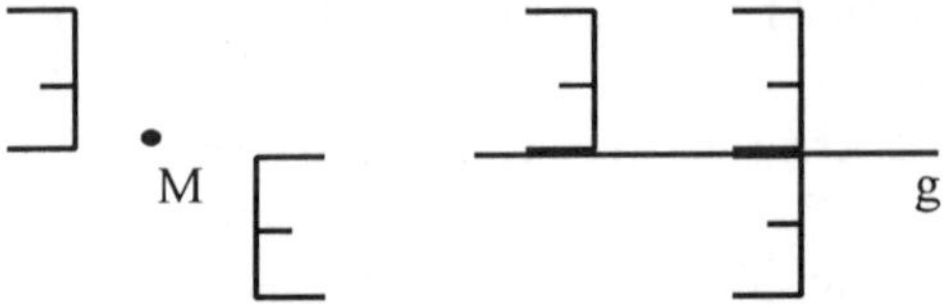

3 Bandornamente

3.1 Einführung

Bandornamente finden sich an vielen Stellen in unserer Umwelt: Kachelmuster in Bädern und Stickereien sind nur zwei von vielen möglichen Beispielen. Auch wenn einige wenige Beweisführungen nicht zu vermeiden sein werden, wird sich dieser Abschnitt doch *schwerpunktmäßig* mit ästhetischen und gestalterischen und weniger mit formalen Aspekten dieses Themas beschäftigen. Wir beginnen deshalb zunächst mit Beispielen:
Die ersten fünf Bilder zeigen, wie man aus ganz einfachen Formen wie Buchstaben Ornamente erstellen kann.

(1)

(2)

(3)

(4)

(5)

(6)

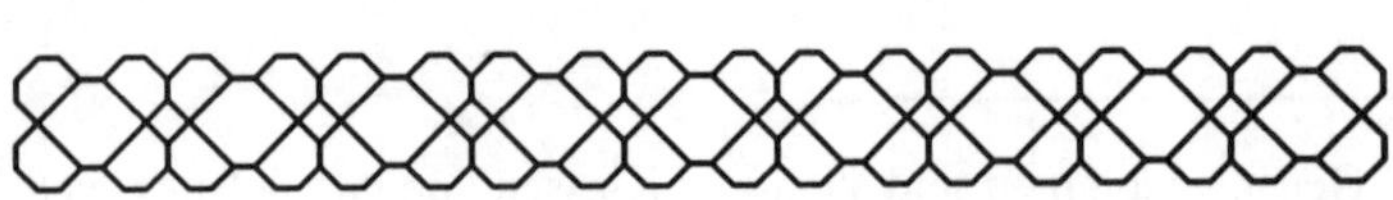

(7)

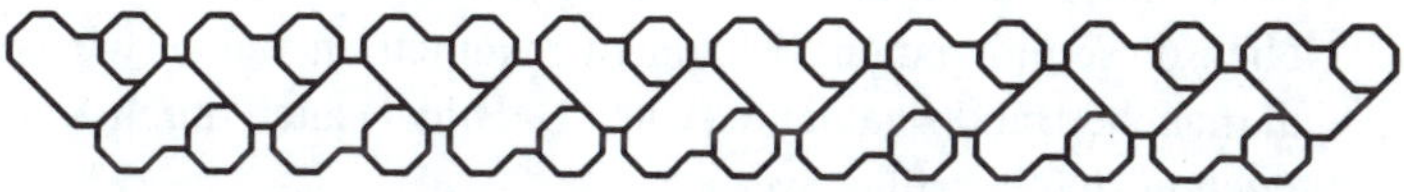

(8)

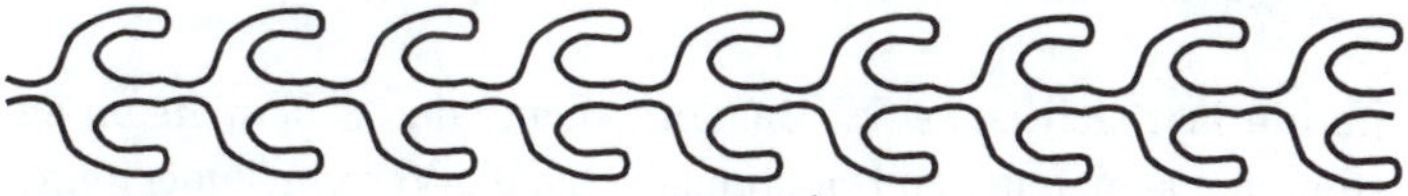

(9)

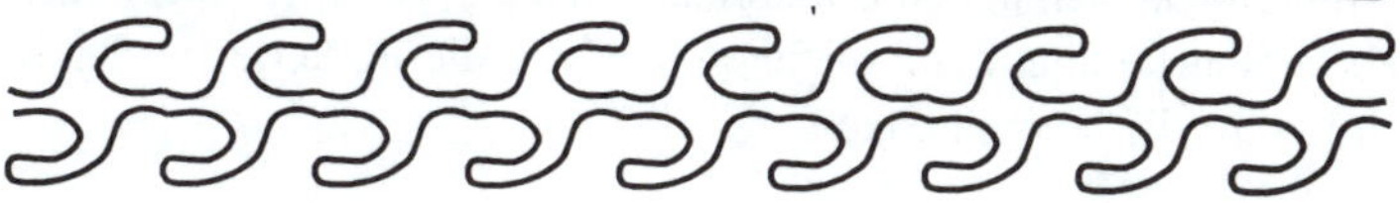

Interessante Effekte erhält man auch bei ganz einfachen Ornamenten oft durch Einfärben von Figuren (Bild 10 und 11). Bei der Untersuchung solcher farbiger Ornamente müssen wir darauf achten, die Form und nicht die Farbe zu betrachten.

(10)

(11)

In Bild (12) wird eine Technik zur Erstellung eines Bandornaments gezeigt, die sicher jeder noch aus seiner Kindheit kennt: man faltet einen Streifen Papier und schneidet eine Figur aus, die an den Faltkanten nicht auseinandergeschnitten wird.

(12)

Bei der Betrachtung all' dieser Ornamente stellen wir zunächst fest:

(1) In jedem Bandornament finden wir Teilfiguren, die sich unendlich oft “nach rechts” und “nach links” wiederholen.

(2) Viele Bandornamente sind symmetrisch; dabei kann es sich um eine
- Symmetrie bezüglich “senkrecht stehender” Achsen (u.a. in Bild 11),
- Symmetrie bezüglich der “Mittelachse” (u.a. in Bild 8),
- Punktsymmetrie (u.a. in Bild 4)

handeln. Derartige Bandornamente werden jeweils durch Spiegelungen

bzw. Punktspiegelungen auf sich abgebildet.
Neben diesen allgemein bekannten Symmetrien stellen wir weiter fest, daß manche Bandornamente (wie z.B. Bild 7) auch durch *Schubspiegelungen* in sich überführt werden.

Weiterhin läßt sich *jedes* der Bandornamente durch *Verschiebungen* in sich überführen. Da man in den Bandornamenten die Verschiebungen unendlich oft wiederholen könnte, symbolisieren sie (wie die Parkette) in der Kunst und Religion oft die Unendlichkeit.

3.2 Einige systematische Überlegungen

Für eine genauere Analyse von Bandornamenten benötigen wir zunächst eine

Definition 6 (Bandornament)
Man nennt eine geometrische Figur *Bandornament mit der Grundfigur* $\mathscr{F}$, wenn sie aus der Grundfigur auf eine der folgenden Weisen erzeugt wird:

(1) Gegeben ist ein Verschiebungsvektor $\vec{v}$. Das Bandornament besteht aus allen Bildern, die durch Verschiebung um ein ganzzahliges Vielfaches von $\vec{v}$ erzeugt werden. (Handelt es sich um ein "negatives Vielfaches", so wird nach links verschoben).

(2) Es gibt keine kleinere Figur als $\mathscr{F}$, aus der man nur mit Verschiebungen das gesamte Ornament erzeugen kann.

Beispiel
In diesem Ornament erfüllen sowohl Figur 1 als auch Figur 2 die Bedin-

gung (1). Figur 2 ist aber die *kleinste* Figur, aus der man das Ornament nur durch Verschiebungen erzeugen kann.
Figur 2 ist deshalb die *Grundfigur* des Ornaments.

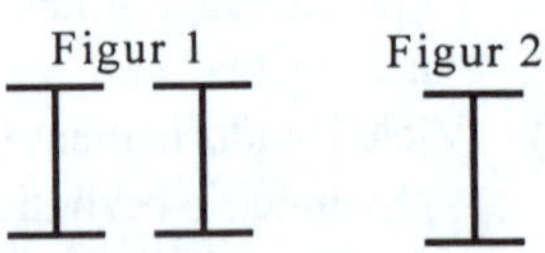

Anmerkung
Wenn man neben Verschiebungen auch Spiegelungen zuläßt, könnte das Or-

nament bereits aus der Figur "]" (oder gar aus "˥ ")erzeugt werden."]" ist aber nach unserer Definition keine Grundfigur, da das Ornament *nur mit Verschiebungen nicht* aus "]" gewonnen werden kann.

Aufgabe

(2) Bestimmen Sie jeweils die Grundfiguren in Bild 1 bis Bild 11.

Es ist üblich, Bandornamente danach zu klassifizieren, welche geometrischen Abbildungen das gesamte Ornament wieder auf sich selbst abbilden. Als Beispiel betrachten wir das soeben vorgestellte Ornament:

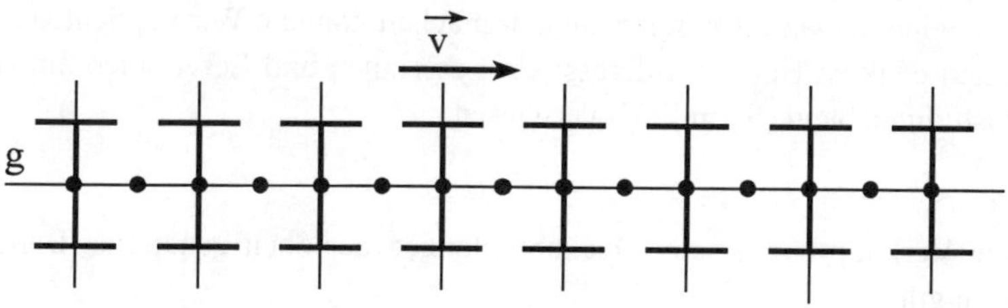

Das Bandornament hat die folgenden Deckabbildungen:

- *Verschiebungen* um Vielfache des Vektors $\vec{v}$.
- Spiegelung an einer zur Mittellinie g senkrecht stehenden Achse. Solche Spiegelungen nennen wir im Folgenden *Querspiegelung.*
- Spiegelung an der waagerechten Achse g. Solche Spiegelungen nennen wir im Folgenden *Längsspiegelung.*
- *Punktspiegelung* an einem der eingezeichneten Punkte.
- *Schubspiegelungen* an g mit Verschiebungsvektor $\vec{v}$.

Wir fragen uns bei den Bandornamenten aus Abschnitt 1, welche Deckabbildungen sie jeweils zulassen.

In Bild (1) finden wir nur Verschiebungen.

In Bild (2) finden wir nur Verschiebungen und Querspiegelungen.

In Bild (5) finden wir dagegen alle Arten von den oben genannten Deckabbildungen: Verschiebung, Querspiegelung, Längsspiegelung, Punktspiegelung und Schubspiegelung.

Aufgabe

(3) Bestimmen Sie für jedes der gezeigten Bandornamente, welche Arten von Deckabbildungen es zuläßt.
Bilden Sie Gruppen von Ornamenten, die jeweils dieselben Typen von Deckabbildungen zulassen.

Wenn Sie die Aufgabe bearbeitet haben, haben Sie insgesamt sieben verschiedene Gruppen von Ornamenten gefunden. Wir wollen in diesem Abschnitt abschließend zeigen, daß es keine weiteren davon verschiedenen Zusammenstellungen geben kann. Dazu benötigen wir einen Satz über die Verknüpfung zweier Deckabbildungen eines Bandornaments, dessen Aussage Sie sich leicht anhand der Beispiele klar machen können. Wir verzichten hier auf einen exakten Beweis. Interessierte Leserinnen und Leser seien auf den Grundstudiumsband (Stein [23]) verwiesen.

Satz 1
Für die Verknüpfung zweier Deckabbildungen der oben genannten Bandornamente gilt:

∘	**Verschiebung**	**Längsspiegel.**	**Schubspiegel.**	**Querspiegel.**	**Punktspiegel.**
Verschiebung	Verschiebung	Schubspiegel.	Schubspiegel.	Querspiegel.	Punktspiegel.
Längsspiegel.	Schubspiegel.	Verschiebung[5]	Verschiebung	Punktspiegel.	Querspiegel.
Schubspiegel.	Schubspiegel.	Verschiebung	Verschiebung		Querspiegel.
Querspiegel.	Querspiegel.		Punktspiegel.		
Punktspiegel.	Punktspiegel.	Querspiegel.			

[5] Bei dieser Verschiebung handelt es sich um die Verschiebung um den Vektor $0 \cdot \vec{v}$.

Aufgabe

(4) Ergänzen Sie die Tabelle.

Die Gültigkeit dieses Satzes kann man sich gut mit einer einfachen Ausgangsfigur (z.B. mit "↗" oder "L") klar machen:

Beispiel
Schubspiegelung *verknüpft mit* Verschiebung ist Schubspiegelung: ↗ ↗ ↘.

Mit Hilfe des soeben formulierten Satzes zeigen wir:

Satz 2
Jedes Bandornament läßt sich bezüglich seiner Deckabbildungen genau einer der folgenden Klassen zuordnen (Die Grundfigur $\mathscr{F}$ ist im folgenden jeweils rot gezeichnet).

Typ	Deckabbildungen	Beispiel
Typ 1 (G)	nur Verschiebungen	
Typ 2 (U)	nur Verschiebungen und Querspiegelungen	
Typ 3 (Z)	nur Verschiebungen und Punktspiegelungen	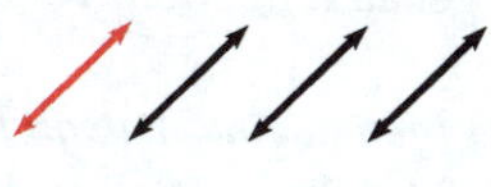
Typ 4 (bp)	nur Verschiebungen und Schubspiegelungen	
Typ 5 (E)	nur Verschiebungen, Längsspiegelungen und Schubspiegelungen	

Typ	Deckabbildungen	Beispiel
Typ 6 (MW)	nur Verschiebungen, Querspiegelungen, Schubspiegelungen und Punktspiegelungen	
Typ 7 (O)	Verschiebungen Längsspiegelungen, Querspiegelungen, Schubspiegelungen und Punktspiegelungen	

Die Buchstaben bzw. Buchstabenkombinationen bei der Bezeichnung der Typen sind so gewählt, daß sie jeweils die entsprechenden Symmetrieeigenschaften haben. Die zu wählenden Buchstaben bzw. Buchstabenkombinationen sind in der Regel durch den Typ *nicht eindeutig* bestimmt.

Beweis
Wir unterscheiden fünf Fälle:

Ein Bandornament hat
(1) genau eine Art von Deckabbildungen;
(2) genau zwei Arten von Deckabbildungen;
(3) genau drei Arten von Deckabbildungen;
(4) genau vier Arten von Deckabbildungen;
(5) genau fünf Arten von Deckabbildungen;

Zu (1) (genau eine Art von Deckabbildung)
Es ergibt sich unmittelbar der Typ 1.

Zu (5) (genau fünf Arten von Deckabbildungen)
Es ergibt sich unmittelbar der Typ 7.

In den anderen Fällen sind dagegen weitere Überlegungen notwendig:

Zu (2) (genau zwei verschiedene Arten von Deckabbildungen)
Die folgenden Kombinationen von je zwei verschiedenen Arten von Deckabbildungen sind möglich:

- *Verschiebung - Querspiegelung* (Typ 2)
- *Verschiebung - Längsspiegelung*
  Aus der Tabelle zu Satz 1 können wir entnehmen, daß bei der Verknüpfung von Verschiebung und Längsspiegelung immer auch eine Schubspiegelung entsteht. Dieses Bandornament muß also schon mindestens drei Arten von Deckabbildungen haben, diese Kombination gehört damit *nicht mehr zu Fall (2)*.
- *Verschiebung - Schubspiegelung* (Typ 4)
- *Verschiebung - Punktspiegelung* (Typ 3)

Zu (3) (genau drei verschiedene Arten von Deckabbildungen)
Von den vielen verschiedenen formal möglichen Kombination führen wir nur drei auf:

- *Verschiebung - Querspiegelung - Längsspiegelung*
  Diese Kombination gehört *nicht in Fall (3)*, da die Verknüpfung von Quer- und Längsspiegelungen stets eine Punktspiegelung ergibt.
- *Verschiebung - Querspiegelung - Schubspiegelung*
  Da die Verknüpfung einer Querspiegelung mit einer Schubspiegelung eine Punktspiegelung ist, gehört auch diese Kombination *nicht* in unseren Fall (3).
- *Verschiebung - Längsspiegelung - Schubspiegelung*
  Diese Kombination ist der Typ 5.

Aufgabe

(5) a) Schreiben Sie alle weiteren formal möglichen Fälle auf, und behandeln Sie diese in entsprechender Weise.
b) Suchen Sie in Ihrer Umgebung nach Bandornamenten (Vgl. Aufgabe 1). Bestimmen Sie jeweils den Typ der aufgefundenen Ornamente. Welche Typen kommen häufig vor, welche weniger häufig?

Zu (4) (genau vier verschiedene Arten von Deckabbildungen)
In diesem Fall sind die folgenden Kombinationen formal möglich:

- *Verschiebung - Querspiegelung - Längsspiegelung - Schubspiegelung*
  Da sich aus Quer- und Längsspiegelung eine Punktspiegelung als *fünfte* Deckabbildung ergibt, gehört diese Kombination *nicht* in Fall (4).
- *Verschiebung - Querspiegelung - Längsspiegelung - Punktspiegelung*

Da sich aus Verschiebung und Längsspiegelung eine Schubspiegelung als *fünfte* Deckabbildung ergibt, gehört auch diese Kombination *nicht* in Fall (4).

- *Verschiebung - Querspiegelung - Schubspiegelung - Punktspiegelung*
  Dies ist Typ 6.
- *Verschiebung - Längsspiegelung - Schubspiegelung - Punktspiegelung*
  Da sich aus Schubspiegelung und Punktspiegelung eine Querspiegelung als *fünfte* mögliche Deckabbildung ergibt, gehört auch diese Kombination *nicht* in Fall (4).

3.3 Die Erzeugung interessanter Bandornamente

Die Bandornamente, die der Klassifizierung der verschiedenen Typen dienen, wirken eher "trocken" und unästhetisch. Wir wollen untersuchen, wie man selbst "hübsche" Ornamente erzeugen kann.
Wir beginnen mit einem einfachem Muster.

Ein solches Muster nennen wir *unverbunden.* Wir können ein solches Muster zu einem *verbundenen* machen, indem wir Lücken schließen

oder auch Lücken überbrücken.

Diese Techniken führen im Fall dieses Musters

durch *Lückenschließen* zu

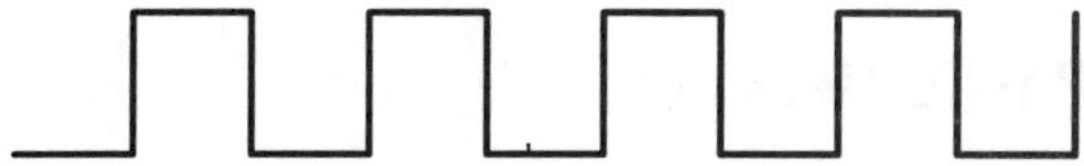

bzw. durch *Lücken überbrücken* zu

Liniendoppelungen führen zu

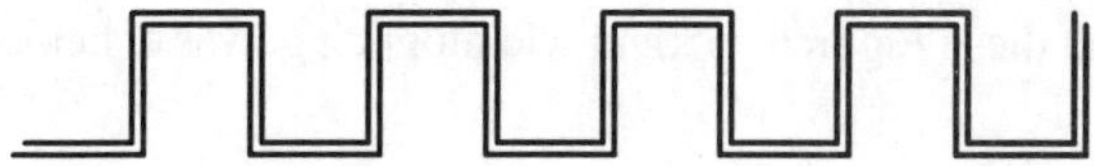

oder zu

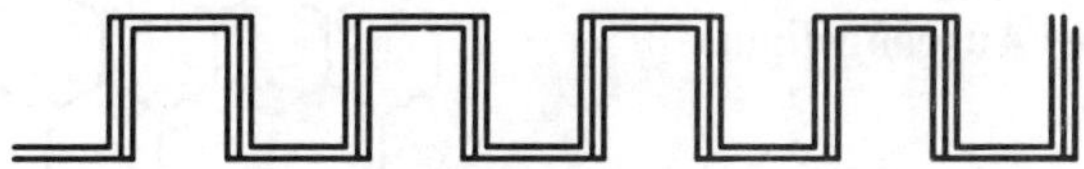

Anschließendes "Löcherstopfen" ergibt

Aus dem Ornament

erhält man Schritt

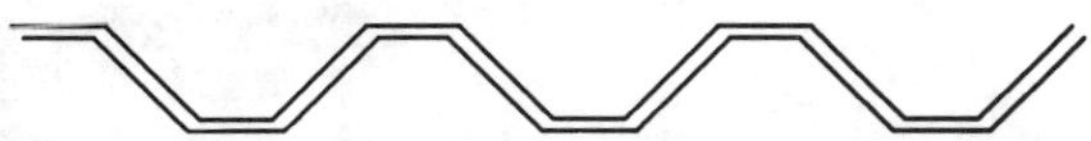

für Schritt

Aufgabe

(6) Stellen Sie weitere Ornamente her. Die Erzeugung aus einem einfachen Grundornament ist zu dokumentieren.

4 Parkettierungen

4.1 Erste Begriffsbildungen und Beispiele

Definition 7 (Parkettierung der Ebene)
Wir sprechen von einer *Parkettierung der Ebene*, wenn diese durch ein *regelmäßiges Muster* aus einer oder mehreren Figuren gleichmäßig und *lückenlos* überdeckt wird.
Sind diese Figuren so klein wie möglich gewählt, heißen sie *Ausgangsfiguren.*

Beispiele

Parkettierung der Ebene mit einer Ausgangsfigur:

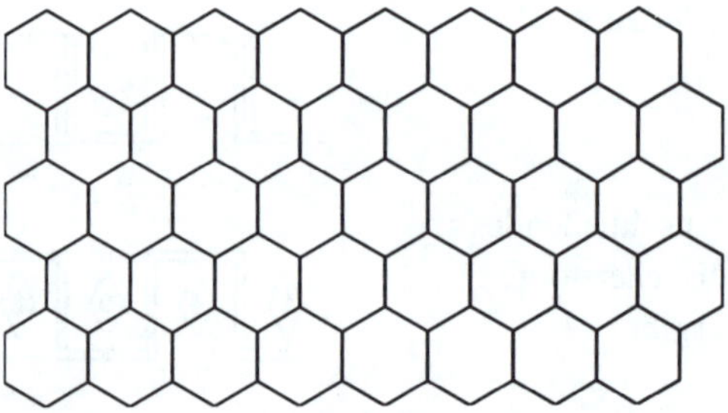

Parkettierung der Ebene mit zwei Ausgangsfiguren

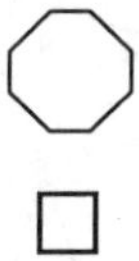

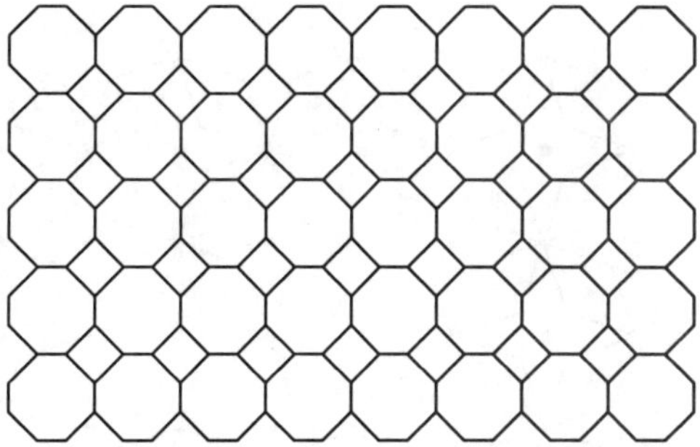

Das Mosaik aus der Alhambra in Granada aus Abschnitt 1 ist dagegen ein Beispiel für eine Parkettierung mit *vier Ausgangsfiguren*. Gerade an diesem Beispiel sehen wir, daß mögliche Einfärbungen für die Struktur des Parketts nicht von Bedeutung sind.

In der Definition 7 ist die Formulierung "regelmäßiges" Muster" noch etwas vage. Bei einer näheren Betrachtung der Beispiele sehen wir, daß das gesamte Muster aus einer Figur bzw. aus mehreren Figuren durch mehrfache Anwendung der folgenden Abbildungen gewonnen werden kann:

- Punktspiegelung,
- Spiegelung,
- Verschiebung,
- Schubspiegelung,
- Drehung.

Im folgenden Beispiel (vgl. Abbildung 1) sind die Punkte, an denen Deckdrehungen durchgeführt werden können, angegeben. Sie bilden zugleich einen Bestandteil des ornamentalen Musters. An den Kreisen kann man um 90 °, 180°, 270° drehen, an den kleinen roten Quadraten können lediglich Punktspiegelungen durchgeführt werden.
Wenn man alle Symmetrien - also auch die Spiegelungen - darstellen will, wird die Zeichnung schnell unübersichtlich. Man zeichnet nur noch das sogenannte *Symmetriediagramm*, das die grundlegenden Symmetrieeigenschaften des Parketts herausstellt (Abbildung 2).

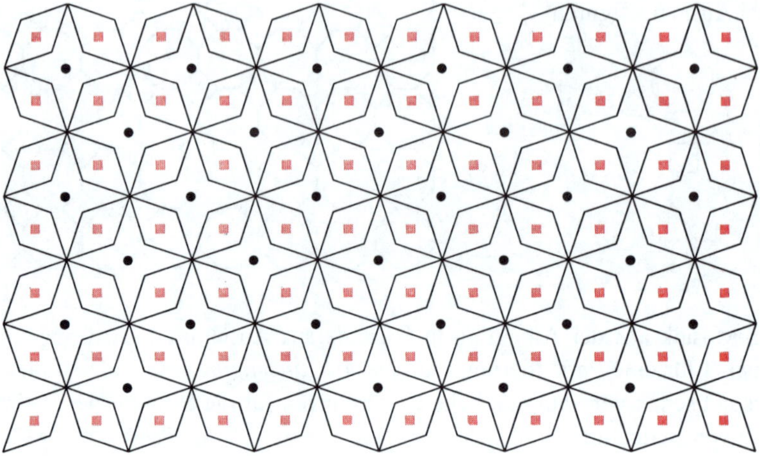

Abbildung 1

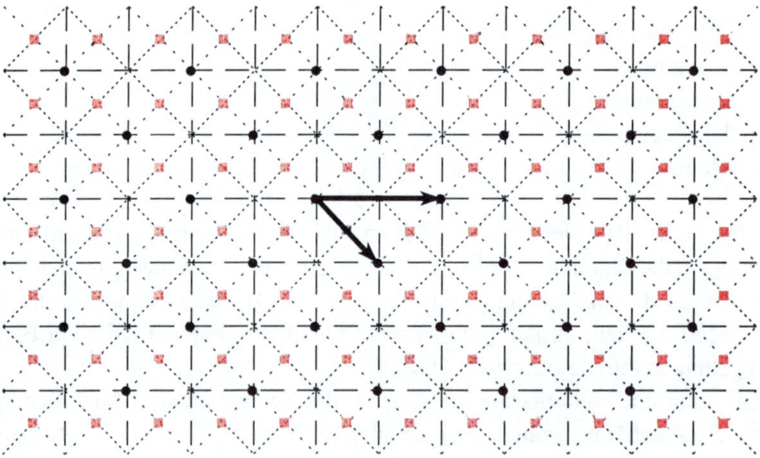

Abbildung 2

Das rechts abgebildete Parkett läßt dagegen neben Punktspiegelungen nur Verschiebungen zu.

In den Beispielen haben wir gesehen, daß in manchen Parketten (wie bei den Bandornamenten) lediglich eine Figur vorkommt, die unendlich oft wiederholt wird, in anderen identifiziert man zwei oder noch mehr verschiedene Ausgangsfiguren.
Grundsätzlich ist es aber möglich, wie bei Bandornamenten jeweils eine *Grundfigur* $\mathcal{F}$ zu identifizieren, aus der sich das gesamte Parkett durch Verschiebungen in (genau) zwei Richtungen erstellen läßt:

Satz 3 (Parkettierung der Ebene mit einer Grundfigur $\mathcal{F}$)
Sei eine Parkettierung der Ebene gegeben. Dann gibt es eine Figur $\mathcal{F}$ derart, daß gilt:
Es gibt zwei Verschiebungsvektoren $\vec{v}$ und $\vec{w}$, die die Parkettierung "erzeugen". Das bedeutet, daß das Parkett aus allen Bildern besteht, die durch Verschiebungen um ganzzahlige Vielfache von $\vec{v}$ bzw. von $\vec{w}$ erzeugt werden. (Handelt es sich um ein "negatives Vielfaches", so wird nach links verschoben). Auch die Verschiebung um die Summe solcher Vielfachen ist möglich.

Wir verzichten hier auf den Beweis.

Man sagt, daß $\mathcal{F}$ *Grundfigur* ist, wenn es keine kleinere Figur als $\mathcal{F}$ gibt, aus der man nur mit Verschiebungen das gesamte Ornament erzeugen kann.
Wenn die Grundfigur in kleinere Figuren unterteilt ist, nennen wir diese *Ausgangsfiguren* (vgl. Def. 7)

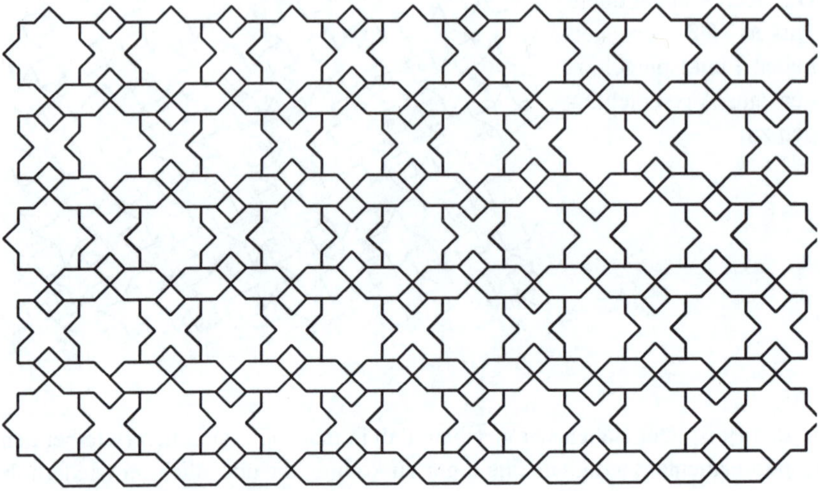

Die nebenstehende Abbildung zeigt, wie man die Ausgangsfiguren des obigen Parketts mit Hilfe von "Karopapier" erzeugt.

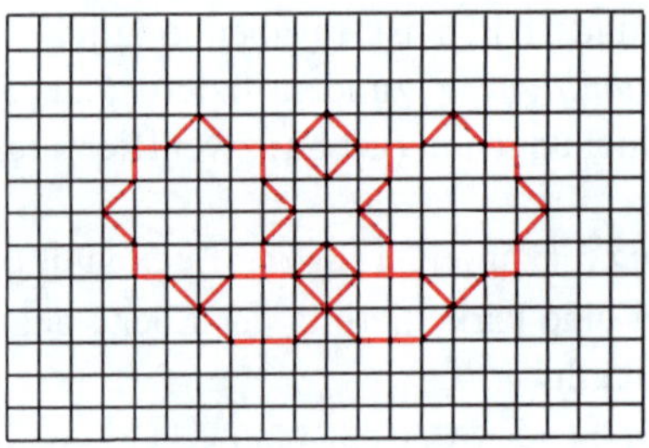

Aufgaben

(7) Wählen Sie in den Beispielen jeweils die Grundfigur und die Verschiebungsvektoren aus.

(8) Konstruiere Parkette mit nur einer Ausgangsfigur, die zugleich auch Grundfigur ist.

4.2 Einfache Parkettierungen

Wir untersuchen im folgenden zunächst, aus welchen einfachen geometrischen Ausgangs- und Grundfiguren Parkettierungen der Ebene erstellt werden können. Dabei betrachten wir in diesem Abschnitt ausschließlich Parkette, die aus *nur einer Ausgangsfigur* erzeugt werden können.

Beispiele

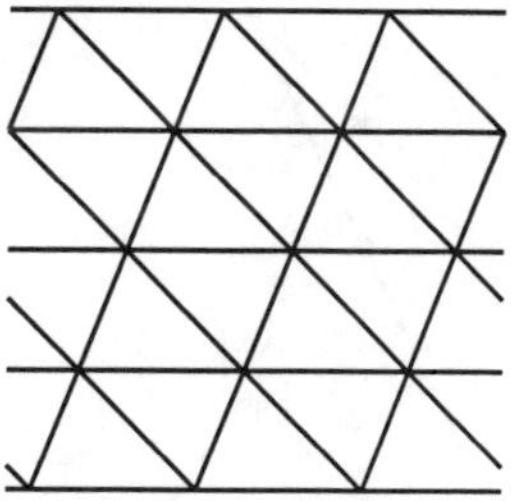

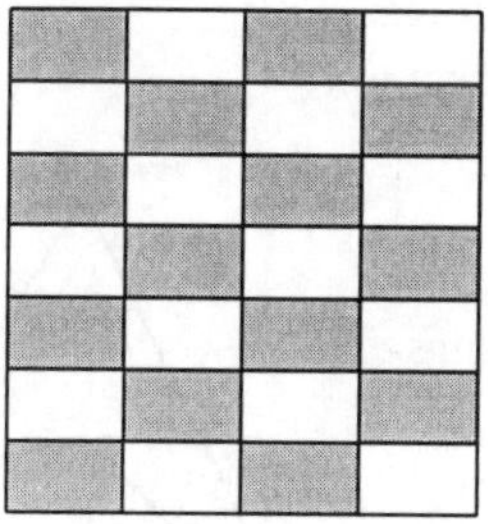

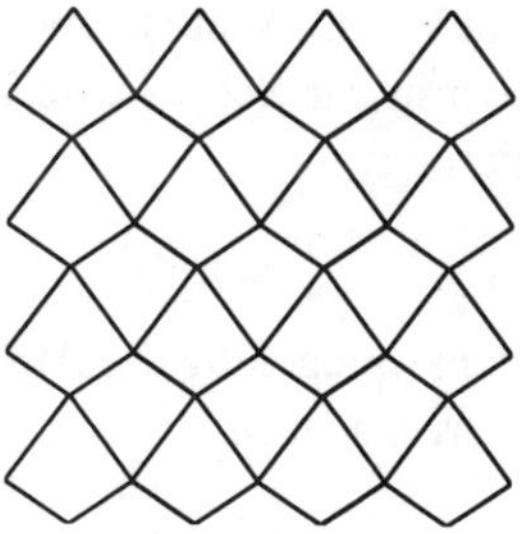

Satz 4
Jedes beliebige Dreieck kann als Ausgangsfigur einer Parkettierung der Ebene gewählt werden.

Beweis
Die Aussage des Satzes läßt sich mit Hilfe der nebenstehenden Abbildung begründen.

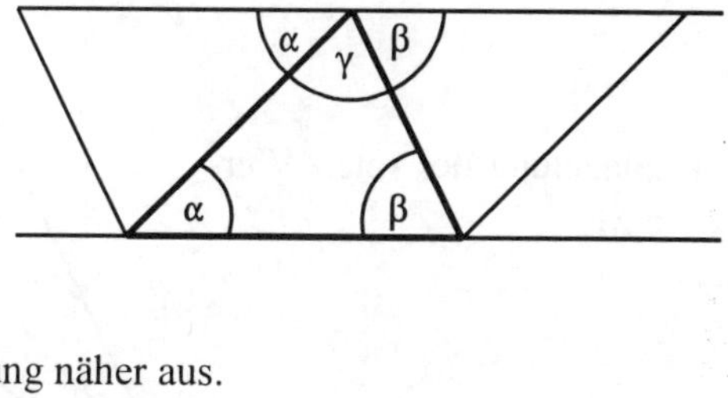

Aufgabe

(9) Führen Sie diese Begründung näher aus.

Die Aussage von Satz 4 gilt entsprechend auch für beliebige Vierecke.

Satz 5
Jedes beliebige Viereck kann als Ausgangsfigur einer Parkettierung der Ebene gewählt werden.

Beweis
Für Rechtecke und Quadrate ist die Aussage unmittelbar klar.

Weniger offensichtlich ist die Gültigkeit der Behauptung im Fall von Vierecken des folgenden Typs (sogenannte konkave Vierecke):

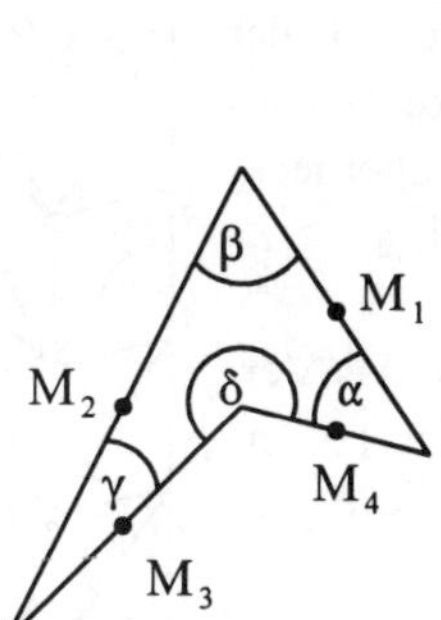

Wir erstellen aus einem solchen konkaven Viereck wie folgt Schritt für Schritt eine Parkettierung:

Punktspiegelung des Ausgangsvierecks an M_1

Punktspiegelung des roten Vierecks an M_2

Punktspiegelung des roten Vierecks an M_3

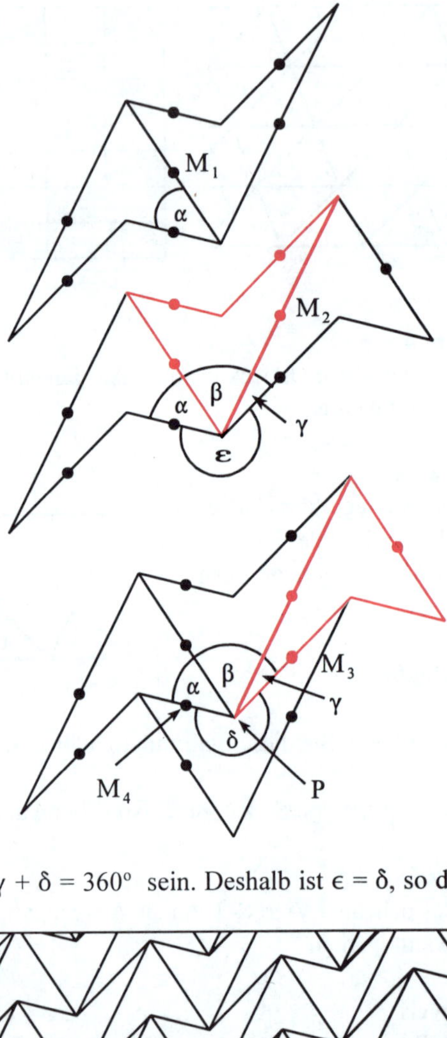

Da die Winkelsumme im Viereck stets 360° beträgt, muß $\alpha + \beta + \gamma + \delta = 360°$ sein. Deshalb ist $\epsilon = \delta$, so daß durch die Punktspiegelung an M_3 die Ebene an der Parkettecke P vollständig überdeckt wird.

Wenn man das Verfahren fortsetzt, erhält man das folgende Parkett:

Im Fall des oben betrachteten Vierecks genügt auch eine einmalige Punktspiegelung der Ausgangsfigur, wenn man anschließend die dann erzeugte neue Figur jeweils passend an die Ausgangsfigur ansetzt. Die folgende Bildfolge zeigt das Vorgehen

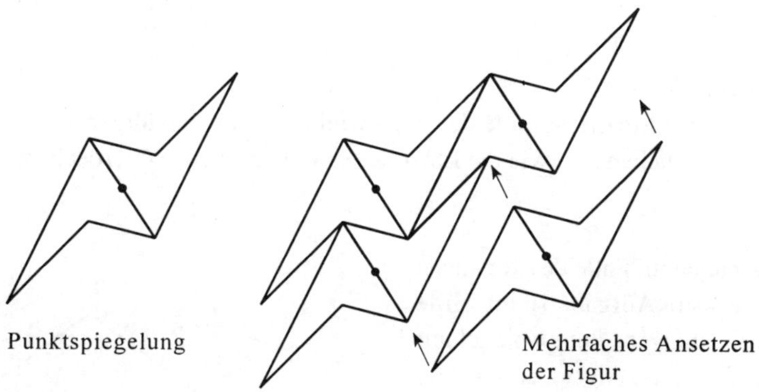

Aufgaben

(10) Begründen Sie, warum mit diesem Ansatz eine lückenlose Überdeckung der Ebene entsteht.

(11) Stellen Sie ausreichend viele Kopien der Vierecke her, schneiden Sie diese aus, und kleben Sie sie so auf ein Blatt Papier, daß eine Parkettierung entsteht.

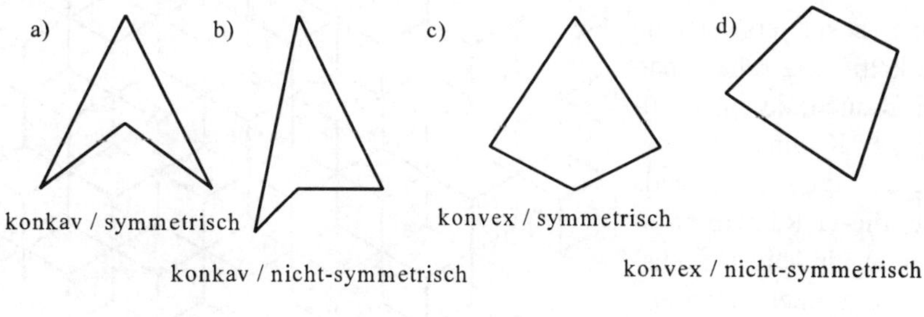

Im Fall sogenannter konvexer Vierecke (c) und d)) ist die Herstellung der zugehörigen Parkettierung etwas leichter. Zeigen Sie, daß sich stets eine Parkettierung erzeugen läßt.

(12) Beweisen Sie den folgenden

Satz 6

(a) Die Ebene läßt sich nicht mit regelmäßigen Fünfecken parkettieren.

(b) Die Ebene kann mit regelmäßigen Sechsecken parkettiert werden.

Hinweis zu (a)
Bestimmen Sie die Summe der Innenwinkel des regelmäßigen Fünfecks und untersuchen Sie, wie die Ebene an einer Parkettecke überdeckt wird.

(13) Wir haben im Falle des konkaven Vierecks in Aufgabe 10 mit Hilfe einer einzigen Punktspiegelung eine Figur erzeugt, aus der man nur mit Hilfe von Verschiebungen eine Parkettierung der Ebene erzeugen konnte. In der nebenstehenden Abbildung ist eine entsprechende Situation für das regelmäßige Fünfeck dargestellt. Warum läßt sich das beim Viereck "funktionierende" Verfahren hier nicht anwenden?

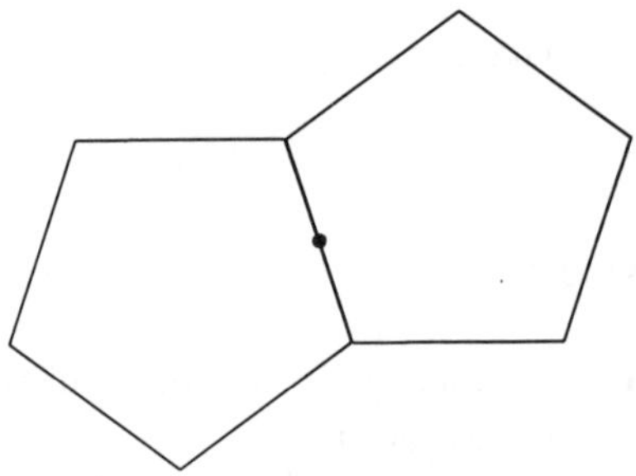

Eine besonders schöne Parkettierung erhält man mit Rauten, deren Innenwinkel 60° und 120° betragen, da sich jeweils drei dieser Rauten zu einem regelmäßigen Sechseck zusammensetzen lassen

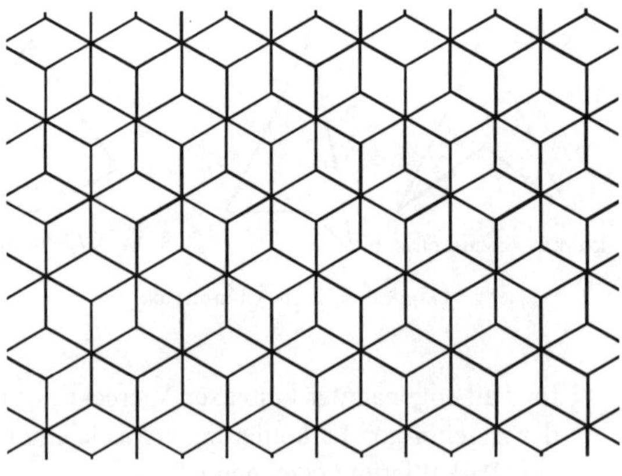

4.3 Knabbertechnik

Die Parkettierung mit einfachen Ausgangsfiguren wie Rechtecken, Quadraten oder Dreiecken kann Ausgangspunkt für schöne neue Parkettierungen sein.

Aufgabe

(14) Erläutern Sie die vorgestellte “Knabbertechnik”

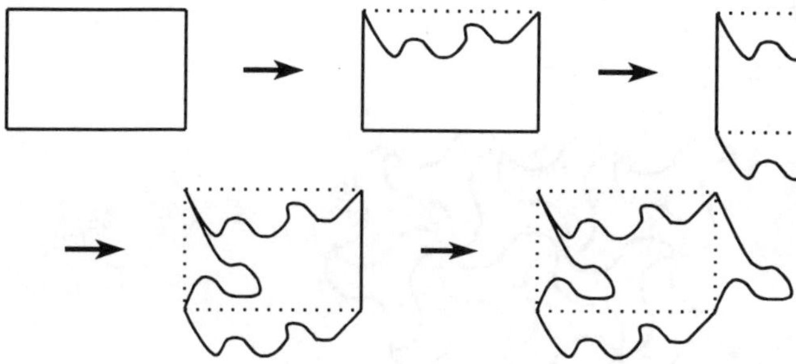

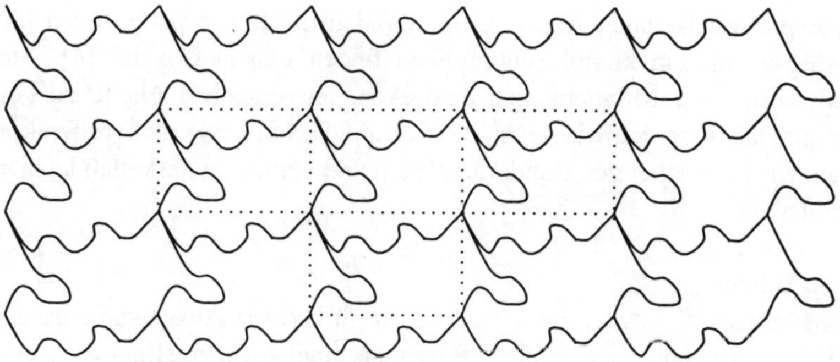

Stellen Sie anhand eines selbstgewählten Beispiels durch “Knabbertechnik” eine Parkettierung her.

Diese Technik hat sich auch Escher bei vielen seiner Bilder zunutze gemacht. Seine Grundform war oft ein gleichseitiges Dreieck, das er mittels der Knabbertechnik so veränderte, daß in der Natur vorkommende Formen wie Vögel, Fische, Reptilien oder Menschen entstanden. Wir sehen uns das am Beispiel der "fliegenden Fische" an:

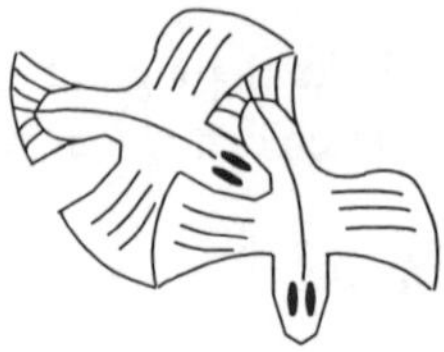

Auch das Mosaik aus der Alhambra ist mit Hilfe einer (einfacheren) Knabbertechnik entstanden.

4.4 Parkettierungen mit mehreren Ausgangsfiguren

In diesem Abschnitt wollen wir darauf verzichten, systematische Überlegungen anzustellen, mit welchen Ausgangsfiguren sich die Ebene parkettieren läßt. Hinweise zu diesem komplexen Problem finden sich in Coxeter [4] Statt dessen wollen wir Möglichkeiten entdecken, interessante Parkette zu konstruieren. Dabei werden wir sehen, daß wir auf Techniken zurückgreifen können, die wir bereits bei den Bandornamenten und einfachen Parketten kennengelernt haben.

Lücken füllen

Eine Möglichkeit, interessante Parkette aus mehreren Ausgangsfiguren zu konstruieren, ist zunächst einmal ein Raster aus einer Ausgangsfigur anzulegen und die Lücken mit geeigneten Formen aufzufüllen.

Zur Konstruktion weiterer Parkettierungen zeichnen wir Quadrate mit gleichen Abständen wie folgt:

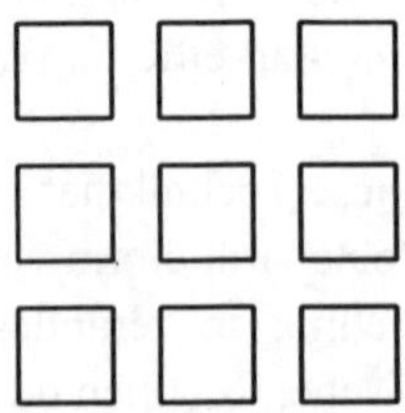

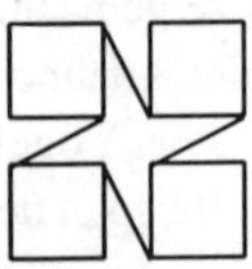

Durch passende Hilfslinien erzeugen wir einen Stern.

Aufgrund der gewählten Konstruktion des Sterns läßt sich die Ebene lückenlos mit Sternen und Quadraten überdecken.

Aufgabe

(15) Zeichnen Sie eine ähnliche Parkettierung aus einem Raster aus Rechtecken.

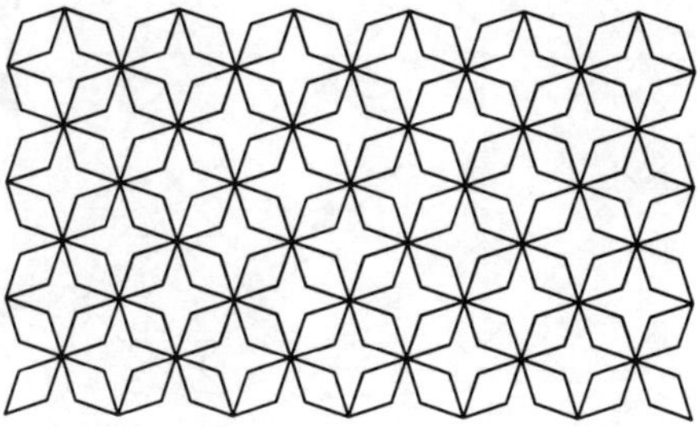

Wir haben die obige Konstruktion von einer regelmäßigen Anordnung von *Quadraten* ausgehen lassen. Dabei entstehen Sterne als zweite Ausgangsfigur, die nicht achsensymmetrisch sind.
Besonders hübsche Parkettierungen entstehen, wenn wir mit *achsensymmetrischen Sternen* beginnen (vgl. die Parkette S. 48, S. 49, S. 50).

Lücken füllen mit Hilfe von Symmetriediagrammen
Zur Anlage eines solchen Rasters lassen sich auch die eingangs erwähnten Symmetriediagramme nutzen. So entsteht das folgende Parkett, indem zunächst die (in 4 Achsen) achsensymmetrischen und punktsymmetrischen achtzackigen Sterne an den entsprechenden Stellen in das Diagramm gesetzt und die übrigen Formen unter Beachtung der Symmetrieeigenschaften in die Lücken eingesetzt werden.

Aufgabe

(16) Konstruieren Sie ein Parkett aus einem Ausgangsraster und dokumentieren Sie Ihr Vorgehen.

Knabbertechnik
Eine weitere Möglichkeit zur Erzeugung interessanter Parkette besteht darin, wiederum mit Hilfe der Knabbertechnik Parkette weiter zu “verfeinern”. Dies ist unten bei dem Parkett aus Quadraten und Sechsecken realisiert.

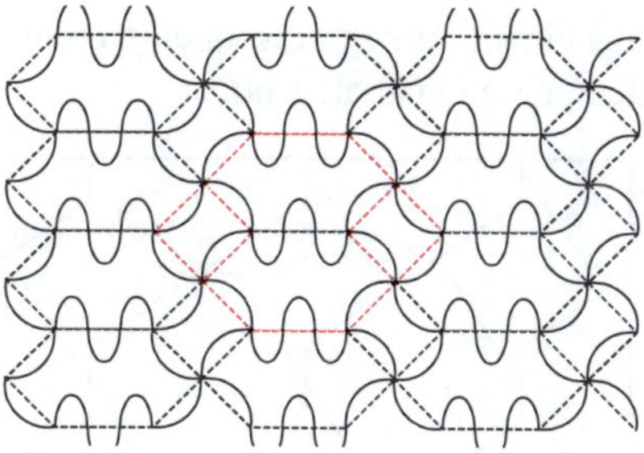

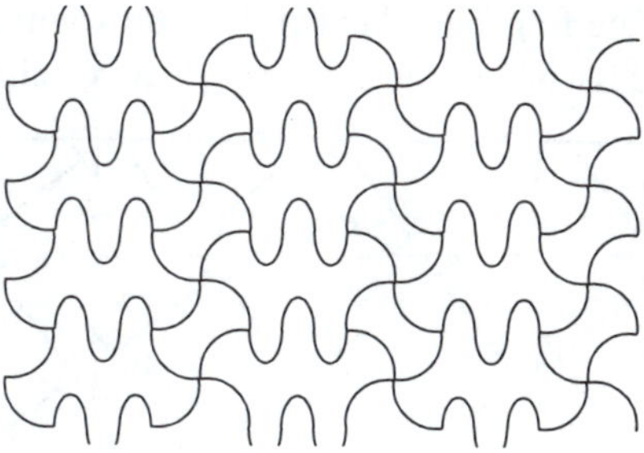

Meist wendet man jedoch eine der "Knabbertechnik" ähnliche Technik an, bei der nicht an der Ausgangsfigur geknabbert und angesetzt wird, sondern an einer Ausgangsfigur geknabbert und an einer anderen wieder angesetzt wird. Wir zeigen hier die Verwandlung eines Parketts aus Achtecken und Quadraten. In der zweifarbigen Abbildung erkennt man, daß lediglich aus jedem Achteck kleine Dreiecke geknabbert und an die Quadrate angesetzt wurden.

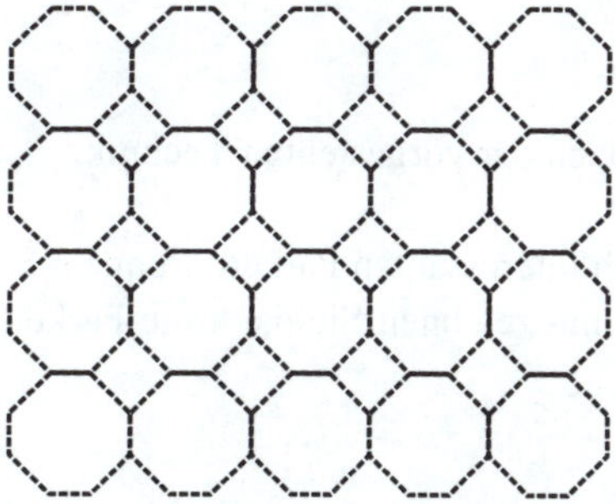

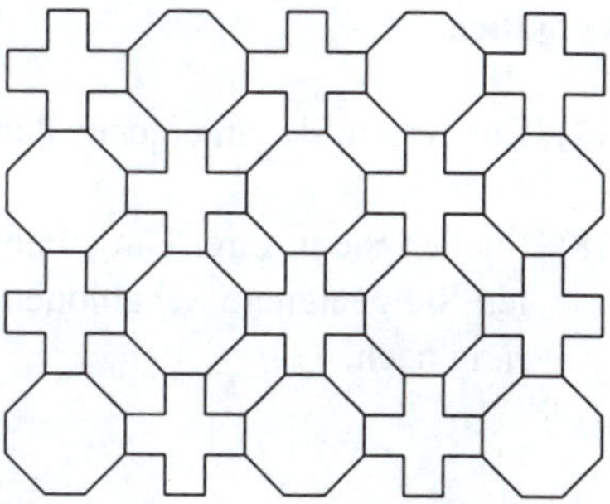

Die folgenden beiden Parkette können aus einem Parkett gewonnen werden, dessen Ausgangsfiguren zwei verschieden große Quadrate sind.

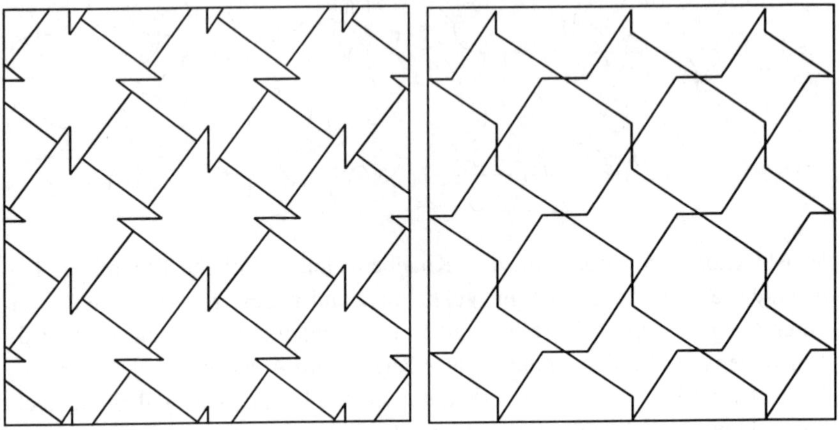

Aufgaben

(17) Entwerfen Sie ein eigenes Parkett nach der vorgestellten Technik.

(18) Suchen Sie in Ihrer Umgebung nach interessanten Parkettierungen. Stellen Sie geeignete Schablonen her, und zeichnen Sie dann die Parkettierung nach.

III Graphentheorie

1 Grundlegende Begriffe

Beispiel 1 U-Bahn-Netze
In Städten mit U-Bahn-Netzen findet man in den U-Bahnhöfen Übersichtspläne über das Bahnnetz. Die Abbildung zeigt einen Ausschnitt aus dem Netz von Hamburg.

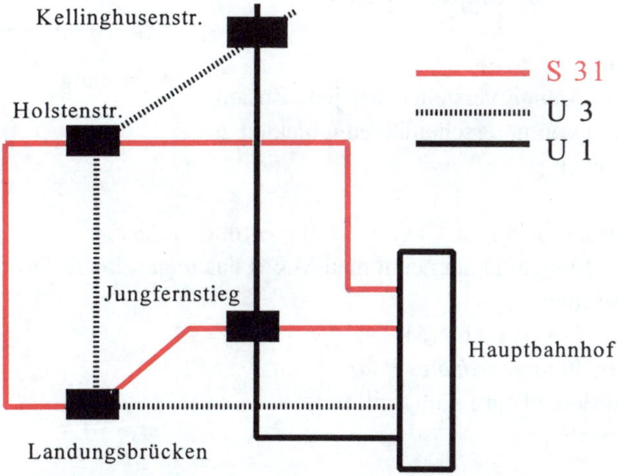

Beispiel 2 Das Haus vom Nikolaus
Das Problem des "Hauses vom Nikolaus" (Abbildung 1) ist sicher jedem bekannt. Wie schafft man es - ohne den Stift abzusetzen - ein quadratisches Haus mit diagonalen Balken und spitzem Dach zu zeichnen? Man benötigt dazu 8 gerade Linien entsprechend der Anzahl der Silben im Merkvers "Das ist das Haus vom Ni-ko-laus".

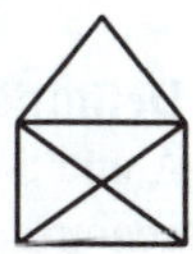
Abb. 1

Wenn wir im Beispiel 1 die graphischen Unterscheidungen und die Stationsbezeichnungen fortlassen, erhalten wir die nebenstehende Abbildung 2.

Mit wenig Aufwand läßt sich das Haus des Nikolaus analog darstellen (Abbildung 3)

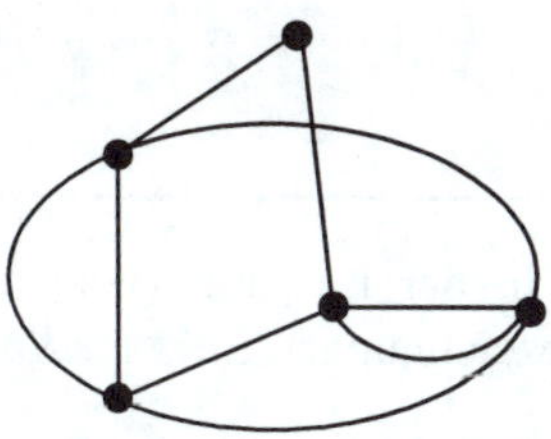
Abbildung 2

Die Zeichnungen aus den Abbildungen 1 bis 3 nennt man *Graphen*. Die dick markierten Punkte heißen *Knoten*. Die Verbindungslinien zwischen zwei Knoten heißen *Bögen*[1]. Knoten werden häufig mit k_1, k_2, ... bezeichnet; Bögen mit b_1, b_2, ...

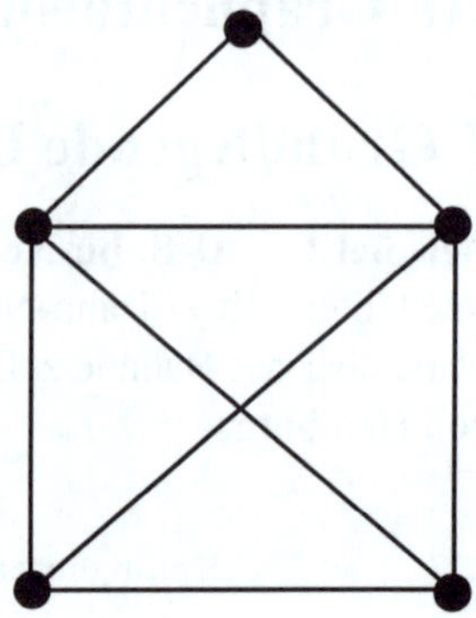

Abbildung 3

In diesem Kapitel lernen wir grundlegende Definitionen über Graphen sowie einige einfache Eigenschaften von Graphen kennen.

Definition 1 (Menge)
Unter einer *Menge* verstehen wir jede Zusammenfassung von unterscheidbaren Objekten zu einem Ganzen.

Definition 2 (ungeordnetes Produkt; ungeordnetes Paar)
M sei eine Menge. Dann nennt man M&M das *ungeordnete Produkt* von M. Dabei setzt man

M&M:= {<a;b> | a,b ∈ M}

<a;b> heißt *ungeordnetes Paar*.

Für ungeordnete Paare <a;b> gilt stets:

<a;b> = <b;a>

Beispiele:	M = {x;y}	M&M = {<x;x>; <x;y>; <y;y>}
	M = {u; v; w}	M&M = {<u;u>; <u;v>; <u;w>; <v;v>; <v;w>; <w;w>}

Definition 3 (Abbildung)
A und B seien Mengen. f: A→ B heißt *Abbildung von A nach B* oder *Funktion*[2] genau dann, wenn f jedem Element x ∈ A genau ein y ∈ B zuordnet. Man schreibt auch:

$$f: x \mapsto y$$

---

[1] In der Literatur (vgl. z. B. Müller/Wölpert [15]) finden sich auch die Bezeichnungen *Ecke* für *Knoten* und *Kante* für *Bogen*.

[2] Für eine detaillierte Definition s. Padberg [17]

Mit diesen vorbereitenden Begriffsbildungen setzen wir fest:

Definition 4 (endlicher Graph)
Gegeben seien zwei endliche Mengen

$B = \{b_1, b_2, \ldots, b_n\}$ (Bogenmenge)

und $K = \{k_1, k_2, \ldots, k_m\}$ (Knotenmenge)

Ferner sei f: B → K&K eine Abbildung.
Dann heißt das Tripel <K, B, f> *Graph*.

Bögen, die zum selben Knoten "zurücklaufen", heißen *Schlinge*:

Definition 5 (Schlinge; schlichter Graph; benachbarte Bögen; einfacher Graph)
b ∈ B ist eine *Schlinge* genau dann, wenn es ein k ∈ K gibt mit f(b) = <k; k>.
Ein Graph G heißt *schlicht* genau dann, wenn er keine Schlingen enthält.
Zwei Bögen heißen *benachbart*, wenn sie einen Knoten gemeinsam haben.
Ein Graph heißt *einfach*, wenn es zu zwei Knoten jeweils höchstens einen Bogen gibt.

Beispiel 1

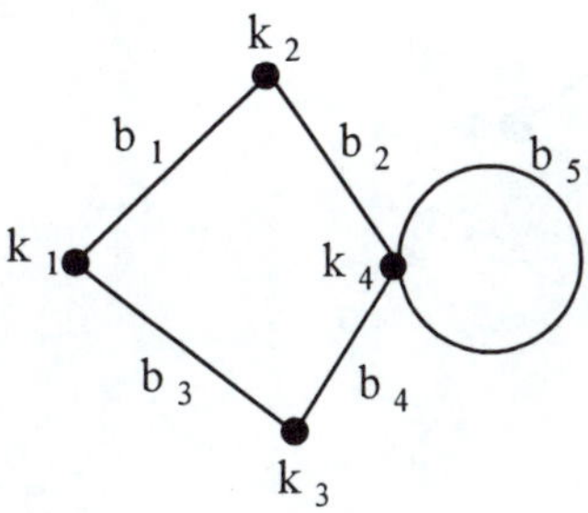

Hier ist der Graph <K, B, f> festgelegt durch

$K = \{k_1, k_2, k_3, k_4\}$
$B = \{b_1, b_2, b_3, b_4, b_5\}$
$f(b_1) = \langle k_1; k_2 \rangle$
$f(b_2) = \langle k_2; k_4 \rangle$
$f(b_3) = \langle k_1; k_3 \rangle$
$f(b_4) = \langle k_3; k_4 \rangle$
$f(b_5) = \langle k_4; k_4 \rangle$

In diesem Beispiel ist b_5 eine Schlinge; b_1 ist benachbart mit b_2 und b_3; b_2 ist benachbart mit b_1, b_4 und b_5; b_3 ist benachbart mit b_1 und b_4; b_4 ist benachbart mit b_2, b_3 und b_5, b_5 ist benachbart mit b_2 und b_4.

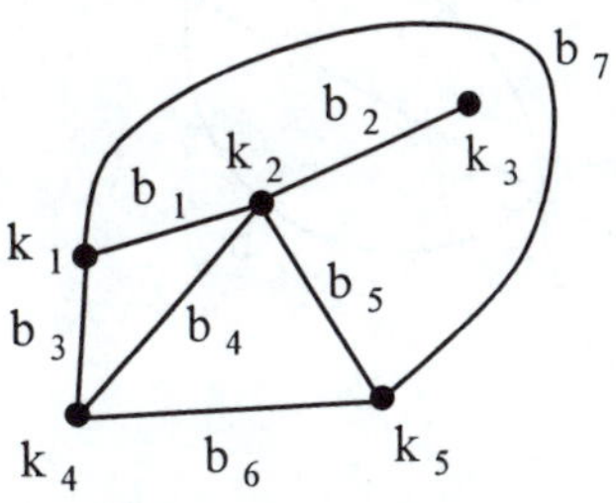

Beispiel 2
Dieser Graph <K, B, f> ist festgelegt durch
$K = \{k_1, k_2, k_3, k_4, k_5\}$
$B = \{b_1, b_2, b_3, b_4, b_5, b_6, b_7\}$

$f(b_1) = <k_1; k_2>$ $f(b_2) = <k_2; k_3>$ $f(b_3) = <k_1; k_4>$ $f(b_4) = <k_2; k_4>$
$f(b_5) = <k_2; k_5>$ $f(b_6) = <k_4; k_5>$ $f(b_7) = <k_1; k_5>$

In diesem Beispiel gibt es keine Schlinge.

Aufgabe

(1) Mit welchen Bögen sind jeweils b_1, b_2, b_3 benachbart?

Beispiel 3
Sei $K = \{k_1, k_2, k_3, k_4\}$
$B = \{b_1, b_2, b_3, b_4, b_5, b_6\}$
$f : B \rightarrow K\&K$ sei gegeben durch
$f(b_1) = <k_1; k_1>$ $f(b_2) = <k_1; k_3>$ $f(b_3) = <k_3; k_4>$
$f(b_4) = <k_1; k_3>$ $f(b_5) = <k_1; k_2>$ $f(b_6) = <k_2; k_4>$
Dann läßt sich $<K; B; f>$ beispielsweise wie folgt zeichnen

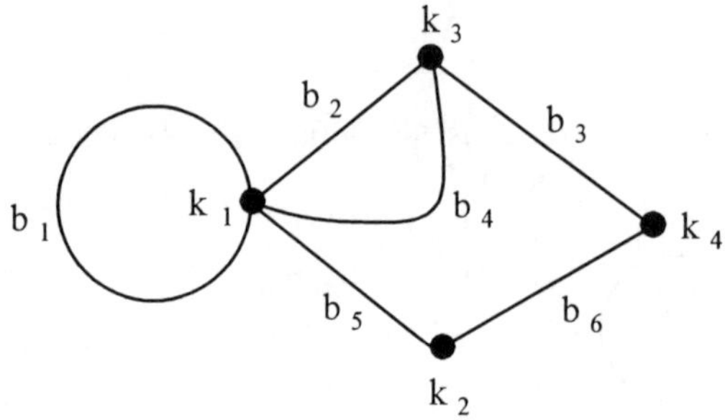

Beispiel 4
Sei $K = \{k_1, k_2, k_3\}$
$B = \{b_1, b_2, b_3, b_4, b_5, b_6\}$
$f(b_1) = <k_1; k_2>$ $f(b_2) = <k_1; k_2>$
$f(b_3) = <k_1; k_2>$ $f(b_4) = <k_2; k_3>$
$f(b_5) = <k_2; k_3>$ $f(b_6) = <k_2; k_3>$
$<K; B; f>$ läßt sich dann beispielsweise wie nebenstehend zeichnen.

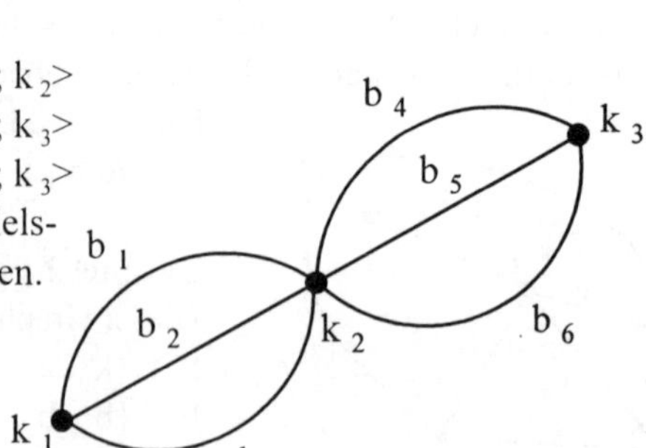

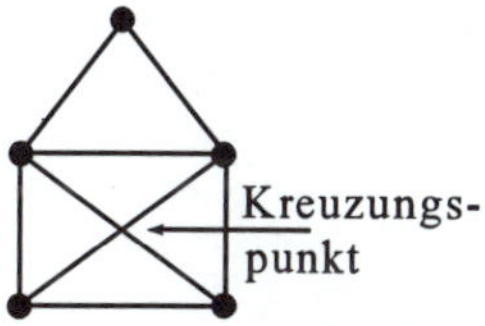

Im Haus vom Nikolaus gibt es einen Kreuzungspunkt (vgl. Abbildung):
Solche Kreuzungspunkte gelten nicht als Knoten.

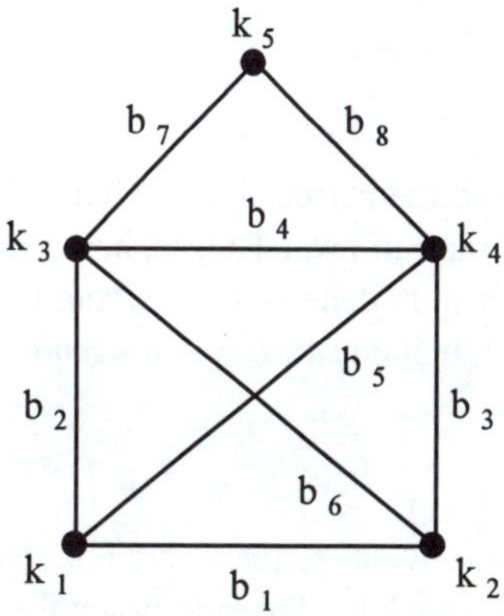

Mit den entsprechenden Bezeichnungen ist das Haus des Nikolaus eine Veranschaulichung des Graphen $\langle K; B; f \rangle$ mit

$K = \{ k_1, k_2, k_3, k_4, k_5 \}$
$B = \{ b_1, b_2, b_3, b_4, b_5, b_6, b_7, b_8 \}$
$f(b_1) = \langle k_1; k_2 \rangle$
$f(b_2) = \langle k_1; k_3 \rangle$
$f(b_3) = \langle k_2; k_4 \rangle$
$f(b_4) = \langle k_3; k_4 \rangle$
$f(b_5) = \langle k_1; k_4 \rangle$
$f(b_6) = \langle k_2; k_3 \rangle$
$f(b_7) = \langle k_3; k_5 \rangle$
$f(b_8) = \langle k_4; k_5 \rangle$

Graphen ohne Kreuzungspunkte heißen *planar*:

Definition 6 (planarer Graph)
Ein Graph heißt *planar*, wenn sich seine Bögen nur in Knoten überkreuzen.

Man kann das Haus des Nikolaus zeichnen, ohne den Bleistift abzusetzen, wenn man bei k_5 beginnt. Ein möglicher Weg ist dann:

$k_5 - k_4 - k_2 - k_1 - k_4 - k_3 - k_1 - k_2 - k_3 - k_5$.

Hierbei wird der Bogen b_1 zweimal durchlaufen. Man kann Wege finden, bei jeder Bogen genau einmal durchlaufen wird. Ein Beispiel ist der folgende Weg, der bei k_1 beginnt:

$k_1 - k_3 - k_5 - k_4 - k_2 - k_3 - k_4 - k_1 - k_2$.

Solche Wegc heißen *Bogenfolgen*:

Definition 7 (Bogenfolge)
Eine Auflistung von Bögen b_1, b_2, ... aus B heißt *Bogenfolge* genau dann, wenn je zwei aufeinanderfolgende Bögen einen gemeinsamen Knoten haben. In der Regel schreiben wir die Bögen als Knotenpaare dann so, daß die gemeinsamen Knoten nebeneinander stehen:

$(k_i, k_j), (k_j, k_m), ..., (k_r, k_s), (k_s, k_t)$

Wir sagen dann: *Die Bogenfolge führt von* k_i *nach* k_t.

Beispiel 5

Sei $K = \{k_1, k_2, k_3, k_4, k_5, k_6\}$

$B = \{b_1, b_2, b_3, b_4, b_5, b_6\}$

$f(b_1) = <k_1; k_2>$ $f(b_2) = <k_2; k_3>$ $f(b_3) = <k_3; k_1>$

$f(b_4) = <k_4; k_5>$ $f(b_5) = <k_5; k_6>$ $f(b_6) = <k_6; k_4>$

$<K; B; f>$ läßt sich dann wie folgt zeichnen

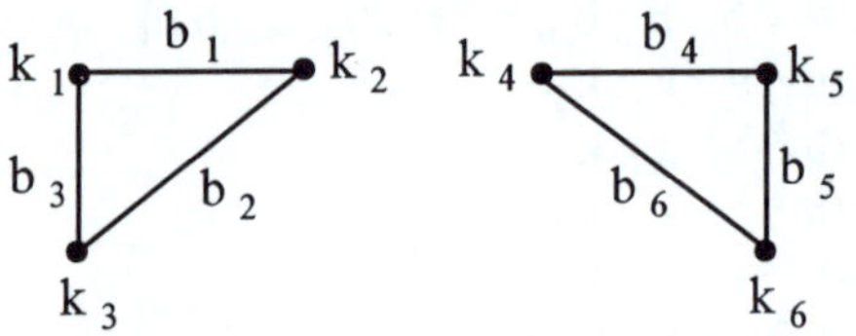

In diesem Beispiel "zerfällt" der Graph in zwei Teilgraphen. Graphen, in denen dies *nicht* der Fall ist, heißen *zusammenhängend.*

Definition 8 (zusammenhängender Graph; Brücke)

Ein Graph heißt *zusammenhängend* genau dann, wenn es für zwei beliebige verschiedene Knoten k_i und k_j stets eine von k_i nach k_j führende Bogenfolge gibt.

Ein Bogen in einem zusammenhängenden Graphen heißt *Brücke*, wenn durch seine Entfernung der Graph in zwei getrennte Graphen zerfällt.

Die beiden vorgestellten Bogenfolgen durchlaufen das Haus des Nikolaus jeweils vollständig. Der zweite Weg kommt allerdings ohne Wiederholungen aus. Wir setzen fest:

Definition 9 (Bogenzug; Bogenkreis; Eulerscher Bogenzug; Eulerscher Graph)

a) Eine Bogenfolge heißt *Bogenzug* genau dann, wenn kein Bogen doppelt vorkommt.
   Bei den Überlegungen zum "Haus des Nikolaus" haben wir schon einige Bogenzüge benutzt, zum Beispiel:
   $b_1, b_3, b_5, b_2, b_4, b_8, b_7, b_6$.
   Ein Bogenzug kann auch nur aus einen Teil eines Graphen bestehen, z. B.:
   b_1, b_3, b_4 oder b_4, b_7, b_8.
b) Ein Bogenzug heißt *Bogenkreis* oder *geschlossener Bogenzug*, wenn der Anfangs- und der Endknoten zusammenfallen.
c) Falls ein Bogenzug alle Bögen des Graphen enthält, so heißt er *Eulerscher Bogenzug.*
d) Falls ein Bogenkreis alle Bögen des Graphen enthält, so heißt er *Eulerscher*

Bogenkreis.

e) Wenn zu einem Graph mindestens ein Eulerscher Bogenzug existiert, so heißt der Graph *Eulerscher Graph*.

Aufgaben

(2) In welchen der folgenden Graphen finden Sie
- einen Eulerschen Bogenzug bzw.
- einen Eulerschen Bogenkreis?

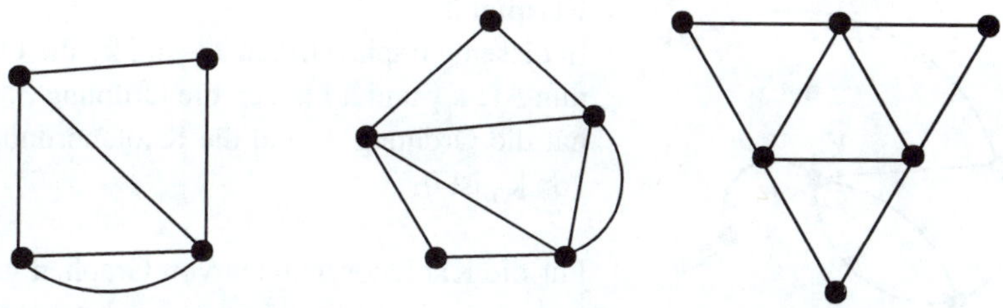

(3) Formulieren Sie Bedingungen für die Existenz eines Eulerschen Bogenzuges bzw. eines Bogenkreises.

2 Sätze über Bogenzüge und Bogenkreise

Wie man leicht feststellt, kann man das Haus des Nikolaus genau dann vollständig und ohne Wiederholungen durchlaufen, wenn man den Weg bei einem der beiden Knoten beginnt, in denen *drei* Bögen zusammenlaufen. Der Bogenzug endet dann bei dem anderen Knoten, in dem drei Bögen zusammenlaufen. Wegen der Bedeutung, die die Zahl der mit einem Knoten verbundenen Bögen für dieses und andere Probleme hat, ist dafür ein eigener Begriff festgelegt worden:

Definition 10 (Knotenordnung; Ordnung eines Knotens)
Die *Knotenordnung* bzw. *Ordnung eines Knotens* ist die Anzahl der Bogenenden, die in einem Knoten zusammentreffen. Ist die Ordnung eine gerade Zahl, so handelt es sich um einen *geraden Knoten*; ist die Ordnung eine ungerade Zahl, so handelt es sich um einen *ungeraden Knoten*.

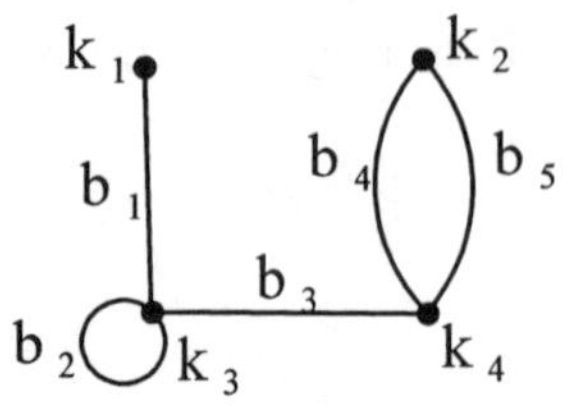

Beispiel 1
Welche Ordnungen haben die Knoten des nebenstehenden Graphen? Im Knoten k_3 treffen die Enden von b_1 und b_3 zusammen, ferner "Bogenanfang" und "Bogenende" von b_2. Also hat k_3 die Ordnung 4.

Ebenso erhält man:
k_1 hat die Ordnung 1, k_2 hat die Ordnung 2 und k_4 hat die Ordnung 3.

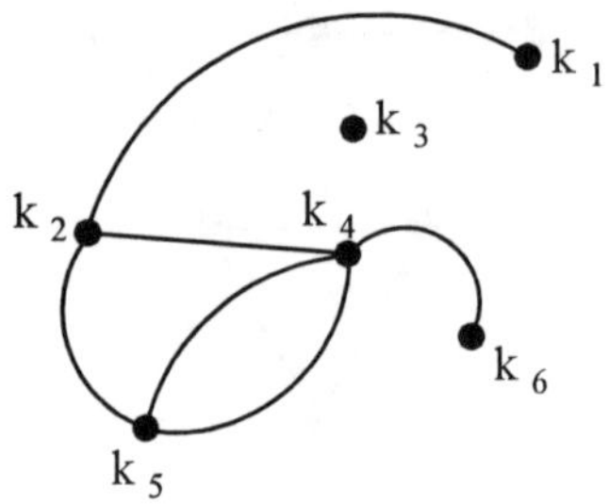

Beispiel 2
In diesem Graphen haben k_1 und k_6 die Ordnung 1; k_2 und k_5 haben die Ordnung 3; k_4 hat die Ordnung 4, und die Knotenordnung von k_3 ist 0.

Für die Knotenordnungen von Graphen gelten einige einfache Sätze. Zunächst behandeln wir im folgenden drei dieser Sätze.

Satz 1
Sei $<K; B; f>$ ein Graph. Dann gilt: Die Summe der Knotenordnungen ist gerade. Sie ist doppelt so groß wie die Anzahl der Bögen des Graphen.

Beweis
Jeder Bogen besitzt genau zwei Bogenenden. Da die Summe der Knotenordnungen mit der Summe der Bogenenden identisch ist, folgt die Behauptung mit Definition 10.

Satz 2
In einem Graphen $<K; B; f>$ gibt es stets geradzahlig viele Knoten ungerader Ordnung.

Aufgabe

(4) Beweisen Sie Satz 2.

Satz 3
$<K; B; f>$ sei ein endlicher planarer Graph mit k Knoten. a_i sei die Zahl der Knoten, die die Ordnung i haben, b sei die Anzahl der Bögen des Graphen.

Dann gilt:
$2 \cdot b = a_1 + 2 \cdot a_2 + 3 \cdot a_3 + \ldots$

Beweis
Der Graph habe die Knotenmenge $K = \{k_1, k_2, \ldots, k_m\}$. Wir bezeichnen die Ordnung des Knotens k_i mit O_i.
Nach Satz 1 gilt: $2b = O_1 + O_2 + \ldots + O_m$.
Wir gehen nun davon aus, daß diese Ordnungen der Größe nach sortiert sind. Damit hat die Summe die folgende Gestalt:

$$2b = \underbrace{(1 + \ldots + 1)}_{a_1\text{-mal}} + \underbrace{(2 + \ldots + 2)}_{a_2\text{-mal}} + \underbrace{(3 + \ldots + 3)}_{a_3\text{-mal}} + \ldots$$
$$= 1 \cdot a_1 + 2 \cdot a_2 + 3 \cdot a_3 + \ldots$$

Wenn Sie in Aufgabe 3 den richtigen Schluß gezogen haben, haben Sie vielleicht schon selbständig den folgenden Satz gefunden:

Satz 4 (Satz von Euler)
G sei ein zusammenhängender Graph. G ist genau dann ein Eulerscher Graph, wenn
(1) alle Knoten gerader Ordnung sind oder
(2) genau zwei Knoten ungerader Ordnung sind.

Beweis
Der Beweis besteht aus zwei Teilen:

1. Beweisteil Wir zeigen: Wenn alle Knoten gerade Ordnung haben, oder wenn es genau zwei Knoten ungerader Ordnung gibt, dann ist G ein Eulerscher Graph.
2. Beweisteil Wir zeigen: Wenn G ein Eulerscher Graph ist, dann haben alle Knoten gerade Ordnung, oder genau zwei Knoten haben ungerade Ordnung.

1. Beweisteil
Der 1. Beweisteil besteht aus zwei Teilen:
(1) Wir zeigen: Wenn alle Knoten gerade Ordnung haben, dann ist G ein Eulerscher Graph.
(2) Wir zeigen: Wenn es genau zwei Knoten ungerader Ordnung gibt, dann ist G ein Eulerscher Graph.

Zu (1)

Zum Beweis konstruieren wir einen Bogenzug, bei dem Anfangs- und Endknoten identisch sind. Wir beginnen den Durchlauf des Graphen bei einem beliebigen Knoten k_1. Da alle Knoten eine gerade Ordnung haben, gibt es zu jedem hinführenden Bogen eines Knotens sicher auch einen wegführenden Bogen. Da in k_1 noch wenigstens ein Bogen frei ist, bekommen wir so einen Bogenzug, der in k_1 anfängt und auch in k_1 endet. Wenn durch diesen Bogenzug schon alle Bögen des Graphen erfaßt werden, so ist der Beweis fertig. Wenn nicht alle Bögen erfaßt werden, so bilden die noch nicht durchlaufenen Bögen einen Restgraphen, der ebenfalls nur Knoten gerader Ordnung hat. Außerdem ist in jedem Knoten die Zahl der dort ansetzenden freien - also noch nicht durchlaufenen Bögen - gerade. Mindestens einer dieser Knoten (diesen Knoten nennen wir k_2) gehört zu dem oben konstruierten Bogenzug (sonst wäre der Graph nicht zusammenhängend). Von diesem Knoten k_2 ausgehend durchlaufen wir den Restgraphen wie oben und bekommen in dem Restgraphen wieder einen Bogenzug, der in k_2 endet. Diese beiden Bogenzüge setzen wir zu einem neuen Bogenzug zusammen. Wir laufen von k_1 auf dem ersten Bogenzug bis zu k_2. Von dort aus laufen wir den ganzen zweiten Bogenzug entlang, bis wir wieder bei k_2 enden. Von dort aus laufen wir auf dem ersten Bogenzug weiter, bis wir wieder bei k_1 ankommen.

Wenn nun alle Bögen des Graphen erfaßt sind, so ist der Beweis fertig. Wenn dies nicht so ist, so verfahren wir mit dem Restgraphen wie oben beschrieben fort: wir suchen einen Knoten k_3, der noch freie Bögen hat, beginnen dort einen neuen Bogenzug, ...

Da der Graph endlich viele Knoten und Bögen enthält, wird dieses Verfahren irgendwann alle Bögen erfaßt haben. Der Bogenzug, den wir dann erhalten haben, ist der gesuchte Eulersche Bogenzug.

Zu (2)

Seien k_1 und k_2 die beiden Knoten ungerader Ordnung. Wir verbinden die beiden Knoten ungerader Ordnung durch einen zusätzlichen Bogen. So entsteht ein Graph, in dem sämtliche Knoten eine gerade Ordnung haben. Wenn man nun bei k_1 beginnt, geht man zunächst über den "neuen" Bogen zu k_2 und erhält wie in (1) gezeigt schließlich einen Bogenzug von k_1 zu k_1. Dann entfernt man den zusätzlichen Bogen und erhält so den gesuchten Bogenzug von k_2 zu k_1.

2. Beweisteil

Wir müssen jetzt zeigen, daß in einem Eulerschen Graphen entweder die Bedingung 1. oder die Bedingung 2. erfüllt ist.

Auch der zweite Beweisteil besteht aus zwei Teilen:

(1) Wir zeigen: Wenn ein Eulerscher Bogenzug vorliegt, der zugleich Bogenkreis ist, dann haben alle Knoten gerade Ordnung.

(2) Wir zeigen: Wenn ein Eulerscher Bogenzug vorliegt, der kein Bogenkreis ist, haben genau zwei Knoten ungerade Ordnung.

Zu (1)

Sei also $b_1, b_2, \ldots, b_m$ ein Eulerscher Bogenzug, der zugleich ein Bogenkreis ist. Sei k_1 o.B.d.A. der Anfangs- und Endknoten des Bogenzuges.

Dann gilt für alle k_i mit $k_i \neq k_1$: wenn ein Bogen im Bogenkreis zu k_i führt, dann muß ein nachfolgender Bogen im Bogenkreis wieder von k_i fortführen. Die Ordnung von k_i muß also gerade sein.

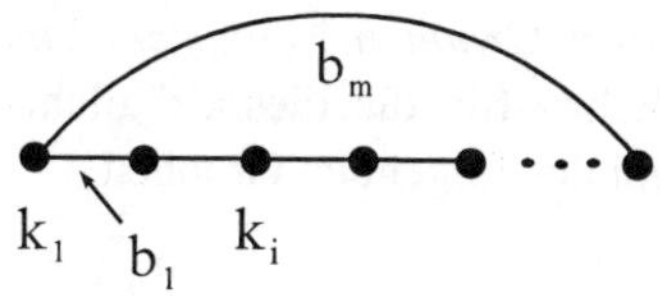

Analog gilt für k_1: k_1 ist "Anfangsknoten" von b_1 und "Endknoten" von b_m.

Wir unterscheiden zwei Fälle bezüglich k_1:

1. Fall: k_1 kommt in keinem weiteren Bogen außer b_m vor. Dann hat k_1 die Ordnung 2. Für alle anderen Knoten war die Behauptung schon gezeigt.

2. Fall: k_1 kommt in weiteren Bögen vor. Dann sei b_i der erste solche Bogen, der von b_1 und b_m verschieden ist. Dann muß - da ja ein Bogenkreis vorliegt, der bei b_i noch nicht endet - ein nachfolgender Bogen b_{i+1} den Knoten k_1 wieder "verlassen". Damit ist gezeigt, daß die k_1 enthaltenden Bogenenden immer "paarweise" vorkommen. Folglich hat auch k_1 eine gerade Ordnung. Insgesamt ist damit gezeigt, daß in diesem Fall (1) alle Knoten gerade Ordnung haben.

Zu (2)

Wir müssen jetzt zeigen, daß genau zwei Knoten ungerade Ordnung haben, wenn der Eulersche Bogenzug kein Bogenkreis ist. Die Überlegungen verlaufen analog. Deshalb überlassen wir sie unseren Leserinnen und Lesern (vgl. Aufgabc 6).

Aufgaben

(5) Der erste vorgestellte Weg durch das Haus vom Nikolaus “benutzt” einen Bogen ein zweites Mal.

a) Gibt es einen bei k_5 beginnenden und endenden Weg, der genau zwei verschiedene Bögen zweimal benutzt?

b) Gibt es einen bei k_5 beginnenden und endenden Weg, der keinen Bogen zweimal benutzt?

(6) G sei ein zusammenhängender Eulerscher Graph.
Zeigen Sie: Wenn ein Eulerscher Bogenzug dieses Graphen existiert, bei dem Anfangs- und Endknoten verschieden sind, dann gibt es im Graphen genau zwei Knoten mit ungerader Ordnung.

(7) Wir betrachten die folgende Teilaussage des Satzes: *Wenn alle Knoten eines zusammenhängenden Graphen gerade Ordnung haben, dann gibt es in dem Graphen wenigstens einen Eulerschen Bogenkreis*. Veranschaulichen Sie die diesbezüglichen Überlegungen des Beweises am Beispiel des folgenden Graphen.

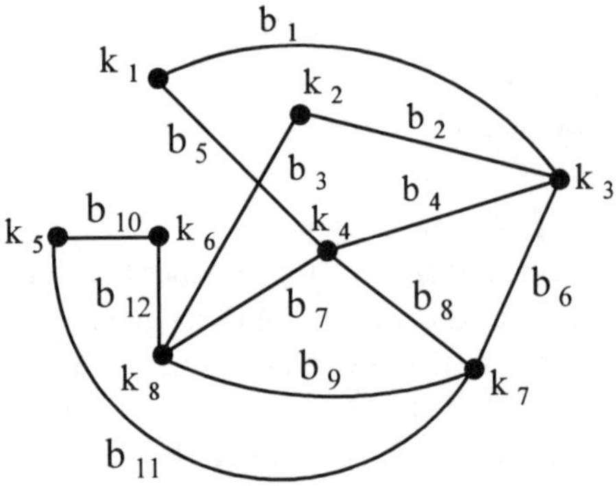

Setzen Sie dazu Schritt für Schritt den zu konstruierenden Bogenkreis aus kleineren Bogenkreisen zusammen, die jeweils höchstens vier Bögen enthalten. Zur Illustration des Vorgehens geben wir Schritt 1 und Schritt 2 vor:

Wir beginnen in k_1: $b_1 - b_4 - b_5$

In diesem Bogenkreis gibt es noch einen Knoten mit freien Bögen.

Von k_3 ausgehend bilden wir den Bogenkreis $b_6 - b_9 - b_3 - b_2$.

Diesen fügen wir zwischen b_1 und b_4 ein und erhalten:

$b_1 - b_6 - b_9 - b_3 - b_2 - b_4 - b_5$

(8) Das Königsberger Brückenproblem

Im 18. Jahrhundert diskutierten die "gebildeten Kreise" Königsbergs über ein Problem, das als *Königsberger Brückenproblem* in die Geschichte eingegangen ist.

Die Situation (im 18. Jahrhundert)
Durch Königsberg floß der *Pregel*. Die Arme dieses Flusses bildeten eine Insel. Insgesamt 7 Brücken führten in der abgebildeten Weise über den Fluß.

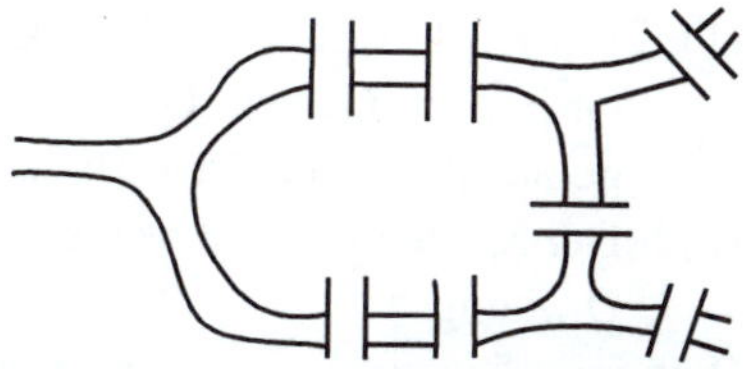

Das Problem
Kann man einen Rundweg finden, der *genau einmal* über *jede* Brücke führt?

3 Existenz von Bogenkreisen

Der Satz von Euler behandelt unter anderem die Existenz von Bogenkreisen, die einen Graphen *vollständig* durchlaufen. Wenn wir nur daran interessiert sind, ob in einem Graphen ein Bogenkreis existiert, der den Graphen aber nicht vollständig zu durchlaufen braucht, genügen schwächere Forderungen:

Satz 5
G sei ein Graph, in dem alle Knoten eine Ordnung größer oder gleich 2 haben. Dann gibt es in G mindestens einen Bogenkreis.

Beweis
Wir müssen wie beim Eulerschen Satz einen Bogenzug konstruieren, dessen Anfangs- und Endknoten identisch sind. Dieser braucht allerdings nicht den gesamten Graphen zu durchlaufen.
Es genügt im folgenden ferner, nur Graphen ohne Schlingen zu betrachten, da im Falle einer Schlinge der gesuchte Bogenkreis aus dieser Schlinge besteht.
Wir beginnen den Durchlauf des Graphen bei einem beliebigen Knoten k_1. Da alle Knoten eine Ordnung größer oder gleich 2 haben, gibt es zu k_1 wenigstens einen wegführenden Bogen, der in einem Knoten k_2 endet. Von k_2 aus können wir entsprechend zu k_3 weitergehen, usw.
Bei diesem Durchlauf des Graphen verringert sich bei jedem *durchlaufenen*

Knoten (also nicht bei dem Anfangsknoten) jeweils die Zahl der freien Bögen um 2. Wenn beim Durchlauf des Graphen ein Knoten mit einer geraden Anzahl freier Bögen "angesteuert" wird, kann dieser Knoten demnach stets wieder "verlassen" werden.

Eine der folgenden Bedingungen muß erfüllt sein, damit ein Knoten beim Durchlaufen des Graphen stets eine gerade Anzahl freier Bögen hat:

(1) Der Knoten ist der Anfangsknoten des Bogenzugs und hat eine ungerade Ordnung (mit dem Durchlaufen des ersten Bogens $k_1 - k_2$ gibt es dann geradzahlig viele freie Bögen).

(2) Der Knoten ist nicht der Anfangsknoten des Bogenzuges und hat gerade Ordnung.

Wenn ein Bogenzug an einem Knoten "anlangt" und dort nicht mehr fortgesetzt werden kann, war unmittelbar vor dem "Besuch" dieses Knotens die Anzahl seiner freien Bögen gleich 1. Deshalb muß einer der folgenden beiden Fälle vorliegen:

Fall 1: Der Knoten hat gerade Ordnung und ist der Ausgangsknoten.
Fall 2: Der Knoten hat ungerade Ordnung und ist nicht der Ausgangsknoten.

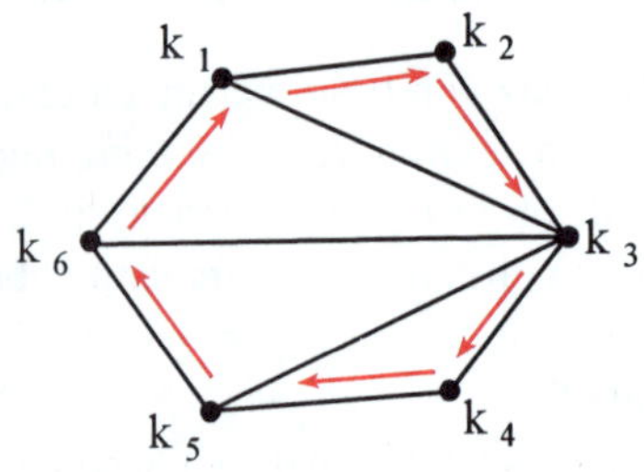

Im ersten Fall ist der gesuchte Bogenkreis bereits konstruiert. Im nebenstehenden Beispiel beginnen wir bei k_1.

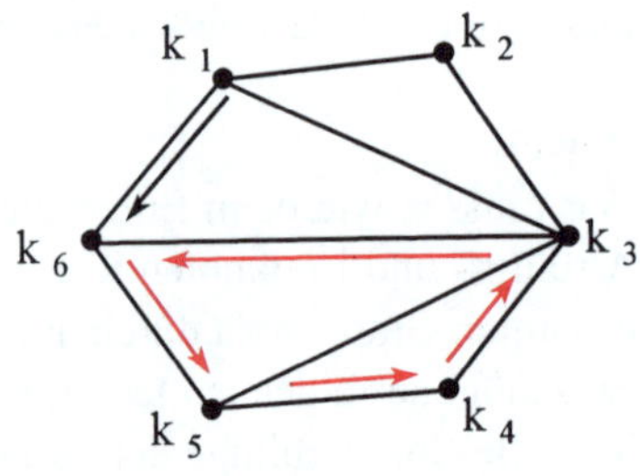

Im zweiten Fall ergibt sich: Der Endknoten hat ungerade Ordnung. Da er keinen freien Bogen mehr besitzt, muß er in der Bogenfolge bereits früher vorgekommen sein. Dieser Abschnitt der Bogenfolge bildet den gesuchten Bogenkreis. Wir betrachten dazu den Graphen aus Fall 1 als Beispiel:

Die Bogenfolge

$k_1 - k_6 - k_5 - k_4 - k_3 - k_6$

kann in k_6 nicht mehr fortgesetzt werden.
Der gesuchte Bogenkreis ist

$k_6 - k_5 - k_4 - k_3 - k_6$.

4 Wann enthalten alle Bogenkreise eines Graphen geradzahlig viele Bögen?

Aufgaben

(9) In welchem der nebenstehenden vier Graphen enthält jeder Bogenkreis geradzahlig viele Bögen?

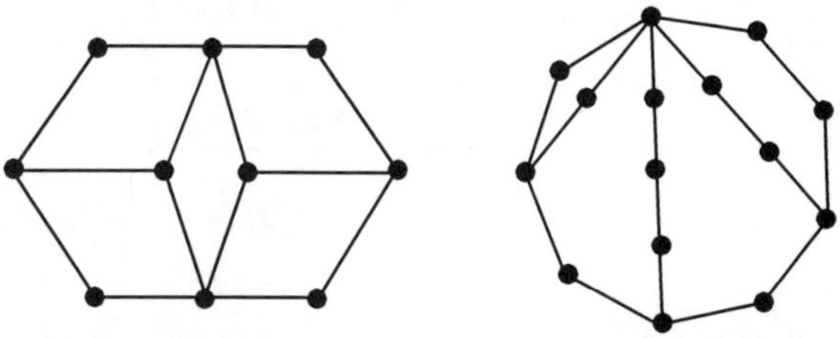

(10) Überprüfen Sie die Aussage des folgenden Satzes an diesen Beispielen. Konstruieren Sie ein weiteres Beispiel für die Aussage des Satzes.

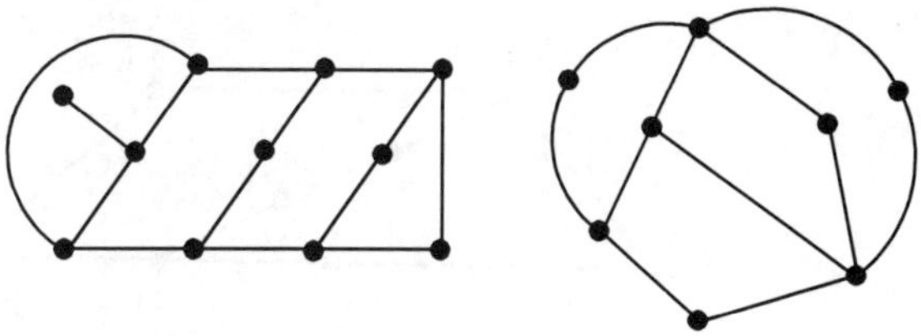

Satz 6
G sei ein zusammenhängender planarer Graph. Dann gilt: Wenn sämtliche Gebiete von G von einer geraden Anzahl von Bögen begrenzt werden, dann enthält jeder Bogenkreis eine gerade Anzahl von Bögen.

Beweis
Sei G ein zusammenhängender Graph; B sei ein Bogenkreis.
Beim Beweis des Satzes sind zwei Fälle zu betrachten.

Fall 1 Der Bogenkreis umschließt genau ein Gebiet, wenn man die sonstigen Bögen des Graphen ignoriert.

Fall 2 Der Bogenkreis umschließt mehrere Gebiete, wenn man die sonstigen Bögen des Graphen außer acht läßt.

Fall 1:

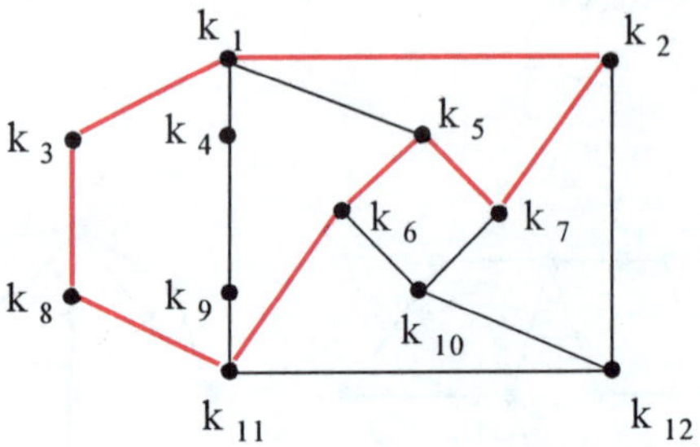

Fall 2:

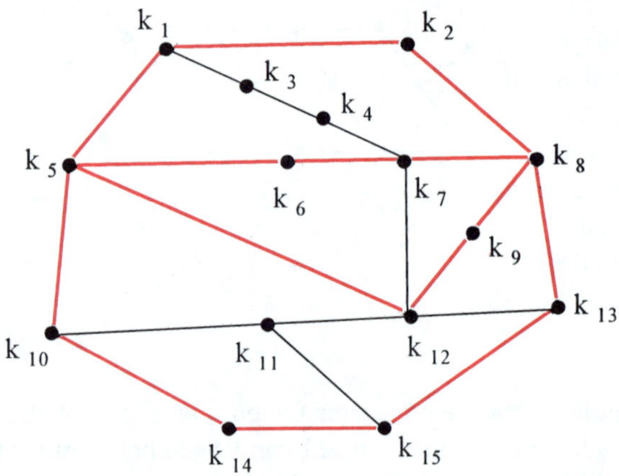

Der Bogenkreis sei im ersten Fall: $k_7 - k_5 - k_6 - k_{11} - k_8 - k_3 - k_1 - k_2 - k_7$.

Der Bogenkreis im zweiten Fall sei:

$k_1 - k_2 - k_8 - k_7 - k_6 - k_5 - k_{12} - k_9 - k_8 - k_{13} - k_{15} - k_{14} - k_{10} - k_5 - k_1$

Wir betrachten zunächst *Fall 1*:
Der Bogenkreis umschließt genau ein Gebiet, wenn man die sonstigen Bögen des Graphen ignoriert.
G sei ein Graph, der die Voraussetzungen des ersten Falles erfüllt.

$k_1 - k_2 - k_3 - ... - k_n - k_1$

sei ein Bogenkreis in G. Im Beispiel zu *Fall 1* betrachten wir

$$k_7 - k_5 - k_6 - k_{11} - k_8 - k_3 - k_1 - k_2 - k_7$$

Im Inneren des Bogenkreises liegt wenigstens ein Gebiet.
Wenn im Inneren genau ein Gebiet liegt, gilt die Behauptung gemäß Voraussetzung.

Wenn im Inneren mehrere Gebiete $g_1, \ldots, g_p$ liegen (vgl. Abbildung), verfahren wir wie folgt:

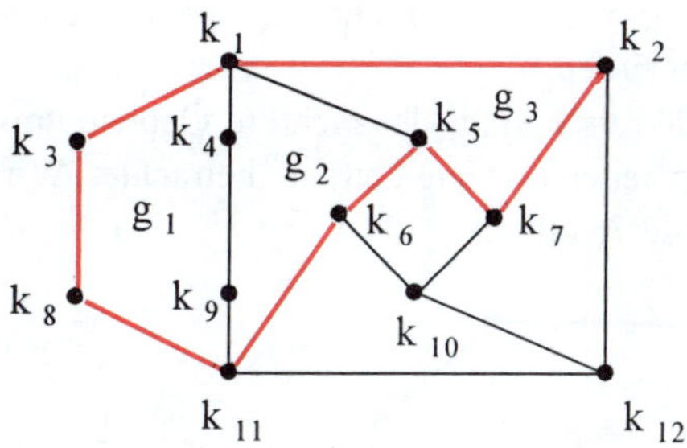

Wir numerieren die Gebiete (hier: g_1, g_2, g_3).
Wir betrachten jeweils die Anzahl der Bögen, die diese Gebiete umranden. Die Anzahl der Bögen, die g_i umranden, sei b_i.
Im Beispiel gilt:

$$b_1 = 6, \quad b_2 = 6, \quad b_3 = 4$$

Dann ist gemäß Voraussetzung die Summe $s_1 = b_1 + \ldots + b_p$ gerade.

Wir wählen nun zwei Gebiete g_i und g_j aus, die eine aus einem oder mehreren Bögen bestehende gemeinsame Grenze haben. Da beide Gebiete im Inneren des Bogenkreises liegen und sich das *Innere* des Bogenkreises jeweils nur auf *einer* "Seite" eines einzelnen Bogens befinden kann, kann die Grenze keine Bögen aus dem Bogenkreis enthalten.
Im Beispiel wählen wir g_1 und g_2 aus.

Diese gemeinsame Grenze (hier: $k_1 - k_4 - k_9 - k_{11}$) wird nun entfernt. Wenn die Grenze aus m Bögen besteht, ist die neue Summe der Anzahlen aller Bögen, die die verbleibenden Gebiete umrunden:

$$\begin{aligned} s_2 &= b_1 + b_2 + \ldots + (b_i - m) + \ldots \\ &\quad + (b_j - m) + \ldots + b_p \\ &= b_1 + b_2 + \ldots + b_p - 2 \cdot m \\ &= s_1 - 2 \cdot m \end{aligned}$$

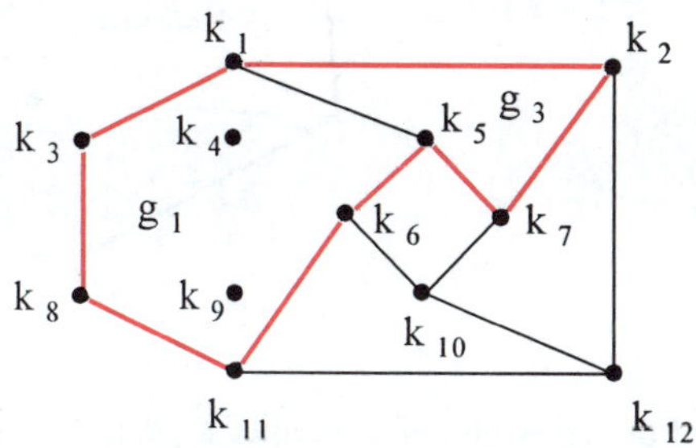

s_2 ist also ebenfalls gerade.

Auf diese Weise kann weiter verfahren werden, bis das Innere des Bogenkreises nur noch aus einem Gebiet besteht. Wie wir gesehen haben, wird die Ausgangssumme s_1 bei unserem Verfahren jeweils um geradzahlige Werte verringert. Da die Bögen, die das abschließend entstehende Gebiet umschließen, den Bogenkreis der Ausgangsbehauptung bilden, ist diese damit bewiesen.

Fall 2 Der Bogenkreis umschließt mehrere Gebiete, wenn man die sonstigen Bögen des Graphen außer acht läßt.

G sei ein zusammenhängender Graph, in dem sämtliche Gebiete von einer geraden Anzahl von Bögen begrenzt werden.

Bei einem Graphen, der einen Bogenkreis besitzt, der mehrere Gebiete umschließt, wird zunächst jedes der betroffenen Gebiete getrennt betrachtet. Wir greifen dafür auf das Beispiel von Seite 76 zurück.

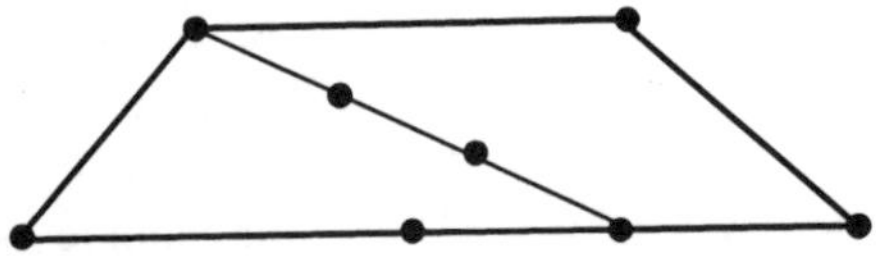

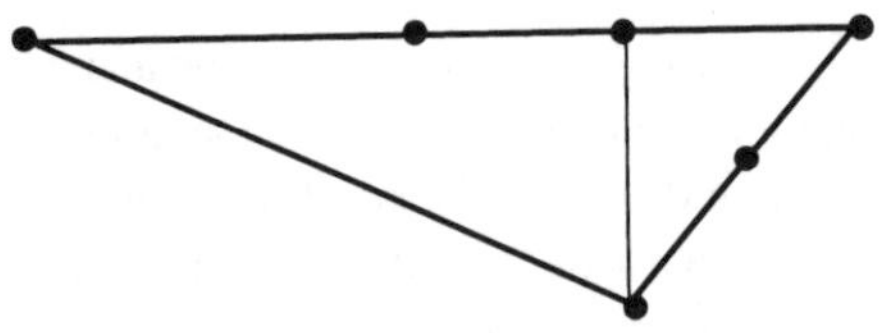

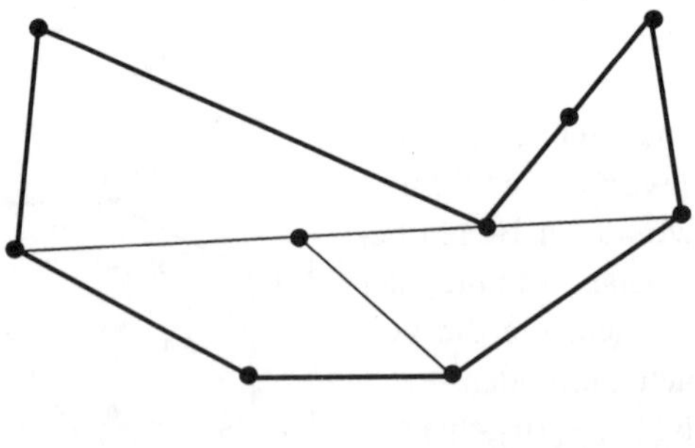

Für jedes einzelne Gebiet sind mit dem jeweiligen "Rest des Graphen" die Voraussetzungen des ersten Falles erfüllt. Jedes dieser Gebiete wird also von einer geraden Anzahl von Bögen begrenzt. Also haben die einzelnen "Teil-Bogenkreise" jeweils geradzahlig viele Bögen

Wir betrachten jetzt nur noch den Graphen, der aus den Bögen des Bogenkreises gebildet wird. Dieser Graph erfüllt aufgrund der soeben durchgeführten Überlegungen die Voraussetzungen des ersten Falles.
Da wir voraussetzen, daß der Bogenkreis $k_1 - \dots - k_1$ mehr als ein Gebiet umschließt, muß ein Knoten (oder mehrere Knoten) mehrfach vorkommen.
Wir fahren den Bogenkreis entlang, bis sich erstmalig ein Knoten "wiederholt":

$k_1 - \dots - k_{i-1} - k_i - \dots - k_i - k_j - \dots - k_1$

Im Bogenkreis

$k_i - \dots - k_i$

kommt nun kein Knoten - außer k_i - zweimal vor, k_i selbst kommt genau zweimal vor.
In dem von diesem kleineren Bogenkreis eingeschlossenen Gebiet können weitere Gebiete des ursprünglichen Bogenkreises liegen.

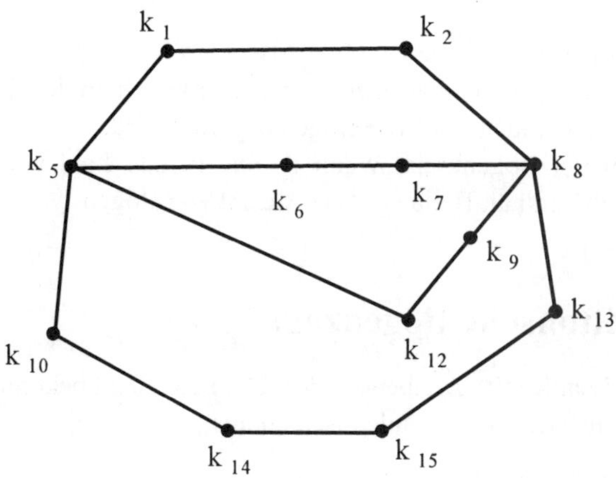

Der Graph, bestehend aus dem Bogenkreis und den ggf. eingeschlossenen Bögen und Knoten erfüllt mit dem Bogenkreis

$k_i - \dots - k_i$ (hier: $k_8 - k_7 - k_6 - k_5 - k_{12} - k_9 - k_8$)

die Voraussetzung des ersten Falles.
Der Bogenkreis $k_i - \dots - k_i$ enthält damit geradzahlig viele Bögen.
Wir entfernen diesen Bogenkreis und erhalten

$k_1 - \dots - k_{i-1} - k_i - k_j - \dots - k_1$

(hier: $k_1 - k_2 - k_8 - k_{13} - k_{15} - k_{14} - k_{10} - k_5 - k_1$)

Dies setzen wir solange fort, bis der verbleibende Bogenkreis genau ein Gebiet umgrenzt. Dieser hat dann geradzahlig viele Bögen. Da wir jeweils geradzahlig viele Bögen entfernt haben, hat auch der Ausgangs-Bogenkreis geradzahlig viele Bögen.

Aufgabe

(11) Zeigen Sie, daß die folgende Aussage falsch ist:
G sei ein zusammenhängender planarer Graph, in dem jedes Gebiet von einer ungeraden Zahl von Bögen begrenzt wird.
Sei B ein Bogenkreis, der genau ein Gebiet einschließt, wenn man alle nicht zum Bogenkreis gehörenden Knoten und Bögen entfernt. Dann enthält B eine ungerade Anzahl von Bögen.

(12) Die Aussage aus der vorigen Aufgabe läßt sich zu einer wahren Aussage machen. Dazu muß man eine Voraussetzung über die Anzahl der Gebiete machen, die der Bogenkreis umschließt. Vervollständigen Sie den Satz in entsprechender Weise, und beweisen Sie ihn.

(13) Gilt die folgende Aussage?
Sei G ein zusammenhängender, planarer Graph, in dem jedes Gebiet von einer ungeraden Zahl von Bögen begrenzt wird.
B sei ein Bogenkreis. Wenn B eine gerade Zahl von Gebieten umschließt, enthält B eine gerade Anzahl von Bögen.

5 Hamiltonsche Bogenzüge

In den vorigen Kapiteln haben wir Mittel an die Hand bekommen, mit denen wir Probleme wie das folgende lösen können.

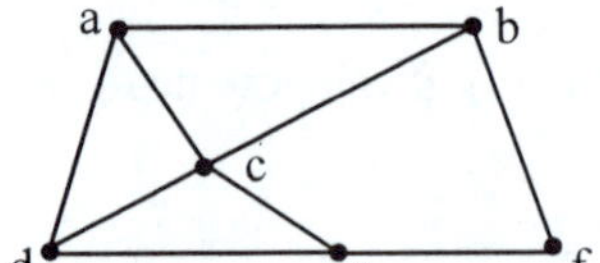

Problem 1 (Das Problem des Straßeninspektors)
Die nebenstehende Karte zeigt einige Städte und die sie verbindenden Straßen.
In der Stadt a wohnt ein Straßeninspektor, der in regelmäßigen Abständen die Straßen seines Bezirkes auf ihren Zustand hin überprüfen muß.
Ist es möglich, einen Weg zu finden, bei dem er alle Straßen genau einmal durchfahren kann?

Mit den Mitteln der Graphentheorie wissen wir:
Der Graph enthält vier Knoten ungerader Ordnung, also gibt es keinen Eulerschen Bogenzug.

Es sind aber auch andere Probleme denkbar:

Problem 2 (Das Problem des Handlungsreisenden)
Ebenfalls in der Stadt a wohnt ein Handlungsreisender, der alle Städte besuchen will. Für ihn ist es nicht nötig, alle Straßen zu durchfahren.
Der Handlungsreisende wird also nach einem Bogenzug (bzw. Bogenkreis) suchen, der durch alle Knoten genau einmal hindurchführt.

Definition 11 (Hamiltonscher Bogenzug; Hamiltonscher Bogenkreis; Hamiltonscher Graph)
G sei ein zusammenhängender, planarer Graph.
Eine Bogenfolge, die alle Knoten des Graphen genau einmal "besucht", heißt *Hamiltonscher Bogenzug.*
Ein Bogenkreis, der alle Knoten des Graphen genau einmal "besucht", heißt *Hamiltonscher Bogenkreis.*
Graphen, die einen Hamiltonschen Bogenzug enthalten, heißen *Hamilton-Graphen.*

Bemerkung
Jeder Hamiltonsche Bogenkreis ist auch ein Hamiltonscher Bogenzug. Aber nicht jeder Hamiltonsche Bogenzug ist auch ein Hamiltonscher Bogenkreis.

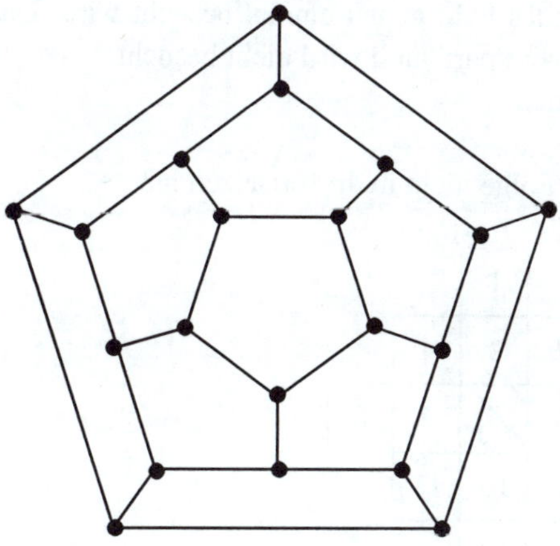

Das folgende Beispiel stammt von Hamilton (1805-1865):

Beispiel
In diesem Graph können wir die Knoten als Städte und die Bögen als Straßen auffassen. Es wird also nach eine Fahrroute gesucht, bei der jede Stadt genau einmal besucht wird. Diese Reise soll eine Rundreise sein.
Wir suchen also einen Hamiltonschen Bogenkreis.

Aufgaben

(14) Zeigen Sie, daß der Graph einen Hamiltonschen Bogenkreis enthält.

(15) Welche der folgenden Graphen enthalten
- Hamiltonsche Bogenzüge, aber nicht Bogenkreise,
- Hamiltonsche Bogenkreise,
- keinen Hamiltonschen Bogenzug.

a)

b)

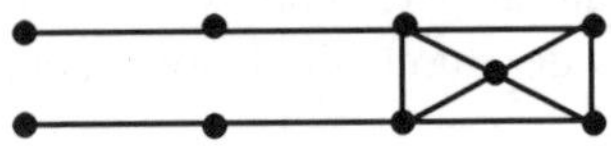

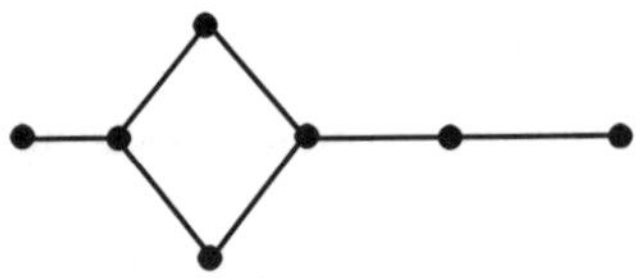

c)

d)

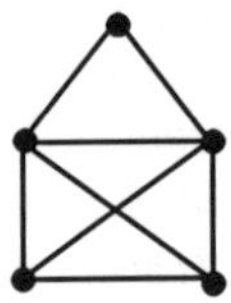

Aus der Unterhaltungsmathematik sind sogenannte *Rösselsprungprobleme* bekannt. Sie beziehen sich auf die Bewegungsmöglichkeiten eines Springers auf einem Schachbrett.
Wir betrachten die Frage, ob man auf dem folgenden "Schachbrett" einen Springer so bewegen kann, daß jedes Feld genau einmal besucht wird. Das schraffiert gezeichnete Feld ist "ausgespart" und wird nicht besucht.
Eine Sprungfolge könnte so beginnen:

1 - 7 - 2 - 10 - 4

Wir stellen dann fest, daß sich die Folge nicht mehr fortsetzen läßt.

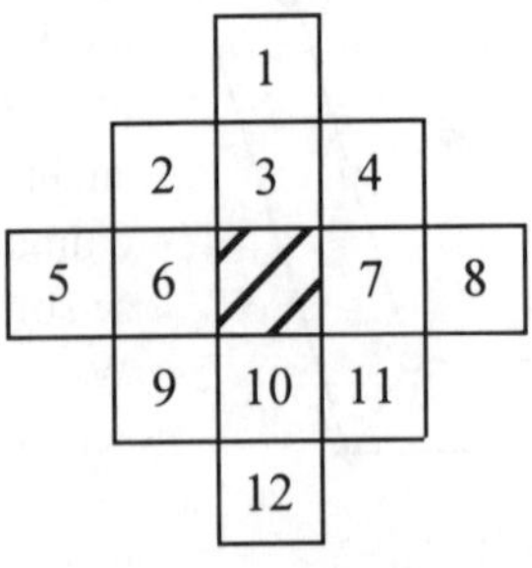

Nach einer Reihe weiterer vergeblicher Versuche übersetzen wir das Problem in die Sprache der Graphentheorie.
Wir zeichnen nun den zugehörigen Rösselsprung-Graphen.

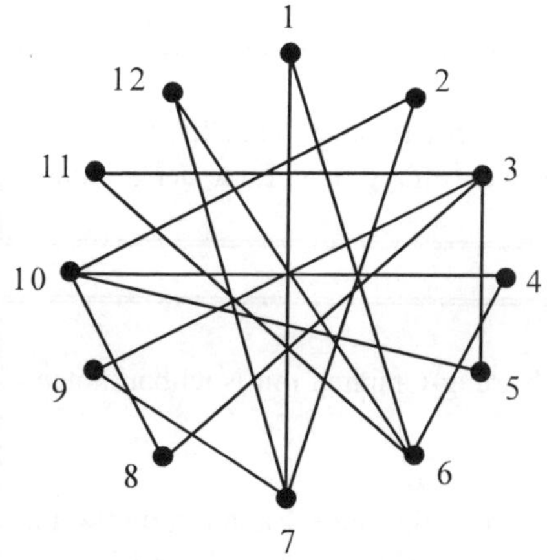

Aufgabe

(16) Erklären Sie das Konstruktionsprinzip des Graphen.

Es gilt nun offenbar der folgende Satz:

Satz 7
Das Rösselsprungproblem ist genau dann lösbar, wenn der zugehörige Rösselsprung-Graph einen Hamiltonschen Bogenzug enthält.

Wir stellen fest:
Der Graph enthält
- 8 Knoten der Ordnung 2
- 4 Knoten der Ordnung 4
- von einem Knoten der Ordnung 2 gelangt man nur zu Knoten der Ordnung 4
- von einem Knoten der Ordnung 4 gelangt man nur zu Knoten der Ordnung 2

Aus diesen Eigenschaften ergibt sich die Unlösbarkeit des Rösselsprungproblems, denn der zugehörige Graph kann keinen Hamiltonschen Bogenzug enthalten.
Dies begründen wir indirekt:
Annahme: Es gibt einen Hamiltonschen Bogenzug. Dieser "besucht" alle 8 Knoten der Ordnung 2. Das bedeutet insbesondere, daß die Knoten der Ordnung 2 insgesamt mindestens siebenmal "verlassen" werden. Da von den Knoten der Ordnung 2 die Bögen stets zu Knoten der Ordnung 4 führen, müssen die 4 Knoten der Ordnung 4 mindestens siebenmal "besucht" werden. Mindestens ein Knoten der Ordnung 4 wird demnach mehrfach besucht. Damit ist der Graph kein Hamiltonscher Graph, im Gegensatz zur Annahme.

Also ist die Annahme falsch und die Behauptung damit bewiesen.

Die Lösung von Rösselsprung-Problemen ist deshalb oft so schwierig, weil es kein schematisches Verfahren zur Behandlung dieser Probleme gibt. Wir können allerdings zwei einfache Regeln formulieren, die gelegentlich hilfreich sind:

Regel 1

Wenn der Rösselsprung-Graph Knoten der Ordnung 1 enthält, so müssen diese bei der Lösung des Problems das Anfang bzw. Ende der Sprungfolge bilden.

Regel 2

k_a sei ein Knoten in einem Rösselsprung-Graphen mit Nachbarknoten k_b. k_b habe die Ordnung 2.

Dann gilt:

Wenn man im Verlauf einer Rösselsprungfolge auf k_a kommt, und wenn k_b *nicht* der Endknoten der Sprungfolge ist, dann *muß* man von k_a nach k_b gehen, wenn die Sprungfolge zum Ziel der Aufgabe führen soll.

Das folgende Schachbrett hat ein lösbares Rösselsprungproblem:

1	2	3	4
5	6	7	8
9	10	11	12

Aufgabe

(17) Begründen Sie die beiden Regeln.

(18) Zeichnen Sie den zugehörigen Graphen zum 3x4-Schachbrett und finden Sie zwei verschiedene Rösselsprungfolgen, die das Problem lösen.

Das 4x4 - Schachbrett hat ein unlösbares Rösselsprungproblem.

Um dies einzusehen, numerieren wir die Felder wie folgt:

1	2	3	4
5	6	7	8
9	10	11	12
13	14	15	16

Der zugehörige Graph enthält

(1) 4 Knoten der Ordnung 2,

(2) 8 Knoten der Ordnung 3,

(3) 4 Knoten der Ordnung 4.

(4) Die Knoten der Ordnung 2 führen stets zu den Knoten der Ordnung 4.

(5) Jeder Knoten der Ordnung 4 ist mit zwei Knoten der Ordnung 2 und zwei Knoten der Ordnung 3 verbunden.

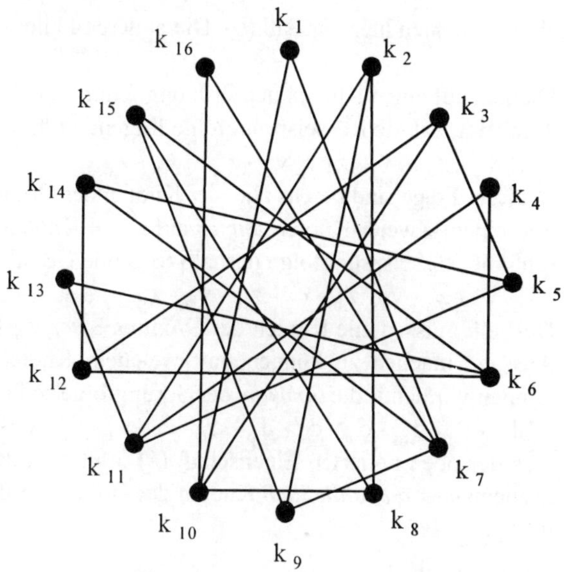

(6) Jeder Knoten der Ordnung 3 ist mit einem Knoten der Ordnung 4 und zwei Knoten der Ordnung 3 verbunden.

(7) Auf einen Knoten der Ordnung 2 gelangt man nur von einem Knoten der Ordnung 4 aus.

Wir wollen jetzt die Knoten der Ordnung 2 mit z_a, z_b, z_c, z_d, die Knoten der Ordnung 4 mit v_e, v_f, ..., und die Knoten der Ordnung 3 mit d_k, d_l, d_m, ...

bezeichnen. Wir nehmen nun an, daß unser 4x4-Schachbrett eine *lösbare* Rösselsprung-Aufgabe hat und führen dann diese Annahme zum Widerspruch.

Die vier Knoten der Ordnung 2 können auf drei verschiedene Weisen in der Rösselsprungfolge verteilt sein:

(a)	$z_a \dots z_b \dots z_c \dots z_d \dots$	(Die Folge beginnt bei einem Knoten der Ordnung 2)
(b)	$\dots z_a \dots z_b \dots z_c \dots z_d$	(Die Folge endet bei einem Knoten der Ordnung 2)
(c)	$\dots z_a \dots z_b \dots z_c \dots z_d \dots$	(alle Knoten der Ordnung 2 liegen weder am Anfang noch am Ende der Folge)
(d)	$z_a \dots z_b \dots z_c \dots z_d$	(Die Folge hat einen Knoten der Ordnung 2 als Anfangs- wie auch als Endknoten)

Wir betrachten hier nur Fall (b). Die anderen Fälle werden analog behandelt.

Da man auf einen Knoten der Ordnung 2 nur von einem Knoten der Ordnung 4 gelangt, hat die Rösselsprungfolge folgende Form:

$$\dots v_e - z_a \dots v_f - z_b \dots v_g - z_c \dots v_h - z_d$$

In dieser Folge sind bereits alle vier Knoten der Ordnung 4 enthalten. Da man von einem Zweier-Knoten *immer* auf einen Knoten der Ordnung 4 gelangt, muß die Rösselsprungfolge deshalb folgende Gestalt haben:

$$\dots v_e - z_a - v_f - z_b - v_g - z_c - v_h - z_d$$

Deshalb müssen alle Knoten der Ordnung 3 *vor* v_e liegen. Ohne eine genaue Aussage machen zu können, mit welchem Knoten genau begonnen wird, können wir damit die *Struktur* der Sprungfolge so beschreiben:

$$d_k - d_l - d_m - d_n - d_o - d_p - d_q - d_r - v_e - z_a - v_f - z_b - v_g - z_c - v_h - z_d$$

Aus der oben notierten Eigenschaft (6) folgt nun, daß eine Sprungfolge, die nacheinander *ausschließlich* Knoten der Ordnung 3 durchläuft, nicht möglich ist.

Aufgaben

(19) Behandeln Sie die anderen Fälle in analoger Weise.

(20) Haben das 3x3-Schachbrett und das 3x3 Schachbrett mit einem Loch in der Mitte ein lösbares Rösselsprungproblem?

(21) Ist das folgende Rösselsprung-Problem lösbar?

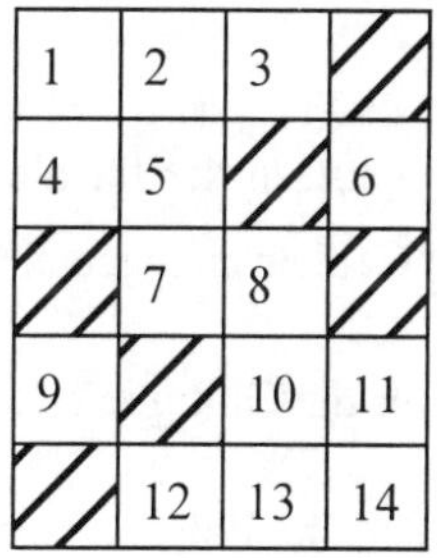

6 Die Eulersche Polyederformel

In den vorangegangenen Abschnitten haben wir die Begriffe *Knoten*, *Bogen* und *Gebiet* häufig benutzt. In diesem Abschnitt wollen wir zeigen, daß bei zusammenhängenden planaren Graphen ein einfacher Zusammenhang zwischen der Anzahl von Knoten, Bögen und Gebieten besteht.
Wir betrachten einige ganz einfache Graphen und versuchen, den Zusammenhang zwischen der Anzahl der Knoten, Bögen und Gebiete herauszufinden.

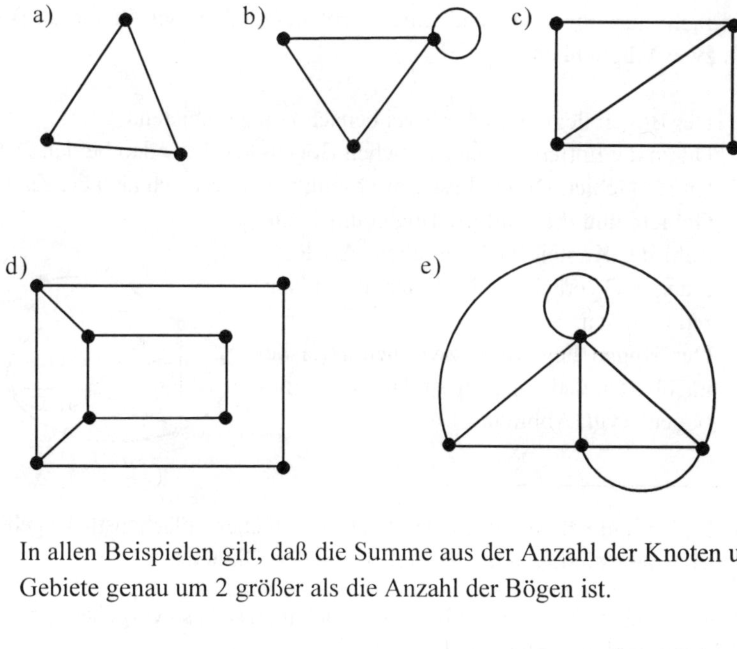

(∗) In allen Beispielen gilt, daß die Summe aus der Anzahl der Knoten und Gebiete genau um 2 größer als die Anzahl der Bögen ist.

Aufgabe

(22) Stellen Sie eine Tabelle auf, in der für die obigen Graphen die Anzahl der Knoten, Bögen und Gebiete angegeben wird, und überprüfen Sie (*)

Die Graphen sind Beispiele für die Gültigkeit des folgenden Satzes:

Satz 8 (Eulerscher Satz; Eulersche Polyederformel)
Für jeden planaren zusammenhängenden Graphen mit k Knoten, b Bögen und g Gebieten gilt **k - b + g = 2**.

Anmerkung
Diese Formel heißt auch *Polyederformel*, weil sie zunächst als Aussage über die Anzahlen von Gebieten, Kanten und Ecken bei Polyedern [3] formuliert und bewiesen wurde.

Beweis
G_1 sei ein beliebiger planarer zusammenhängender Graph.
In diesem Graph entfernen wir einen Bogen. Dieser Bogen darf allerdings keine Brücke sein, da der Graph dann in zwei Teile zerfallen würde und damit nicht mehr zusammenhängend wäre.[4] Trotzdem haben wir für diesen Bogen noch zwei Möglichkeiten:

(1) Der Bogen liegt zwischen zwei benachbarten Gebieten.
Durch die Entfernung eines solchen Bogens wird aus den beiden Gebieten *ein* Gebiet. Durch diese Entfernung verringert sich also die Zahl der Gebiete und die Zahl der Bögen um 1. Die Zahl der Knoten bleibt erhalten. Als Restgraphen G_2 erhalten wir wieder einen planaren Graphen.

(2) Der Bogen liegt *nicht* zwischen zwei benachbarten Gebieten. Er ist dann ein "Endbogen" (vgl. Abbildung).

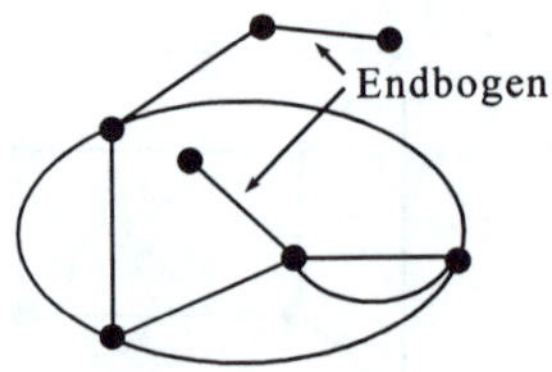

---

[3] Polyeder sind Körper, deren Oberfläche durch ebene Flächenstücke gebildet wird. Beispiele sind Quader, Würfel, Tetraeder, Oktaeder.

[4] Wir verzichten hier auf den Nachweis, daß man stets so vorgehen kann, daß der Zusammenhang erhalten bleibt.

Bei der Entfernung eines solchen Bogens wird zugleich ein Knoten entfernt. Die Anzahl der *Gebiete* ändert sich in diesem Fall nicht, die Anzahl der *Knoten* vermindert sich dagegen um 1.

Wir nennen die Anzahlen von Knoten, Bögen und Gebieten im Restgraphen k_2, b_2 bzw. g_2. In beiden Fällen gilt für G_1 und G_2 derselbe rechnerische Zusammenhang zwischen den Anzahlen von Knoten, Bögen und Gebieten.

Wird die Anzahl der Bögen und Gebiete jeweils um eins erniedrigt, so erhält man nämlich im ersten Fall:

$$k_2 - b_2 + g_2 = k - (b - 1) + (g - 1) = k - b + 1 + g - 1 = k - b + g$$

Im zweiten Fall ergibt sich:

$$k_2 - b_2 + g_2 = (k - 1) - (b - 1) + g = k - 1 - b + 1 + g = k - b + g$$

Wenn G_2 nicht nur noch aus einem einzelnen Knoten besteht, wiederholen wir dieses Verfahren und erhalten einen neuen Restgraphen G_3. Mit denselben Überlegungen gilt nun in den beiden möglichen Fällen:

$$\begin{aligned} k_3 - b_3 + g_3 &= k_2 - (b_2 - 1) + (g_2 - 1) = k_2 - b_2 + 1 + g_2 - 1 \\ &= k_2 - b_2 + g_2 = k - b + g \\ k_3 - b_3 + g_3 &= (k_2 - 1) - (b_2 - 1) + g_2 = k_2 - 1 - b_2 + 1 + g_2 \\ &= k_2 - b_2 + g_2 = k - b + g \end{aligned}$$

Wir sehen:

Das Ergebnis der Rechnung "*Knotenzahl - Bogenzahl + Zahl der Gebiete*" bleibt bei diesen Operationen stets unverändert.

Dieses Verfahren wiederholen wir so oft, bis wir einen Restgraphen G_N erhalten, der nur noch aus einem einzelnen Knoten besteht. Dieser Graph enthält nur noch ein Gebiet und keinen Bogen. Wir erhalten:

$$k_N - b_N + g_N = 1 - 0 + 1 = 2$$

Insgesamt gilt:

$$2 = k_N - b_N + g_N = \ldots = k_3 - b_3 + g_3 = k_2 - b_2 + g_2 = k - b + g$$

Damit ist die Behauptung bewiesen.

Aufgaben

(23) Gegeben sei der folgende Graph:

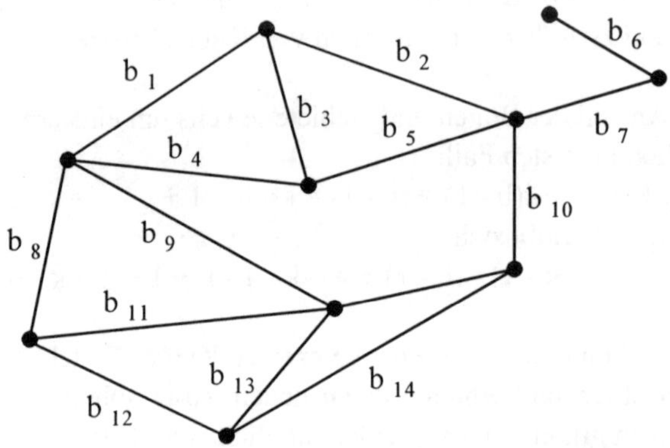

Vollziehen Sie den Beweis des Eulerschen Satzes nach, indem Sie Schritt für Schritt Bögen entfernen.

(24) Ein Graph heiße *dreigeteilt,* wenn

(1) seine Knotenmenge K und seine Bogenmenge B jeweils aus drei paarweise disjunkten Teilmengen besteht
(d. h. $K = K_1 \cup K_2 \cup K_3$ mit
$K_1 \cap K_2 = \emptyset, K_2 \cap K_3 = \emptyset, K_1 \cap K_3 = \emptyset$
und $B = B_1 \cup B_2 \cup B_3$ mit
$B_1 \cap B_2 = \emptyset, B_2 \cap B_3 = \emptyset, B_1 \cap B_3 = \emptyset$),

und wenn weiter die folgenden beiden Bedingungen erfüllt sind:

(2) Die drei Teilgraphen mit den Knoten- und Bogenmengen B_1 und K_1, B_2 und K_2 bzw. B_3 und K_3 sind jeweils zusammenhängend.

(3) Es gibt keinen Bogenzug, der bei einem Knoten aus K_1 beginnt und in einem Knoten aus K_2 oder K_3 endet. Ebenso gibt es keinen Bogenzug, der bei einem Knoten aus K_2 (bzw. K_3) beginnt und in einem Knoten aus K_3 oder K_1 (bzw. K_1 oder K_2) endet.

a) Zeichnen Sie ein Beispiel für einen dreigeteilten Graphen.

b) Stellen Sie die Eulersche Formel für dreigeteilte, planare Graphen auf, und beweisen Sie diese.

c) Formulieren Sie eine allgemeine Aussage für n-geteilte planare Graphen, und beweisen Sie diese.

(25) Beweisen Sie den folgenden Satz:

Satz 9

G sei ein planarer Graph mit k Knoten, b Bögen und g Gebieten. g_i sei die Anzahl der Gebiete mit i Grenzen.

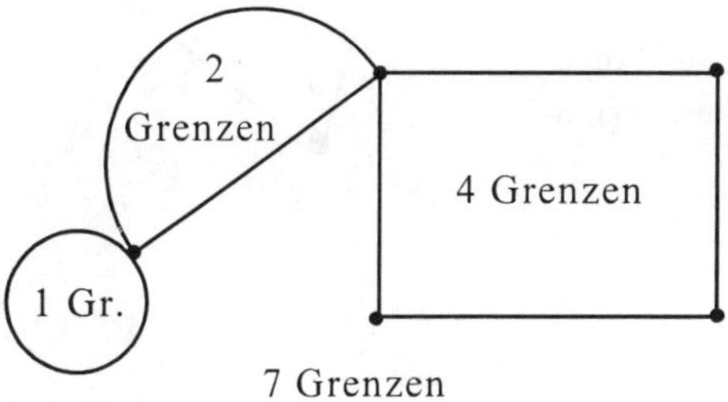

(Achtung! Das "außenliegende" Gebiet darf nicht vergessen werden!)

Dann gilt: $2 \cdot b = g_1 + 2 \cdot g_2 + 3 \cdot g_3 + ...$

Anmerkung

Bögen, die keine Grenze für ein Gebiet sind - z.B. b_1 und b_2 in der nebenstehenden Abbildung - werden trotzdem in die Zählung einbezogen: Sie werden *doppelt* als Grenze für das Gebiet gezählt, in dem sie liegen. Im Beispiel rechts hat damit das äußere Gebiet 10 Grenzen.

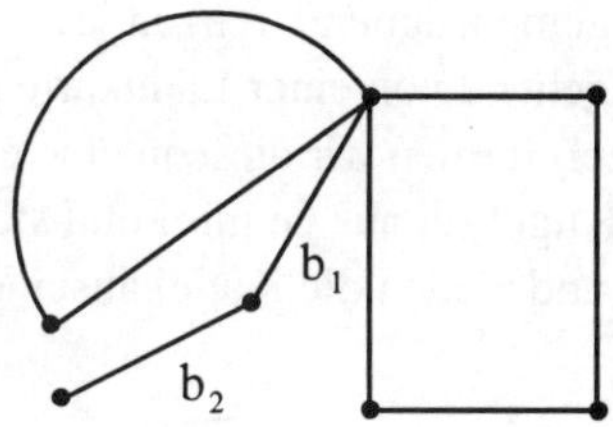

Satz 10

G = <K; B; f> sei ein planarer Graph mit k Knoten und b Bögen, bei dem alle Gebiete von genau drei Bögen umrandet sind. Dann gilt:

$$b = 3 \cdot (k-2)$$

Anmerkung

Die in Satz 10 vorkommenden Graphen heißen *Dreiecksgraphen*. Der Satz bleibt richtig, wenn man nur fordert, daß alle Gebiete genau drei Grenzen haben und die Anmerkung zu Satz 9 beachtet. Auch der nebenstehende

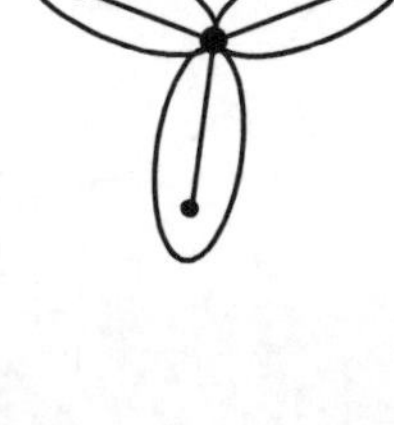

Graph ist dann in diesem Sinne ein “Dreiecksgraph”.

Aufgaben

(26) Leiten Sie die Gleichung aus Satz 10 mit Hilfe von Satz 9 und Satz 8 her.

(27) Bei einem *Vierecksgraph* sind alle Gebiete von genau vier Bögen begrenzt. *Dies muß auch für das äußere Gebiet gelten!* Nebenstehend sehen Sie ein Beispiel für einen Vierecksgraphen.
Leiten Sie aus der Eulerschen Polyederformel her, daß für Vierecksgraphen gilt: 4k - 2b = 8

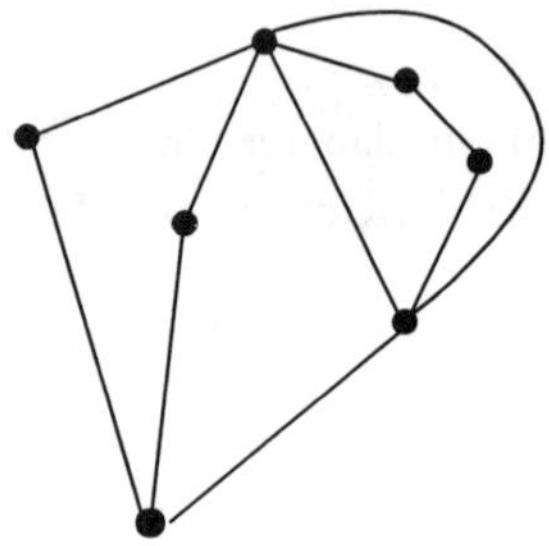

7 Färbungsprobleme

7.1 Einleitung

Bei einer politischen Karte der Erde färbt man die Länder so ein, daß Länder mit gemeinsamen Grenzen jeweils verschiedene Farben erhalten.
Ausgehend von einer Landkarte auf dem Globus (mathematisch gesehen eine Kugel) formen wir diese in eine ebene Landkarte um. Dazu stellen wir uns vor, die Kugel sei aus Gummi und stechen an einer beliebigen Stelle in den “Ozean” und ziehen die Kugel auseinander, bis sie in der Ebene ausgebreitet ist.

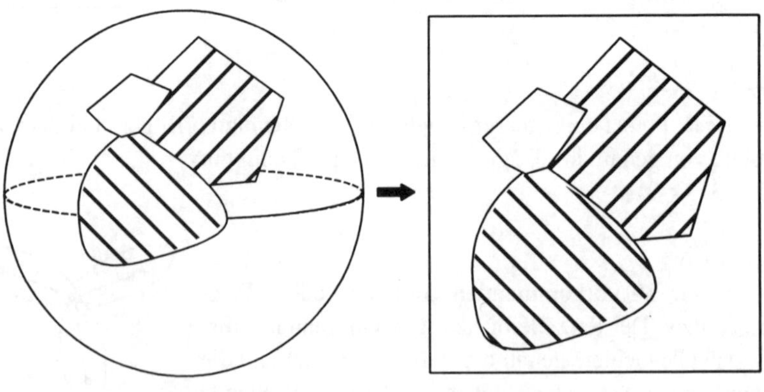

Wenn man verschiedene Beispiele von Landkarten betrachtet, stellt man fest: Stets genügen vier Farben, um die Karte so einzufärben, daß Länder mit einer gemeinsamen Grenze nicht die gleiche Farbe bekommen. Hierbei ist allerdings zu beachten, daß auch das außen liegende Gebiet ebenfalls so eingefärbt werden muß, daß alle benachbarten Gebiete jeweils verschieden gefärbt sind. Es gilt der

Satz 11 (Vierfarbensatz)
Jede Landkarte ist mit höchstens vier Farben so färbbar, daß Länder mit gemeinsamen Grenzen unterschiedlich gefärbt sind.

Auch wenn ein Beweis des Vierfarbensatzes außerhalb unserer Möglichkeiten liegt, können wir einen einfachen *Zweifarbensatz* beweisen.

Satz 12
Durch ein Rechteck verlaufen n Geraden. Innerhalb des Rechtecks wird durch diese Geraden eine "Karte" definiert, deren Gebiete durch Abschnitte dieser Geraden voneinander abgegrenzt sind.
Für beliebige $n \in \mathbb{N}$ gilt: Unabhängig von der vorgegebenen Lage der n Geraden kann man die Gebiete so mit den Farben Schwarz/Weiß einfärben, daß benachbarte Gebiete stets verschieden gefärbt sind.

Beweis
Wir führen den Beweis indirekt und nehmen an, daß der Satz falsch ist. Dann muß es ein Rechteck mit n Geraden geben, in dem eine derartige Färbung *nicht* möglich ist.
Da für n = 1 der Satz sicher richtig ist, muß es eine kleinste Zahl $n_0 > 1$ geben, für die der Satz *falsch* ist.
Wir haben also ein Rechteck, durch das n_0 Geraden verlaufen, und in dem *keine Färbung mit den Farben schwarz und weiß möglich ist.*
Wir entfernen eine Gerade g. Damit hat das Rechteck nur noch $n_0 - 1$ Geraden.
Dabei gilt:

$$n_0 - 1 \geq 1$$

Da n_0 die *kleinste* Zahl war, für die der Satz nicht gilt, muß das neu gebildete Rechteck, in dem nur $n_0 - 1$ Geraden vorkommen, korrekt färbbar sein.
Dieses Rechteck wird durch die vorher entfernte Gerade g in zwei "Hälften" eingeteilt. Auf beiden Seiten der Geraden ist das Rechteck korrekt färbbar. Um zu vermeiden, daß längs der durch die neu eingetragene Gerade entstandenen Grenze an keiner Stelle gleichfarbige Gebiete aneinanderstoßen, kehren wir in einer Hälfte des Rechtecks die Färbung von schwarz in weiß und von weiß in

schwarz um.
Innerhalb des ersten Gebietes ist die Bedingung, daß benachbarte Gebiete verschieden gefärbt sind, erfüllt, da ja keine Umfärbung vorgenommen wurde. Da innerhalb des zweiten Gebietes *alle* Farben "umgetauscht" wurden, liegt auch hier weiterhin eine korrekte Färbung vor.
Insgesamt haben wir damit auch für n_0 Geraden eine korrekte Färbung erzielt. Dies widerspricht der Wahl von n_0, denn für diese Zahl sollte ja eine korrekte Färbung *nicht* möglich sein.
Wir haben damit die Annahme, es gebe eine Zahl von Geraden, für die eine korrekte Färbung nicht möglich ist, zum Widerspruch geführt. Der Satz ist bewiesen.

Aufgabe

(28) Fertigen Sie eine Zeichnung an, und vollziehen Sie den Beweis daran nach.

7.2 Nachbarschaftsgraphen und Knotenfärbung

Wegen der "geometrischen" Fragestellung der Färbung einer "politischen Karte" ist es verständlich, daß wir uns bisher mit der Färbung von *Gebieten* eines Graphen beschäftigt haben. Für unsere weiteren Untersuchungen ist es sinnvoll, die völlig gleichwertige Frage der Einfärbung der *Knoten* eines Graphen zu betrachten.
Dazu legen wir in jedes Gebiet ("Land") des ursprünglichen Graphen einen Knoten ("Hauptstadt" - Abbildung 1). Die Hauptstädte benachbarter "Länder" werden durch Bögen verbunden (Abbildung 2). Es ist nun ein neuer Graph entstanden, der *Nachbarschaftsgraph* genannt wird (Abbildung 3). Die Knoten werden so eingefärbt, wie vorher die Gebiete gefärbt waren.

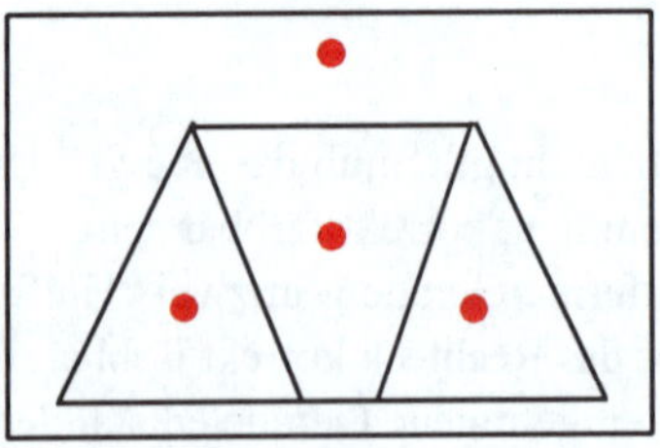

Abbildung 1

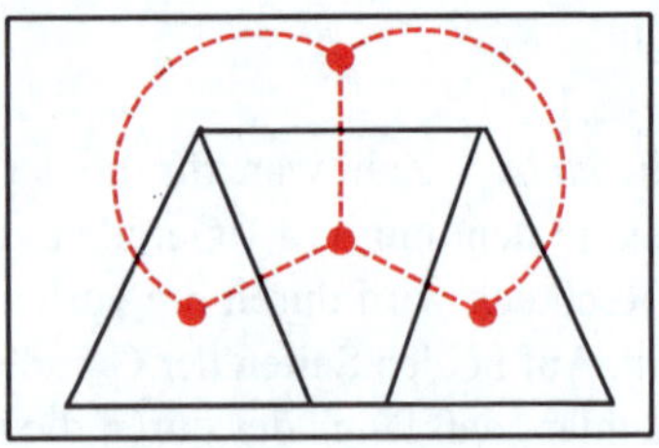

Abbildung 2

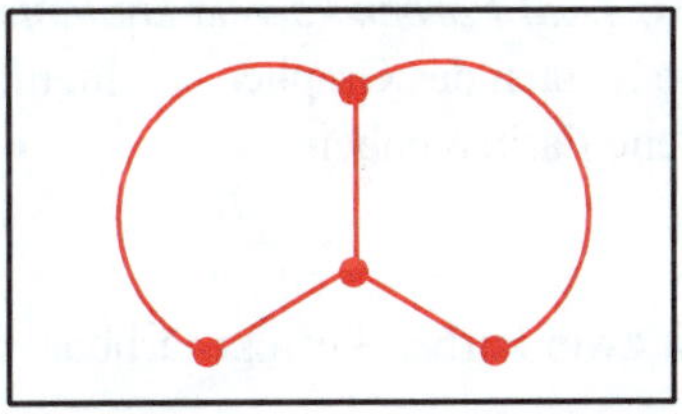

Abbildung 3

Aufgaben

(29) Färben Sie den Graphen (linke Abbildung) korrekt ein, und konstruieren Sie den Nachbarschaftsgraphen. Färben Sie die Knoten dann entsprechend der Färbung des Ausgangs-Graphen.

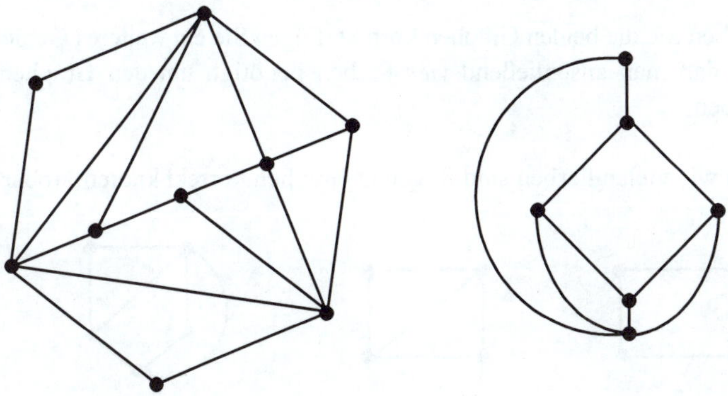

(30) Die obige rechte Abbildung zeigt einen Nachbarschaftsgraphen. Finden Sie den Ausgangsgraphen, und färben Sie ihn korrekt ein.

Die vorgestellten Überlegungen geben zu folgenden Definitionen Anlaß:

Definition 12 (Gebietsfärbbarkeit; Knotenfärbbarkeit)
Ein planarer Graph heißt *mit 2 (3, 4, ...) Farben korrekt gebietsfärbbar,* wenn 2 (3,4,...) Farben genügen, um die Gebiete des Graphen so einzufärben, daß benachbarte Gebiete stets verschiedene Farben haben. *Dabei ist das außen liegende Gebiet stets mit zu berücksichtigen.*

Ein Graph heißt *mit 2 (3, 4, ...) Farben korrekt knotenfärbbar,* wenn 2 (3,4,...) Farben genügen, um die Knoten des Graphen so einzufärben, daß benachbarte Knoten stets verschiedene Farben haben.

Beispiel
Der linke Graph ist mit zwei Farben korrekt färbbar, für den rechten werden drei Farben benötigt.

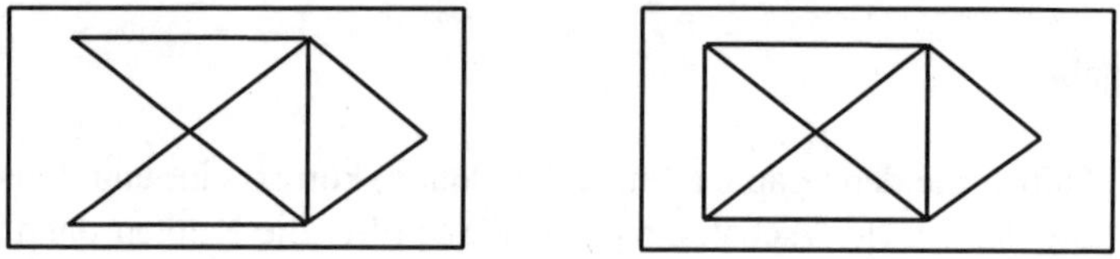

Aufgaben

(31) Färben Sie die beiden Graphen korrekt. Fügen Sie ein weiteres Gebiet so an, daß man anschließend *vier* Farben benötigt, um den Graphen zu färben.

(32) Mit wie vielen Farben sind folgende Graphen korrekt knotenfärbbar?

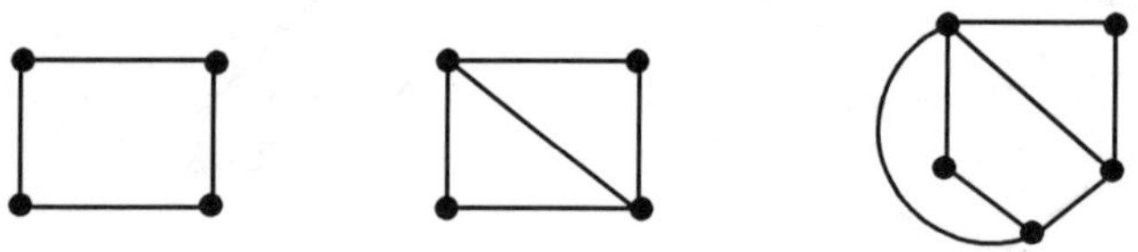

Der folgende Satz ist unmittelbar einsichtig.

Satz 13
Ein planarer Graph ist genau dann mit k Farben korrekt gebietsfärbbar, wenn sein Nachbarschaftsgraph mit k Farben korrekt knotenfärbbar ist.

7.3 Färbungssätze

Nach dem Zweifarbensatz aus 7.1 können wir jetzt zunächst einen Zweifarbensatz zur *Knoten*färbbarkeit formulieren und beweisen:

Satz 14

G sei ein zusammenhängender planarer schlichter Graph. Dann gilt: Wenn sämtliche Gebiete von G von einer geraden Anzahl von Bögen begrenzt werden, ist der Graph mit zwei Farben korrekt knotenfärbbar.[5]

Beweis

Wir nehmen uns einen beliebigen Knoten k_a und färben diesen schwarz. Wir wollen nun zeigen, daß sich daraus für jeden anderen Knoten des Graphen eine eindeutige und korrekte Färbung (schwarz bzw. weiß) ergibt.
Sei also k_z ein von k_a verschiedener Knoten. Da der Graph zusammenhängend ist, gibt es eine Bogenfolge, die von k_a nach k_z führt. Wir können dabei voraussetzen, daß sich innerhalb dieser Bogenfolge kein Knoten wiederholt. Insbesondere ist die Bogenfolge damit ein *Bogenzug*. Wenn wir die Knoten abwechselnd schwarz und weiß färben, ergibt sich hieraus eine festgelegte Färbung für den letzten Knoten: k_z ist schwarz, wenn in der Bogenfolge ungeradzahlig viele Knoten vorkommen; k_z ist weiß, wenn darin geradzahlig viele Knoten vorkommen.

Wir müssen nun zeigen, daß jede andere von k_a nach k_z führende Bogenfolge die gleiche Färbung für k_z erzeugt. Wenn wir eine zweite solche Folge haben (auch in dieser soll sich kein Knoten wiederholen), können wir sie mit der ersten Folge zusammensetzen:

k_a - ... - k_z - ... - k_a

Hier sind nun zwei Fälle möglich:

(1) In k_a - ... - k_z - ... - k_a kommt kein Knoten (außer k_a) ein zweites Mal vor.

(2) In k_a - ... - k_z - ... - k_a wiederholen sich Knoten.

Zu (1)

In diesem Fall handelt es sich um einen Bogenkreis, der nach Satz 6 geradzahlig viele Bögen enthält.

---

[5] Auf die Forderung der *Schlichtheit* könnte auch verzichtet werden. Sie folgt aus der weiteren Voraussetzung, daß alle Gebiete von einer geraden Anzahl von Bögen begrenzt werden.

Wenn sich nun auf dem Weg $k_a - \ldots - k_z$ für k_z die Färbung schwarz ergeben hat, enthielt der Bogenzug ungeradzahlig viele Knoten und damit geradzahlig viele Bögen. Da $k_a - \ldots - k_z - \ldots - k_a$ geradzahlig viele Bögen enthält, müssen auch in der rückführenden Folge $k_z - \ldots - k_a$ geradzahlig viele Bögen und damit ungeradzahlig viele Knoten vorkommen. Auch diese rückführende Folge führt deshalb von einem schwarzen Anfangsknoten zu einem schwarzen Endknoten.
Wenn sich auf dem Weg $k_a - \ldots - k_z$ für k_z die Färbung weiß ergeben hat, geht man analog vor.

Aufgaben

(33) Bearbeiten Sie Fall (2).

(34) Zeigen Sie, daß die Aussage des Satzes auch dann richtig ist, wenn in einer Knotenfolge wie

$k_3, k_4, k_8, k_{11}, k_{10}, k_{13}, k_{14}, k_{15}, k_{12}, k_{11}, k_8, k_{15}$

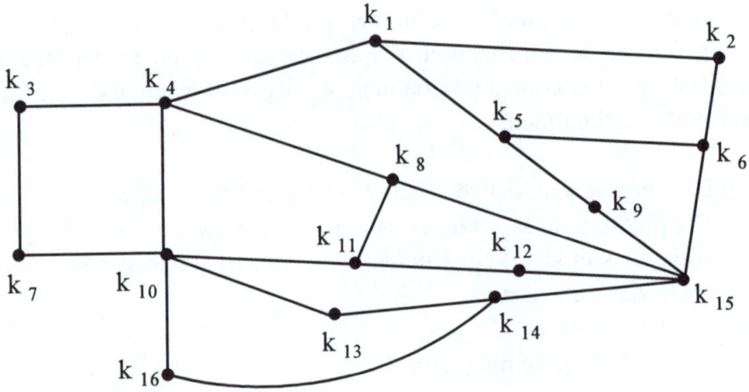

ein oder mehrere Knoten mehrfach vorkommen.

Als (fast) unmittelbare Folgerung aus Satz 14 ergibt sich die folgende Verallgemeinerung des Satzes 12:

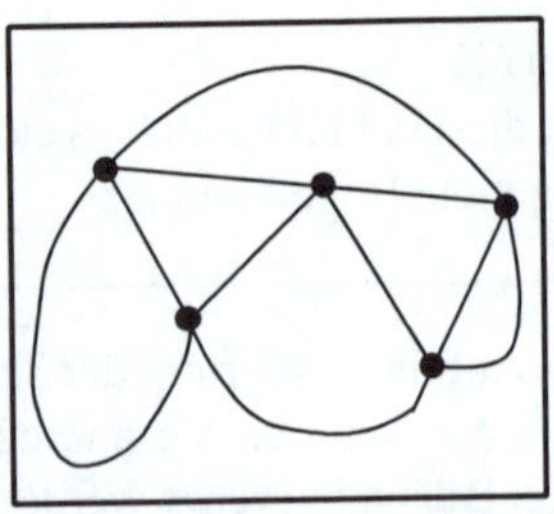

Satz 15 (Zweifarbensatz)
Sei G ein planarer Graph, bei dem in jedem Knoten geradzahlig viele Gebiete aneinanderstoßen. Dann können die Gebiete mit zwei Far-

ben korrekt gefärbt werden.

Beweis
Nach Satz 13 ist ein Graph korrekt gebietsfärbbar, wenn sein Nachbarschaftsgraph korrekt knotenfärbbar ist. Wir betrachten also den Nachbarschaftsgraphen eines planaren Graphen, bei dem in jedem Knoten geradzahlig viele Gebiete aneinanderstoßen.
Das folgende Beispiel zeigt das Beispiel des Nachbarschaftsgraphen (rot) zum Graphen der vorigen Seite.

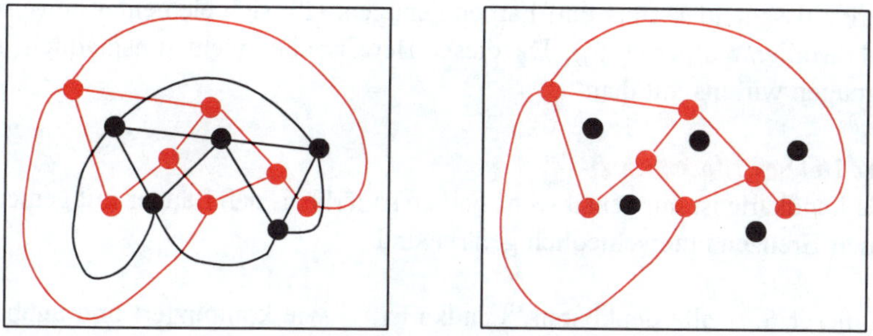

Jeder der früheren Knoten mit ≥4 dort zusammenstoßenden Gebieten wird gemäß Voraussetzung von einer geraden Zahl von Bögen umschlossen. Es entsteht also "um diesen Knoten herum" ein Gebiet, das von einer geraden Anzahl von Bögen begrenzt ist.
Bei Knoten mit 2 dort zusammenstoßenden Gebieten entsteht im zugehörigen Nachbarschaftsgraphen (rot) an der entsprechenden Stelle kein Gebiet, wie die folgende Abbildung zeigt:

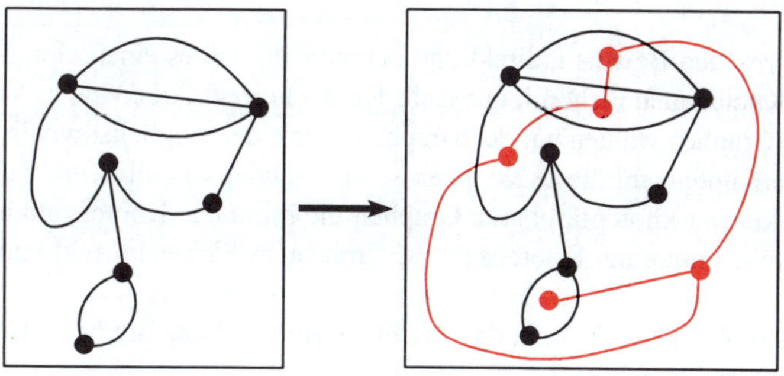

Im Nachbarschaftsgraphen wird demnach jedes Gebiet von einer geraden

Anzahl von Bögen umschlossen. Nach Satz 14 kann man die Knoten dieses neuen Graphen mit 2 Farben so färben, daß benachbarte Knoten jeweils verschiedene Farben haben. Bezogen auf die Ausgangssituation ergibt dies die Behauptung.

Der soeben bewiesene Zweifarbensatz nennt Bedingungen unter denen die Gebiete spezieller Graphen mit 2 Farben korrekt färbbar sind. Wir hatten bereits festgestellt, daß für allgemeine planare Graphen stets vier Farben zur korrekten Gebietsfärbung genügen (Satz 11).
Der Beweis dieses Satzes liegt außerhalb unserer Möglichkeiten. Die schwächere Aussage, daß stets fünf Farben genügen, läßt sich elementar beweisen (vgl. Müller/Wölpert [15]). Da dieser Beweis aber recht umständlich ist, begnügen wir uns mit dem

Satz 16 (Sechsfarbensatz)
Jede Landkarte ist mit genau sechs Farben so färbbar, daß Länder mit gemeinsamen Grenzen unterschiedlich gefärbt sind.

Da dieser Satz alle denkbaren "Landkarten" - wie kompliziert und unübersichtlich diese auch sein mögen - abdeckt, sollte auch dieses schwächere Ergebnis nicht gering eingeschätzt werden.

Der Satz folgt unmittelbar aus dem folgenden Satz für Knotenfärbungen:

Satz 17
Jeder einfach zusammenhängende, planare Graph ist mit sechs Farben korrekt knotenfärbbar.

Beweis
Wir führen den Beweis indirekt und nehmen an, daß es einen Graphen gibt, dessen Knoten man nicht mit nur sechs Farben korrekt färben kann. Von allen solchen Graphen wählen wir den Graphen G aus, der möglichst wenig Knoten hat. Die Knotenzahl dieses Graphen sei u_0. Da G von allen *nicht* mit sechs Farben korrekt knotenfärbbaren Graphen die minimale Knotenzahl hat, sind alle Graphen mit einer Knotenzahl $< u_0$ mit sechs Farben korrekt knotenfärbbar.
u_0 muß größer als sechs sein, da andernfalls eine Färbung mit höchstens sechs Farben unproblematisch ist.
Wir ergänzen nun den Graphen um zusätzliche Bögen derart, daß alle Gebiete von genau drei Bögen begrenzt sind.

Den neuen Graphen nennen wir G*. Die Zahl der Bögen von G* nennen wir b*, die Zahl der Gebiete von G* nennen wir g* und die Zahl der Knoten von G* nennen wir k*.
Für einen derartigen Dreiecksgraphen gilt nach Satz 10:

$$b^* = 3 \cdot (k^* - 2)$$

$$\Rightarrow \quad 2 \cdot b^* = 6 \cdot (k^* - 2) \qquad (*)$$

Nach Satz 3 gilt:

$$2 \cdot b^* = k^*_1 + 2 \cdot k^*_2 + 3 \cdot k^*_3 + \ldots, \qquad (**)$$

wobei k^*_i die Anzahl der Knoten mit Ordnung i ist.

Aus (*) und (**) folgt:

$$6 \cdot (k^* - 2) = k^*_1 + 2 \cdot k^*_2 + 3 \cdot k^*_3 + \ldots$$

(1) Also gibt es mindestens einen Knoten mit einer Ordnung ≤ 5.

Aufgabe

(35) Begründen Sie (1).

Sei A ein solcher Knoten mit einer Ordnung ≤ 5.
Wir gehen vom "ungünstigsten" Fall aus und nehmen an, daß A fünf Nachbarknoten B_1, B_2, B_3, B_4 und B_5 hat.
Wir entfernen nun in G* diesen Knoten sowie die damit verbundenen Bögen. Der neue Graph G' hat $u_0 - 1$ Knoten und ist somit mit sechs Farben korrekt knotenfärbbar. Von diesen sechs Farben können auf die fünf Nachbarknoten B_1, B_2, B_3, B_4 und B_5 von A nur fünf verschiedene Farben fallen. Wir ergänzen nun G' wieder um A und färben A nun mit der sechsten Farbe, die von den Farben von B_1, B_2, B_3, B_4 B_5 verschieden ist.
Damit ist G* korrekt mit sechs Farben knotengefärbt.
Aus G* entfernen wir die nicht zu G gehörenden Bögen. Dabei behalten wir die Färbung der Knoten bei. Damit ist auch G mit sechs Farben korrekt knotengefärbt, im Widerspruch zur Annahme des indirekten Beweises, daß dies nicht möglich sei.
Also war die Annahme, es gäbe Graphen, für deren korrekte Knotenfärbung sechs Farben *nicht* ausreichen, falsch.
Damit ist der Satz bewiesen.

Aufgaben

(36) Fassen Sie die zentralen Überlegungen des Beweises knapp zusammen.

(37) Ergänzen Sie den Graph um Bögen derart, daß ein Dreiecksgraph entsteht. Beachten Sie, daß auch das "äußere Gebiet" nur drei Grenzen haben darf.

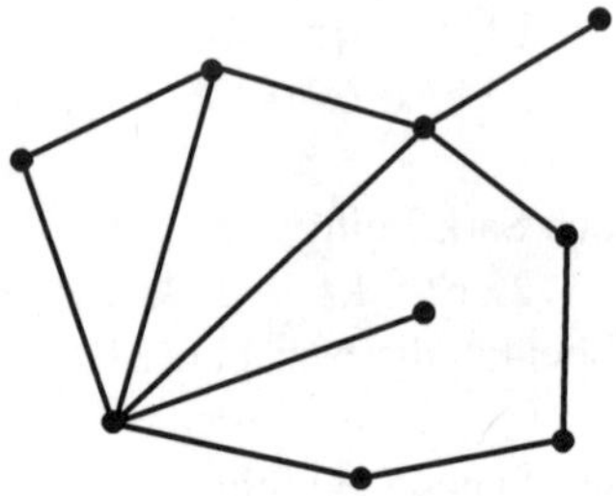

(38) An welcher Stelle des Beweises von Satz 17 wird benötigt, daß der Graph *einfach* ist?
Nennen Sie Gründe, warum der Nachbarschaftsgraph eines zusammenhängenden planaren Graphen stets einfach ist.

IV Sätze über Dreiecke, Vierecke und Kreise

Wir behandeln in diesem Kapitel eine Reihe von Sätzen, die Ihnen noch aus dem Mathematikunterricht früherer Jahre vertraut sein müßten. Mit der Behandlung dieser Sätze verfolgen wir neben der "Auffrischung" vertrauten Wissens zwei Ziele:

– An den behandelten Beispielen wollen wir verdeutlichen, wie man zu einem gegebenen mathematischen Satz einen Beweis finden kann. Deshalb finden sich in diesem Kapitel an vielen Stellen *Vorüberlegungen* als Hinführung zu den jeweils danach vorgestellten Beweisen.
– Die beiden behandelten Satzgruppen (Abschnitt 1: Satzgruppe des Pythagoras; Abschnitt 2: Sätze über Winkel in Dreiecken, Vierecken und Kreisen) können exemplarisch als Beispiele mathematischer Theorien behandelt werden. Eine entsprechende Analyse erfolgt in Abschnitt 3.

Das Vorgehen in diesem Kapitel ist weitgehend informell. Wir verzichten zum Beispiel auf eine detaillierte Explikation des Winkelbegriffs. Insbesondere benutzen wir im folgenden "naiv" die Möglichkeit der Winkelmessung, bei der der "Vollwinkel" mit 360° gemessen wird. Auch der Begriff des *rechten Winkels* (mit dem Winkelmaß 90°) wird nicht weiter problematisiert.
Insgesamt wird bei der Bearbeitung dieses Kapitels nicht mehr als ein durchschnittliches Schulwissen verlangt. Zugleich sollte aber dabei deutlich werden - Abschnitt 3 geht hierauf besonders ein - daß nicht nur im Bereich des Winkelbegriffs einige Grundlagen ungeklärt oder auch unbewiesen bleiben. Die *axiomatische Geometrie* in Kapitel V zeigt im Anschluß an dieses Kapitel exemplarisch, wie man exakte Grundlagen für geometrisches Arbeiten legen kann.

1 Satzgruppe des Pythagoras

Bevor wir zu den drei Sätzen der Satzgruppe des Pythagoras kommen, sollen einige hier wichtige Begriffe wieder aufgefrischt werden.

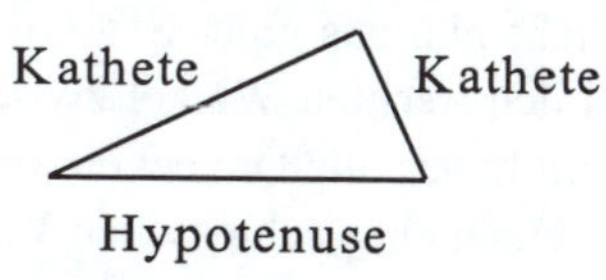

Definition 1 (rechtwinkliges Dreieck; Hypotenuse; Kathete)
Ein *rechtwinkliges Dreieck* ist ein Dreieck, bei dem ein Winkel ein Rechter ist. Die Seite, die dem rechten Winkel gegenüber liegt, nennt man *Hypotenuse* oder Basis, die beiden anderen Seiten bezeichnet man als *Katheten*.

Definition 2 (gleichschenkliges Dreieck; Basis; Basiswinkel)
Ein Dreieck heißt *gleichschenklig*, falls zwei Seiten des Dreiecks gleichlang sind. Wenn a und b die beiden gleich langen Seiten sind, heißt a *Basis* des Dreiecks, die beiden anliegenden Winkel α und β heißen *Basiswinkel*.

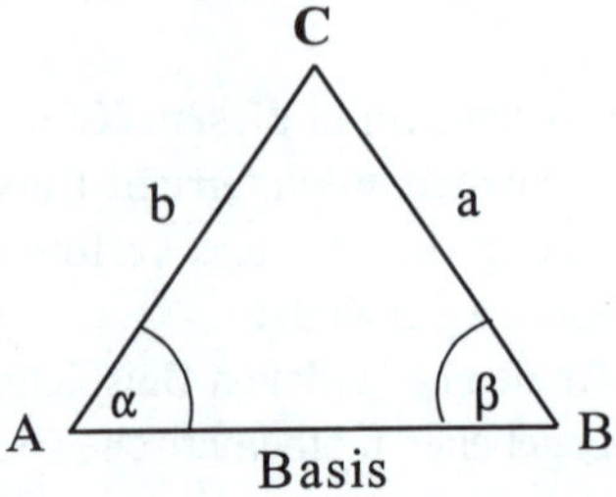

Satz 1 (Satz des Pythagoras)
Für beliebige rechtwinklige Dreiecke gilt: Die Summe der Flächeninhalte der Quadrate über den Katheten a und b ist gleich dem Flächeninhalt des Quadrats über der Hypotenuse c[1].
Kurz: $a^2 + b^2 = c^2$. (a, b: Katheten, c: Hypotenuse)

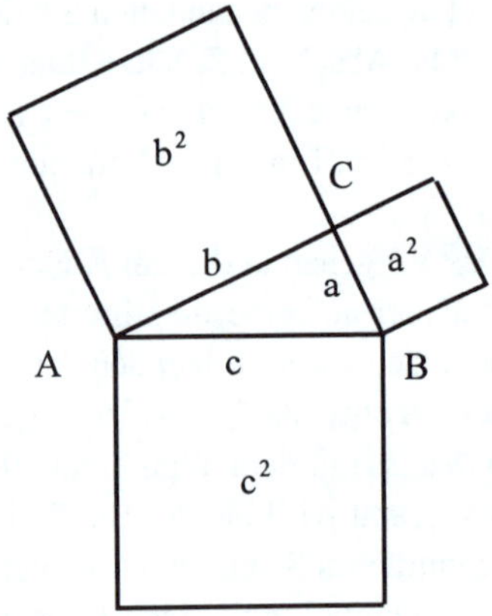

Beweis
Wir gehen vom Quadrat mit der Seitenlänge a+b aus und tragen jeweils a bzw. b ab (vgl. die Abbildung rechts). Jedes kleine Dreieck besteht nun aus einer Seite a, einer Seite b und dem rechten Winkel zwischen a und b. Somit haben alle Dreiecke zwei Seiten (a, b) und einen eingeschlossenen Winkel gemein-

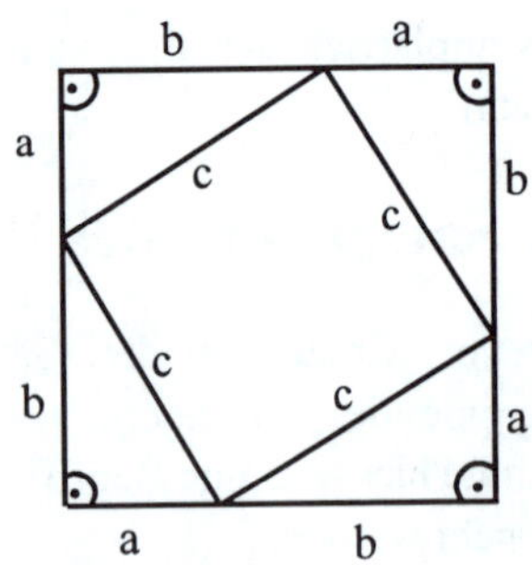

---

[1] Wir folgen in diesem Kapitel dem üblichen Brauch, die Bezeichnung der Seiten mit ihren jeweiligen Längenmaßen gleich zu setzen und verzichten somit auf umständliche Formulierungen wie “Das Dreieck habe eine Hypotenuse der Seitenlänge 6 cm”.

sam. Aufgrund des Kongruenzsatzes SWS[2] (vgl. Kapitel V, Abschnitt 7) sind die kleinen Dreiecke kongruent, d.h. die Hypotenuse c ist bei allen Dreiecken gleich. Die innenliegende Figur ist deshalb eine Raute.
Es bleibt nun nur noch zu zeigen, daß die Figur in der Mitte rechte Winkel hat und somit ein Quadrat ist.
Dafür nehmen wir uns einen Ausschnitt aus dem gesamten Bild heraus:

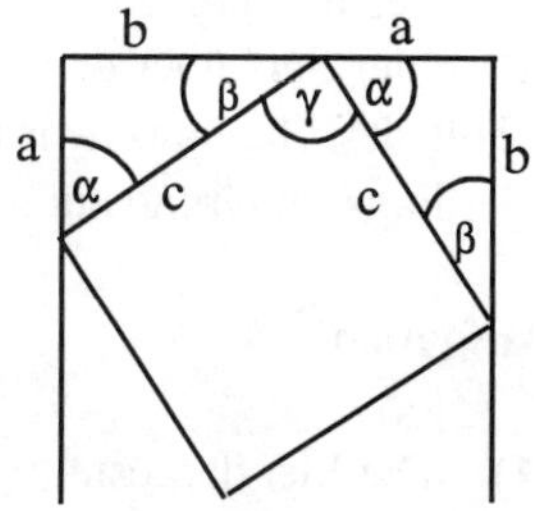

Wir können in diesem Ausschnitt die einander jeweils entsprechenden Winkel der kleinen Dreiecke überall als α bzw. β bezeichnen, da die Dreiecke kongruent sind.
Wir wissen bereits, daß jedes kleine Dreieck einen rechten Winkel hat. Weiterhin wissen wir, daß die Winkelsumme im Dreieck 180° beträgt. Daraus ergibt sich, daß die beiden noch übrig gebliebenen Winkel zusammen 90° haben. Damit gilt :

$$\alpha+\beta = 90°$$

Weiter gilt:

$$\alpha+\beta+\gamma = 180°,$$

da die Summe dieser drei Winkel einen gestreckten Winkel ergibt. Daraus folgt:

$$\gamma = 90°$$

Das Viereck in der Mitte der Figur ist damit ein Quadrat und hat die Fläche c^2.
Da sich der Flächeninhalt der kleinen Dreiecke nach der Formel

$$F = \frac{a \cdot b}{2}$$

berechnen läßt, gilt:

$$4 \cdot \frac{a \cdot b}{2} + c^2 = (a+b)^2$$

Daraus folgt:

$$c^2 + 2\,ab = a^2 + 2\,ab + b^2$$
$$c^2 = a^2 + b^2$$

---

[2] Zwei Dreiecke sind kongruent ("deckungsgleich"), wenn sie in zwei Seiten und dem eingeschlossenen Winkel übereinstimmen.

Rückblick

In den Beweis des Satzes von Pythagoras gingen mehrere Sätze ein, die an dieser Stelle nicht bewiesen werden. Dies war der Kongruenzsatz SWS, der besagt, daß zwei Dreiecke dann kongruent sind, wenn sie in zwei Seiten und dem eingeschlossenen Winkel übereinstimmen. Ein zweiter unbewiesener Satz war der Satz über die Winkelsumme im Dreieck, der besagt, daß die Winkelsumme im Dreieck 180 ° ist. Auf diese beiden Sätze werden wir weiter hinten noch genauer eingehen. Sie werden dann auch bewiesen.
Auch der Satz über den Flächeninhalt von Dreiecken bzw. über den Flächeninhalt des Quadrats wurde hier nicht bewiesen. Diese beiden Sätze wurden allerdings im Grundstudiums-Band behandelt (Kapitel II, Abschnitt 3.4).

Aufgaben

(1) Der hier dargestellte Beweis des Pythagoras hat den *Vorteil*, daß er recht einfach ist. Er hat aber den *Nachteil*, daß an einer entscheidenden Stelle *gerechnet wird.* Dabei geht der Bezug zu der Tatsache verloren, daß der Satz eine Aussage über *Flächeninhalte* darstellt. Die folgenden Bildfolgen stellen einen Beweis des Pythagoras
- für gleichschenklig-rechtwinklige Dreiecke
- sowie für den allgemeinen Fall

dar.
Erläutern und begründen Sie in beiden Fällen das Vorgehen.

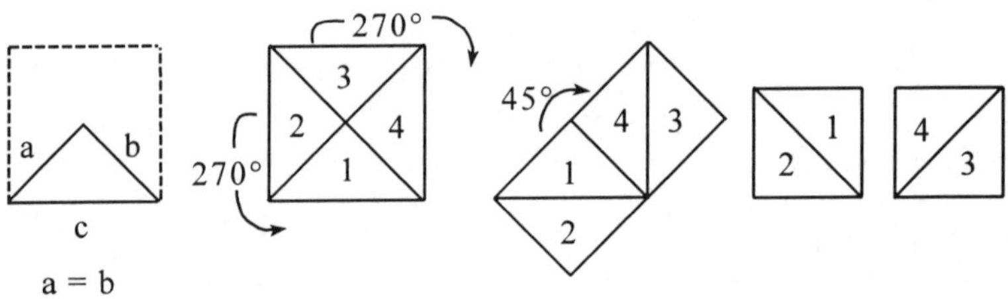

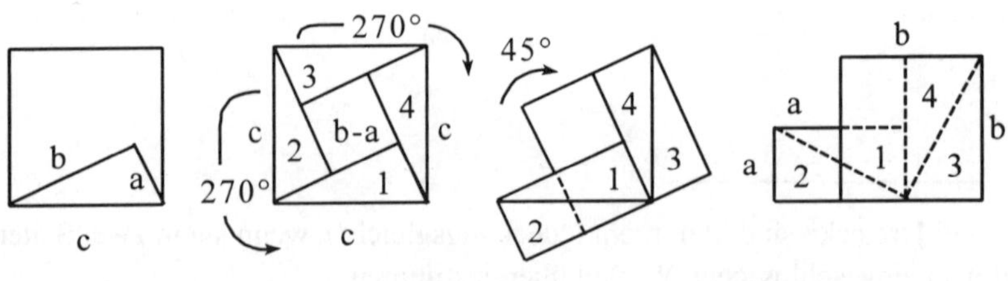

(2) Suchen Sie im Buch von A. M. Fraedrich [6] einen Beweis des Satzes, der von den hier vorgestellten völlig verschieden ist. Stellen Sie diesen Beweis mit eigenen Worten dar.

Für rechtwinklige Dreiecke gilt ebenfalls der

Satz 2 (Höhensatz von Euklid)
Der Flächeninhalt des Quadrats über der Höhe auf die Hypotenuse ist genauso groß wie der Flächeninhalt des Rechteckes aus den Hypotenusenabschnitten.
Kurz: $h^2 = p \cdot q$ (h: Höhe, c: Hypotenuse, p, q: Hypotenusenabschnitte)

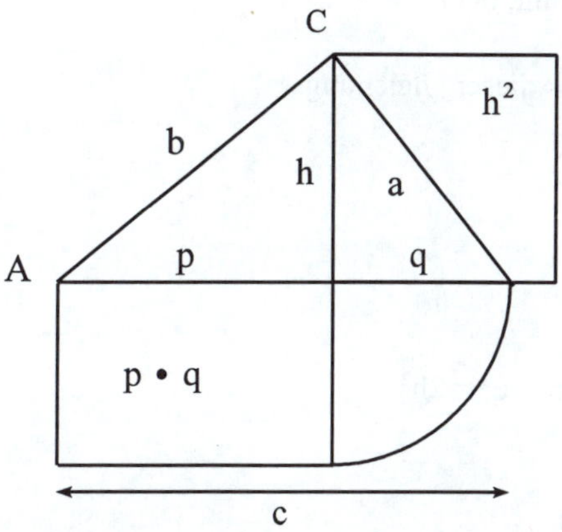

Vorüberlegung
Um den Höhensatz zu beweisen, wendet man auf die Figur Sätze an, die man bereits kennt. In unserem Fall findet man in der Figur drei rechtwinklige Dreiecke, auf die man den uns bereits vertrauten Satz des Pythagoras anwenden kann.

Beweis (erster Ansatz)
Mit dem Satz des Pythagoras gilt:

$$h^2 = b^2 - p^2 \quad (b^2 = h^2 + p^2) \qquad (1)$$

und

$$h^2 = a^2 - q^2 \quad (a^2 = h^2 + q^2) \qquad (2)$$

und

$$c^2 = (p + q)^2 = a^2 + b^2 \qquad (3)$$

Addiert man (1) und (2), so ist :

$$2h^2 = a^2 + b^2 - p^2 - q^2 \qquad (4)$$

Ersetzt man in (4) $a^2 + b^2$ durch (3), ergibt sich:

$$2h^2 = (p + q)^2 - p^2 - q^2$$
$$2h^2 = p^2 + q^2 + 2p \cdot q - p^2 - q^2$$
$$h^2 = p \cdot q$$

Der durchgeführte Beweis ist nicht schwer. Trotzdem kann der Eindruck entstehen, daß die Gleichungsumformungen "durch Zufall" gefunden wurden. Wir wollen denselben Beweis noch einmal mit einer stärkeren Betonung der Beweis-Idee durchführen:

Beweis (zweiter Ansatz)

Mit dem Satz des Pythagoras gilt:

(1) $b^2 = h^2 + p^2$

(2) $a^2 = h^2 + q^2$

(3) $c^2 = (p + q)^2 = a^2 + b^2$

Betrachten wir jetzt die zu beweisende Aussage, so sehen wir, daß der Term $p \cdot q$ in der dritten Gleichung vorkommt, denn

$$(p + q)^2 = p^2 + 2p \cdot q + q^2.$$

Wir beginnen die Arbeit deshalb mit dieser Gleichung.

Wir erhalten aus (3)

$$p^2 + 2p \cdot q + q^2 = a^2 + b^2$$

$$\Rightarrow 2p \cdot q = a^2 + b^2 - p^2 - q^2$$

Mit (1) und (2) haben wir

$$a^2 = h^2 + q^2, \quad b^2 = h^2 + p^2.$$

Damit ergibt sich:

$$2p \cdot q = (h^2 + q^2) + (h^2 + p^2) - p^2 - q^2 = 2h^2$$

$$\Rightarrow p \cdot q = h^2$$

Damit ist die Behauptung bewiesen.

Rückblick

Die grundlegende Idee des Vorgehens beim 2. Ansatz ist:

(1) Man schreibt alles auf, was man über die gegebene Figur weiß.

(2) Man betrachtet die zu beweisende Aussage: Was kommt in den unter (1) gefundenen Gleichungen vor, was nicht ?

(3) Wir haben gefunden, daß $p \cdot q$ in Gleichung (3) vorkommt. Dieser Term wird "freigestellt". Auf der rechten Seite der Gleichung stehen Variablen, die in der zu beweisenden Aussage nicht vorkommen. Diese werden mit Hilfe von (1) und (2) eliminiert.

Satz 3 (Kathetensatz)

Im rechtwinkligen Dreieck hat das Quadrat über einer Kathete den gleichen Flächeninhalt wie das Rechteck aus der Hypotenuse und dem anliegenden Hypotenusenabschnitt.

Kurz: $a^2 = c \cdot q$ und $b^2 = c \cdot p$
(a, b : Katheten, c: Hypotenuse, p, q : Hypotenusenabschnitte

Wir zeigen hier lediglich die Gültigkeit der zweiten Aussage.

Beweis (erster Ansatz)

$a^2 = h^2 + q^2$ (1)
$b^2 = h^2 + p^2$
$h^2 = b^2 - p^2$ (2)
$a^2+b^2 = (p + q)^2 = p^2 + 2p \cdot q + q^2$ (3)

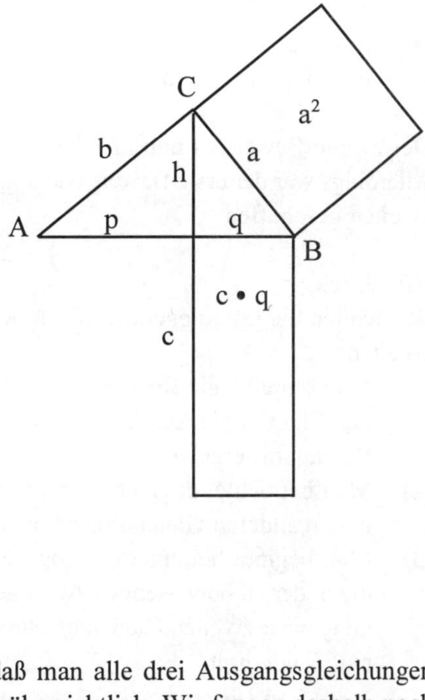

Zieht man (1) von (3) ab, so erhält man:

$b^2 = -h^2 + p^2 + 2p \cdot q$ (4)

Aus (2) folgt:

$-h^2 = p^2 - b^2$ (5)

Setzt man (5) in (4) ein, so erhält man:

$b^2 = p^2 - b^2 + p^2 + 2p \cdot q$
$\Leftrightarrow 2b^2 = 2p^2 + 2p \cdot q$
$\Leftrightarrow b^2 = p^2 + p \cdot q = p \cdot (p + q) = p \cdot c$

Analyse
Die Analyse dieses Beweise zeigt, daß man alle drei Ausgangsgleichungen benötigt. Der Beweis ist allerdings unübersichtlich. Wir fangen deshalb noch einmal von vorne an.

Beweis (zweiter Ansatz)
Wir beginnen mit $b^2 = h^2 + p^2$ und setzen für Größen, die in der zu beweisenden Gleichung $b^2 = p \cdot c$ nicht vorkommen, Ergebnisse der anderen Gleichungen ein.
Zunächst stört uns h^2, denn h kommt im Satz nicht vor. Aus der Gleichung (1) gewinnen wir

$h^2 = a^2 - q^2$

und schließen:

$b^2 = a^2 - q^2 + p^2$

In dieser Gleichung stört a^2, denn auch a^2 kommt im zweiten Teil von Satz 3 nicht vor. Wir gewinnen deshalb aus der Gleichung (3) die äquivalente Gleichung

$$a^2 = p^2 + 2p \cdot q + q^2 - b^2$$

und schließen:

$$b^2 = (p^2 + 2p \cdot q + q^2 - b^2) - q^2 + p^2 = 2p \cdot q + 2p^2 - b^2$$

Jetzt gilt:

$$b^2 = 2p \cdot q + 2p^2 - b^2$$

$$\Rightarrow \quad 2\,b^2 = 2p \cdot q + 2p^2$$

$$\Rightarrow \quad b^2 = p \cdot q + p^2 = p \cdot (q + p) = p \cdot c$$

Der zweite Beweis ist nun in seiner Struktur etwas übersichtlicher geworden. Allerdings war der erste Beweis wichtig, denn er hat die Voraussetzung für den zweiten geschaffen.

Rückblick

Wir wollen die grundlegenden Ideen beim Beweis des Kathetensatzes herausarbeiten:

(1) Man schreibt alle Beziehungen auf, die man "unmittelbar" an der gegebenen Figur entdecken kann (hier: Gleichungen, die sich aus dem Satz des Pythagoras ergeben).

(2) Man betrachtet die zu beweisende Aussage: Welche Variablen kommen in den anderen Gleichungen vor, welche nicht ?

(3) Man beginnt bei einer der gegebenen Gleichungen. Eine der Variablen, die in der zu beweisenden Aussage nicht vorkommt, wird unter Verwendung einer zweiten Gleichung eliminiert. Dieses Verfahren wird noch einmal wiederholt.

Aufgabe

(3) Zeigen Sie die erste Behauptung des Kathetensatzes: $a^2 = c \cdot q$.

2 Winkel

2.1 Definitionen und erste einfache Sätze

Definition 3 (Winkel; Scheitel; Schenkel)
Ein geordnetes Paar von Strahlen [h_A, g_A], die von einem Punkt ausgehen, heißt *Winkel mit dem Scheitel A und den Schenkeln h_A und g_A*.

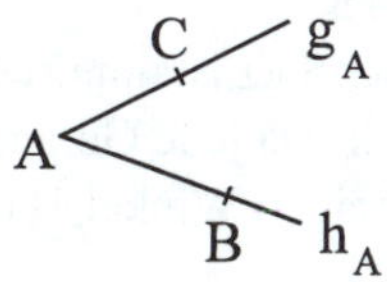

Ein Winkel kann auch durch den Scheitel A und zwei weitere Punkte B und C angegeben werden (rechte Abbildung). Wir schreiben im Fall der rechten Abbildung $\sphericalangle$BAC. Man stellt sich dabei vor, daß die Schenkel "gegen den Uhrzeigersinn" aufeinander gedreht werden.

Definition 4 (stumpfer Winkel; überstumpfer Winkel)
a) Ein Winkel, dessen Maß größer als 90° und kleiner als 180° ist, heißt *stumpfer Winkel*.
b) Ein Winkel, dessen Maß größer als 180° und kleiner als 360° ist, heißt *überstumpf*.

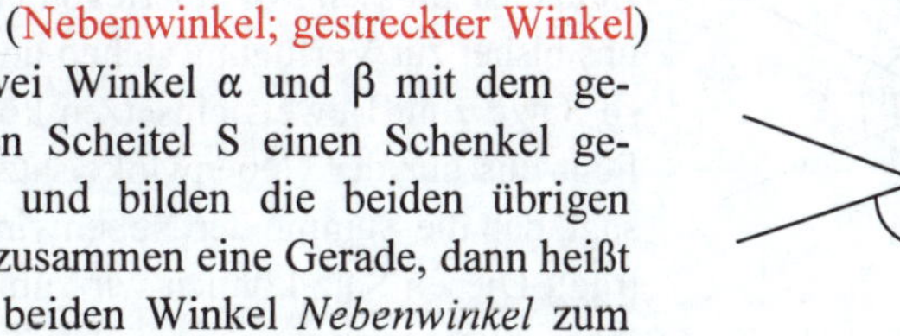

Definition 5 (Nebenwinkel; gestreckter Winkel)
a) Haben zwei Winkel α und β mit dem gemeinsamen Scheitel S einen Schenkel gemeinsam, und bilden die beiden übrigen Schenkel zusammen eine Gerade, dann heißt jeder der beiden Winkel *Nebenwinkel* zum anderen.

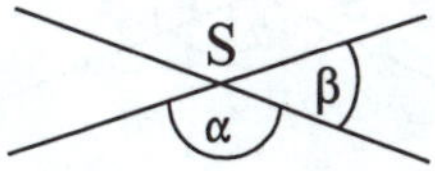

b) h_A und g_A seien zwei verschiedene Strahlen, die von einem Punkt ausgehen. Für h_A und g_A gelte, daß sie auf einer gemeinsamen Geraden liegen. Dann heißt [h_A, g_A] *gestreckter Winkel*.
Das Winkelmaß eines gestreckten Winkels beträgt 180°.

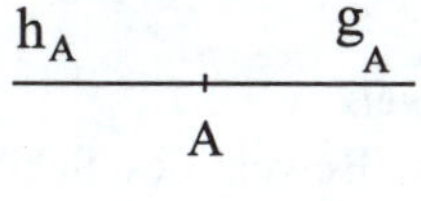

Satz 4 (Nebenwinkelsatz)
Seien g und h zwei sich schneidende Geraden mit dem gemeinsamen Schnittpunkt S. α und β seien Nebenwinkel.
Dann gilt: Die Summe der Nebenwinkel beträgt 180°.

Beweis
Dieser Satz ist unmittelbar einsichtig, da die Winkel α und β an einer Geraden liegen. Da jede Gerade ein gestreckter Winkel ist, also 180°, muß die Summe der beiden Winkel 180° sein.

Definition 6 (Scheitelwinkel)
Haben zwei Winkel α und γ den gemeinsamen Scheitel S, und bilden ihre 4 Schenkel zusammen zwei Geraden, dann heißt jeder der beiden gegenüberliegenden Winkel *Scheitelwinkel* zum anderen.

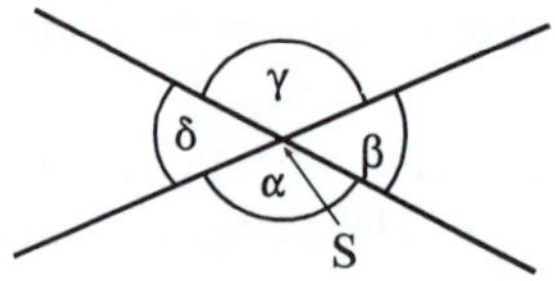

In der nebenstehenden Abbildung sind zum Beispiel α und γ sowie β und δ Scheitelwinkel.

Satz 5 (Scheitelwinkelsatz)
g und h seien zwei verschiedene Geraden mit $g \cap h = \{S\}$. Dann gilt:
Die beiden einander gegenüberliegenden Winkel α und γ sind gleich groß.

Vorüberlegung
Wir beschränken uns beim Beweis darauf, $\alpha = \gamma$ zu zeigen.

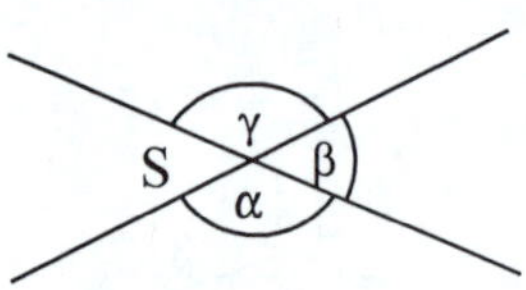

Zunächst müssen wir überlegen, welche Sätze uns bisher zur Verfügung stehen und ob wir diese Sätze zum Beweis einsetzen können. Bisher liegt uns nur der Nebenwinkelsatz vor, der besagt, daß die Summe der Nebenwinkel 180° beträgt. Diesen Satz können wir zum Beweis einsetzen, da die Winkel α und γ den gemeinsamen Nebenwinkel β haben.
Nun zum eigentlichen Beweis:

Beweis
Zum Beweis des Scheitelwinkelsatzes benötigen wir den Nebenwinkelsatz. Nach diesem Satz beträgt die Summe der Winkel α und β 180°. Weiterhin sind auch die Winkel β und γ Nebenwinkel, so daß auch ihre Summe 180° beträgt.

Damit ergibt sich folgende Gleichung:

$\alpha+\beta = \beta+\gamma$

Durch Subtraktion von β ergibt sich $\alpha = \gamma$, wodurch der Satz bewiesen ist.

2.2 Winkel an zwei Geraden, die von einer dritten Geraden geschnitten werden

Definition 7 (Stufenwinkel; Wechselwinkel)

p und q seien zwei Geraden, die von einer dritten Geraden g geschnitten werden. Von den dabei entstehenden höchstens stumpfen Winkeln greifen wir je zwei Winkel mit verschiedenen Scheitelpunkten als einander entsprechende Winkel heraus:

(1) α und β heißen *Stufenwinkel* an p und q genau dann, wenn jeweils einer der Schenkel auf g liegt, und wenn die beiden jeweils anderen Schenkel auf derselben Seite von g liegen.

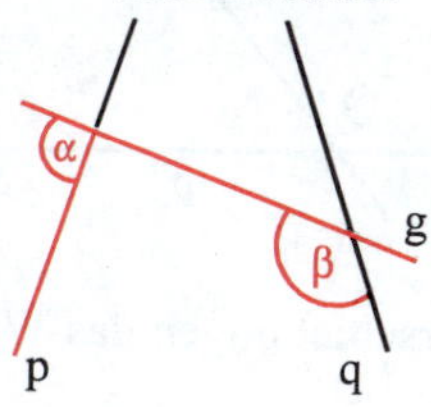

(2) α und β heißen *Wechselwinkel* an p und q genau dann, wenn jeweils einer der Schenkel auf g liegt, und wenn die beiden jeweils anderen Schenkel auf verschiedenen Seiten von g liegen.

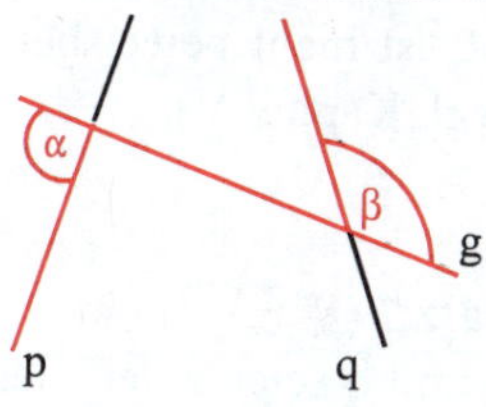

Satz 6 (Stufenwinkelsatz)

p und q seien zwei zueinander parallele Geraden[3]. Die Gerade g schneide die Gerade p in dem Punkt P und die Gerade q in dem Punkt Q. α und β seien Stufenwinkel. Dann gilt: α und β sind gleich groß.

---

[3] Zwei Geraden heißen *parallel*, wenn sie keinen gemeinsamen Schnittpunkt haben.

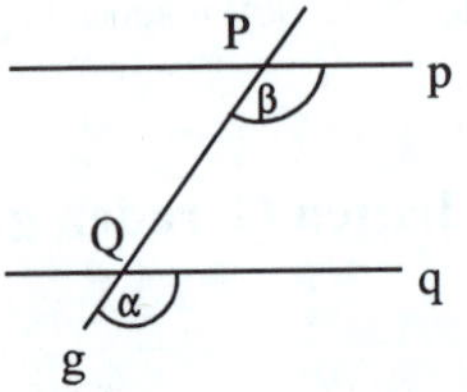

Vorüberlegung

Die Voraussetzung ist, daß p und q parallel sind. Wir arbeiten deshalb beim Beweis mit einer Abbildung, die Geraden auf parallele Geraden abbildet, und zwar mit der *Verschiebung*. Zum Beweis dieses Satzes setzen wir den Satz, daß Verschiebungen das Winkelmaß erhalten, als bekannt und gültig voraus

Beweis

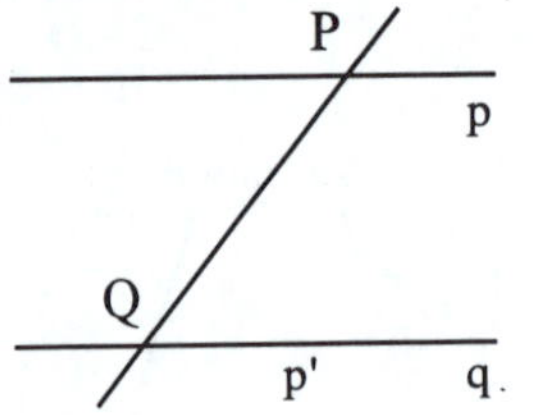

Wir führen eine Parallelverschiebung der Geraden p so durch, daß P auf den Punkt Q verschoben wird. Dabei geht p in die zu p parallele Gerade p' über. Auch q ist parallel zu p. Sowohl q als auch p' gehen durch Q. Da es durch den Punkt Q nur eine Parallele zu der Geraden p geben kann, sind die Geraden p' und q gleich. Damit ist der Bildwinkel β' von β gleich α. Da Verschiebungen das Winkelmaß erhalten, gilt damit $\alpha = \beta$.

Rückblick

Beim Beweis haben wir den Satz herangezogen, daß es zu einer Geraden p durch den Punkt Q, der nicht auf p liegt, genau eine Parallele gibt. Daß dies so ist, ist nicht beweisbar, sondern Aussage des sogenannten Parallelenaxioms (vgl. Kapitel V).

Satz 7 (Wechselwinkelsatz)

p und q seien zwei zueinander parallele Geraden. Die Gerade g schneidet die Gerade p in dem Punkt P und die Gerade q in dem Punkt Q. Dann gilt:
Die Wechselwinkel α und γ sind gleich groß.

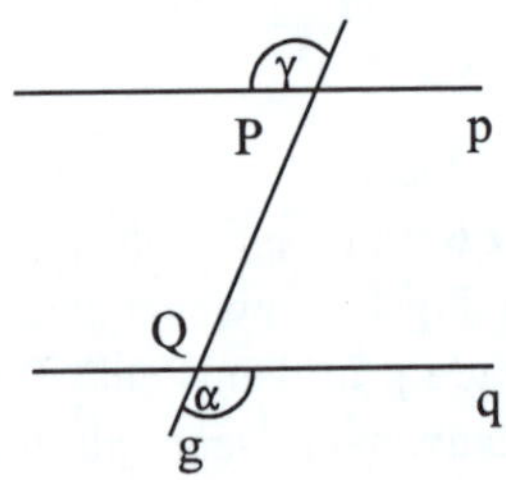

Vorüberlegung

Zum Beweis dieses Satzes benötigen wir den Stufenwinkelsatz und den Scheitelwinkelsatz.

Beweis

Aufgrund des Stufenwinkelsatzes sind die Winkel α und β gleich groß. Weiterhin sind aufgrund des Scheitelwinkelsatzes die Winkel β und γ gleich groß. Aufgrund der Transitivität der Gleichheitsrelation gilt, daß auch die Winkel α und γ gleich groß sind.

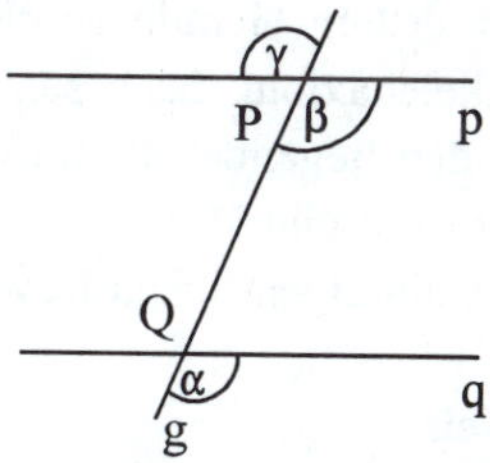

Wir schreiben knapp:
(1) $\alpha = \beta$ (Stufenwinkelsatz)
(2) $\beta = \gamma$ (Scheitelwinkelsatz)
Aus (1) und (2) folgt: $\alpha = \gamma$

2.3 Winkel im Dreieck

Ein Dreieck hat:

1. drei Innenwinkel (α,β,γ)
2. sechs Außenwinkel, von denen immer zwei paarweise als Scheitelwinkel gleich sind:
   $\alpha_1 = \alpha_2$; $\beta_1 = \beta_2$; $\gamma_1 = \gamma_2$

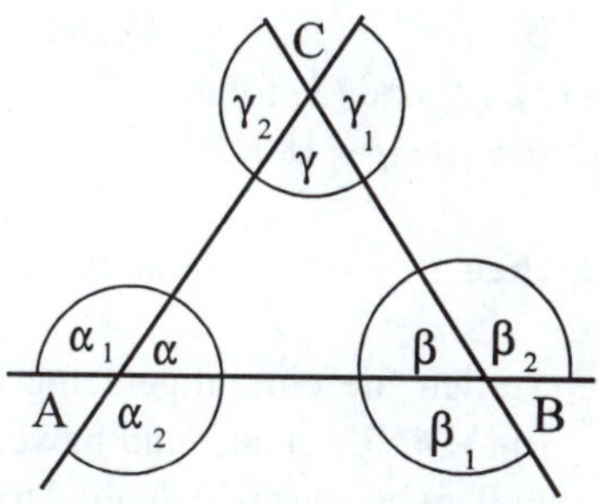

Satz 8 (Winkelsumme im Dreieck)
ABC sei ein Dreieck mit den Winkeln α, β und γ. Dann gilt:
Die Winkelsumme im Dreieck ist stets 180 °; d.h $\alpha + \beta + \gamma = 180\,°$.

Vorüberlegung

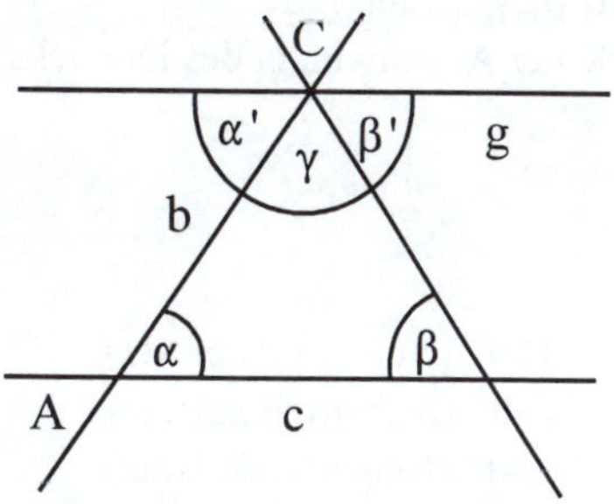

Wir müssen zeigen, daß die Summe der Winkel α, β und γ einen gestreckten Winkel (180°) ergibt. Uns stehen bisher der Wechselwinkel-, der Nebenwinkel-, der Scheitelwinkel- und der Stufenwinkelsatz zur Verfügung. Mit dem Nebenwinkel- und dem Scheitelwinkelsatz können wir in diesem Beweis zunächst nichts anfangen, da die Winkel nicht an zwei sich schneidenden Geraden liegen. Der Stufenwinkel-

und der Wechselwinkelsatz gelten aber nur an zwei parallelen Geraden, die von einer dritten Gerade geschnitten werden. Wir verwenden daher wieder das Parallelenaxiom, das besagt, daß es zu jeder Geraden h und jedem nicht auf der Geraden liegenden Punkt P genau eine Parallele g durch den Punkt P zu der Geraden h gibt.
Nun zum eigentlichen Beweis:

Beweis
Aufgrund des Parallelenaxioms gibt es durch den Punkt C eine Parallele zu der Geraden c. Nach dem Wechselwinkelsatz gilt, daß die Winkel α und α' und die Winkel β und β' gleich groß sind. Weiterhin gilt aufgrund des Nebenwinkelsatzes, daß die Summe der Nebenwinkel 180° ist. Somit gilt:

(1) $\alpha' + \gamma + \beta' = 180°$ (Nebenwinkelsatz, bezogen auf die Geraden b und g mit Schnittpunkt C)
(2) $\alpha = \alpha'$ (Wechselwinkelsatz)
(3) $\beta = \beta'$ (Wechselwinkelsatz)
Aus (1), (2) und (3) folgt:

$$\alpha + \beta + \gamma = 180°$$

Aufgaben

(4) Stellen Sie eine allgemeine Formel für die Winkelsumme in n-Ecken (n=3, 4, 5, ...) auf, und beweisen Sie diese. Es genügt, den Satz für den Fall zu beweisen, daß alle Diagonalen innerhalb des n-Ecks verlaufen.

(5) Warum kann man ein Parkett aus regelmäßigen Sechsecken herstellen, nicht aber aus regelmäßigen Fünfecken?

Satz 9 (Satz über die Summe der Außenwinkel)
ABC sei ein Dreieck mit den Außenwinkeln $\alpha_1, \beta_1, \gamma_1$. Dann gilt:
Die Summe der Außenwinkel des Dreiecks beträgt 360°.

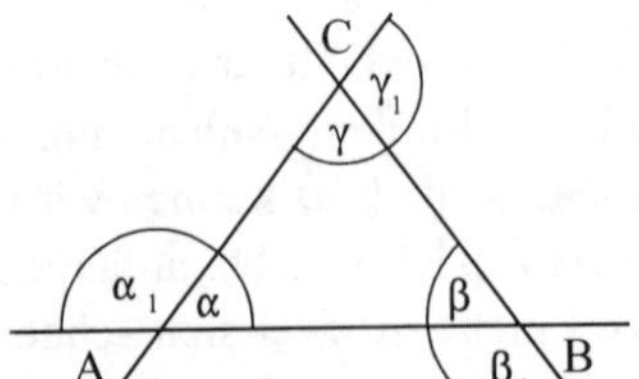

Beweis
Es gilt:

$$\alpha + \alpha_1 = 180° \text{ (Nebenwinkelsatz)}$$
$$\beta + \beta_1 = 180° \text{ (Nebenwinkelsatz)}$$
$$\gamma + \gamma_1 = 180° \text{ (Nebenwinkelsatz)}$$

Daraus folgt:

$$(\alpha + \alpha_1) + (\beta + \beta_1) + (\gamma + \gamma_1) = 3 \cdot 180°$$

Weiterhin gilt:
$\alpha + \beta + \gamma = 180°$ (Winkelsumme im Dreieck)
Daraus folgt:

$$(\alpha + \alpha_1) + (\beta + \beta_1) + (\gamma + \gamma_1) - (\alpha + \beta + \gamma) = \alpha_1 + \beta_1 + \gamma_1$$
$$= 3 \cdot 180° - 180° = 2 \cdot 180° = 360°$$

Satz 10 (Außenwinkelsatz)
ABC sei ein Dreieck mit den Innenwinkeln α, β, γ und den Außenwinkeln α_1, β_1, γ_1. Dann gilt:
Jeder Außenwinkel des Dreiecks ist gleich der Summe der beiden ihm nicht anliegenden Innenwinkel, d.h. $\beta_1 = \alpha + \gamma$, $\alpha_1 = \gamma + \beta$, $\beta_1 = \alpha + \gamma$

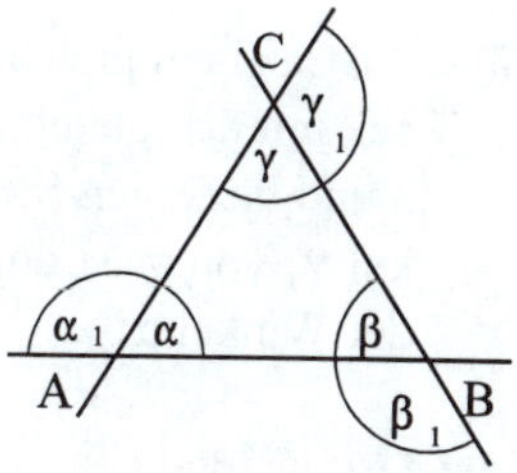

Beweis
(1) $\beta + \beta_1 = 180°$ (Nebenwinkelsatz)
(2) $\alpha + \beta + \gamma = 180°$ (Satz über die Winkelsumme im Dreieck)

Aus (1) und (2) folgt:

$$\beta + \beta_1 = \alpha + \beta + \gamma$$
$$\Rightarrow \beta_1 = \alpha + \gamma$$

Aufgabe

(6) Wir haben oben den Außenwinkelsatz mit Hilfe des Satzes über die Winkelsumme in Dreiecken bewiesen. Beweisen Sie den Satz jetzt anhand der Skizze, ohne den Satz über die Winkelsumme in Dreiecken zu benutzen.

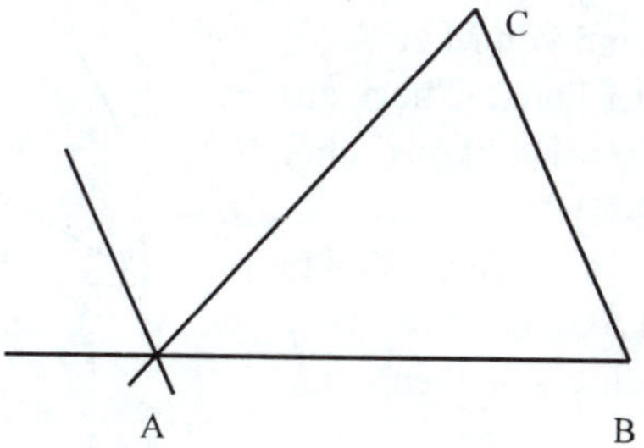

Der Beweis des folgenden inhaltlich einfachen Satzes benötigt Voraussetzungen, die in diesem kurz gehaltenen Kapitel nicht mit vertretbarem Aufwand geschaffen werden können. Wir verzichten deshalb hier auf den Beweis. Ein

Beweis wird dann im Rahmen des folgenden letzten Kapitels geführt.

Satz 11 (Basiswinkelsatz)
ABC sei ein gleichschenkliges Dreieck. α und β seien die beiden Basiswinkel. Dann gilt:
Die Basiswinkel α und β sind gleich groß.

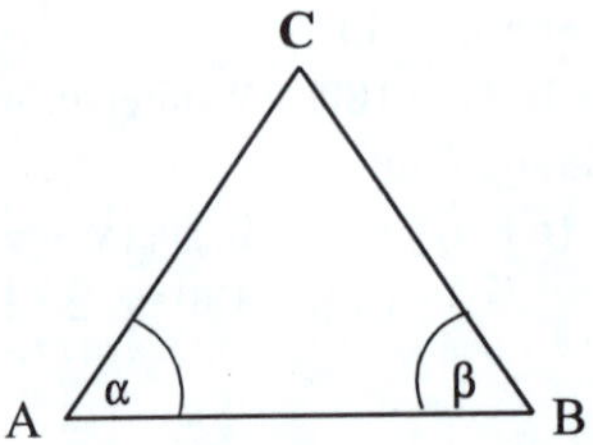

Aufgabe

(7) ABC sei ein gleichschenkliges Dreieck mit den gleich langen Schenkeln a und b. Zeigen Sie: Der Außenwinkel γ_1 von γ ist doppelt so groß wie der Winkel α.

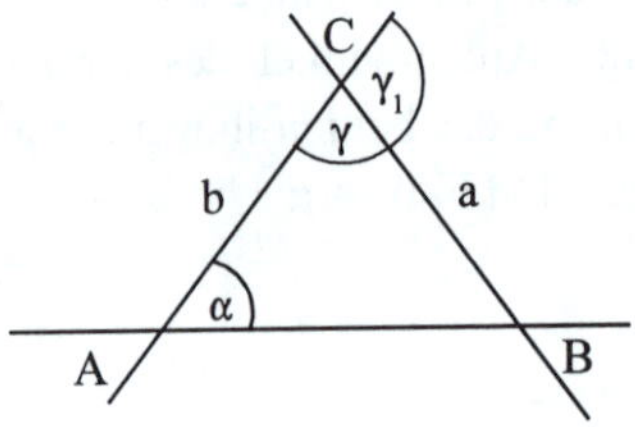

Satz 12 (Satz des Thales)
Jeder Winkel, dessen Schenkel durch die Punkte A und B gehen und dessen Scheitel C auf dem Halbkreis über der Strecke [AB][4] liegt, ist ein Rechter.

Beweis
Sei M der Mittelpunkt der Strecke [AB]. Sei r der Abstand von M zu A.
Der Punkt C liege auf dem Halbkreis über [AB].
γ sei der Winkel $\sphericalangle ACB$.
Wir zeichnen nun

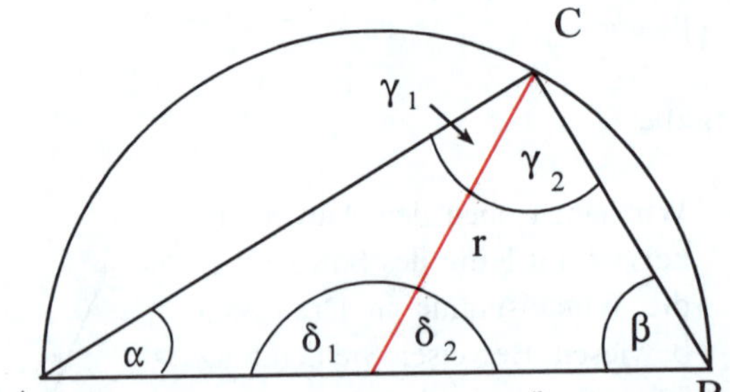

[4] Wir konstruieren den Halbkreis über [AB] wie folgt: Wir ermitteln den Mittelpunkt M von [AB]. Der Abstand von M zu A sei r. Wir zeichnen nun einen Kreisbogen von A nach B, der den Mittelpunkt M und den Radius r hat. Dieser Halbkreis wird auch *Thaleskreis* genannt.

eine Hilfslinie von M nach C. Diese zerlegt den Winkel γ in die Winkel γ_1 und γ_2 derart, daß gilt:

$$\gamma = \gamma_1 + \gamma_2$$

Es gilt weiter:

$$\alpha + \beta + \gamma = 180° \text{ (Winkelsumme im Dreieck)}$$

Weiterhin gilt:

$$\alpha = \gamma_1 \text{ (Basiswinkelsatz)}$$
$$\beta = \gamma_2 \text{ (Basiswinkelsatz)}$$

Setzt man

$$\alpha = \gamma_1 \text{ und } \beta = \gamma_2$$

in die obige Gleichung ein, so erhält man:

$$\gamma_1 + \gamma_2 + \gamma = 180°$$
$$\Rightarrow \quad \gamma + \gamma = 180°$$
$$\Rightarrow \quad \gamma = 90°$$

Aufgaben

(8) Ein rechtwinkliges Dreieck ABC mit dem rechten Winkel bei C habe eine Hypotenuse der Länge 8 cm. Die Seite b sei 5 cm lang. Zeichnen Sie das Dreieck nur mit Zirkel und Lineal.

(9) p und q seien zwei positive reelle Zahlen. Zeigen Sie:

$$\sqrt{p \cdot q} \le \frac{p + q}{2}$$

Hinweis: Zeichnen Sie eine Strecke [AB] der Länge (p + q) cm. Zeichnen Sie den Thaleskreis über [AB]. Zeichnen Sie in den Kreis ein rechtwinkliges Dreieck ein, das die beiden Hypotenusenabschnitte p und q hat.

(10) ABCD sei ein Viereck, dessen Eckpunkte A, B, C, D auf einem Kreis mit Mittelpunkt M liegen (derartige Vierecke nennt man *Sehnenvierecke*). Die Diagonalen [AC] und [BD] verlaufen durch M. Zeigen Sie: ABCD ist ein Rechteck.

2.4 Winkel im Viereck

Satz 13 (Satz über die Winkelsumme im Viereck)

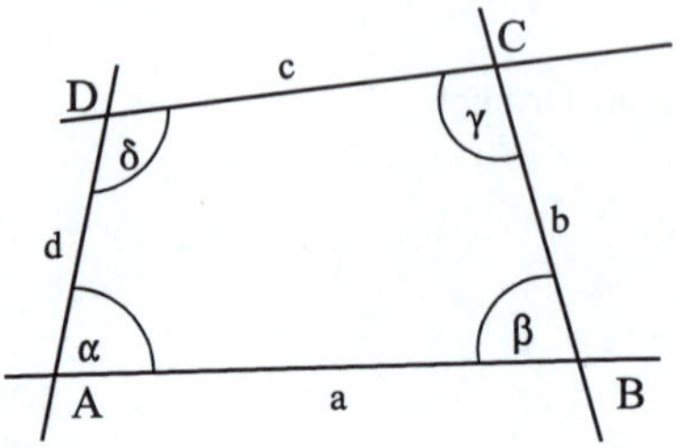

ABCD sei ein Viereck mit den Winkeln α, β, γ, δ. Dann gilt: Die Winkelsumme im Viereck beträgt $360°$.

Aufgabe

(11) Beweisen Sie Satz 13.

Im folgenden kommen wir zu einem speziellen Viereck, dem *Parallelogramm.*

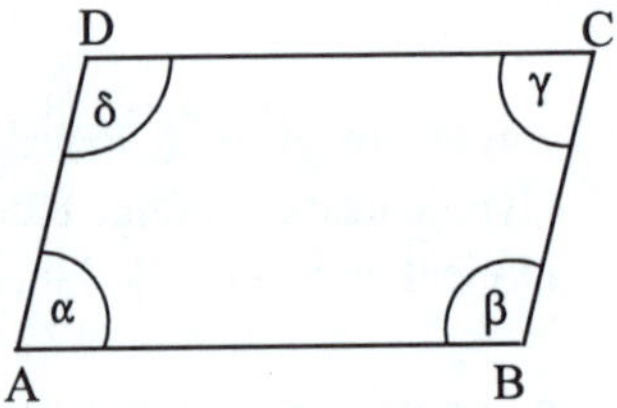

Definition 8 (Parallelogramm)
Ein Viereck ABCD heißt *Parallelogramm* genau dann, wenn die sich gegenüberliegenden Seiten jeweils zu einander parallel sind.

Satz 14 (Winkel im Parallelogramm)
ABCD sei ein Parallelogramm. Dann gilt:

- Gegenwinkel sind gleich groß, d.h. $\alpha = \gamma$ und $\beta = \delta$.
- Benachbarte Winkel ergänzen sich zu $180°$, d.h. $\alpha + \delta = 180°$, $\alpha + \beta = 180°$, $\beta + \gamma = 180°$ und $\gamma + \delta = 180°$.

Aufgabe

(12) a) Beweisen Sie Satz 14.
b) Zeigen Sie, daß die Winkelhalbierenden des Parallelogramms ein Rechteck einschließen.

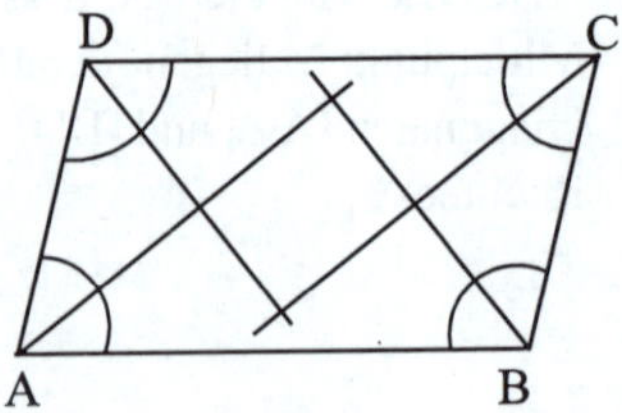

2.5 Umkehrungen verschiedener Sätze

Satz 15 (Umkehrung des Thalessatzes)
Seien A, B Punkte mit A ≠B. Sei C ein weiterer Punkt. Dann gilt: Wenn der Winkel ∢ ACB ein Rechter ist, dann liegt der Punkt C auf dem Halbkreis über [AB].

Vorüberlegung
Die Voraussetzung bei diesem Satz ist, daß der Winkel über dem Halbkreis ein Rechter ist, also 90° beträgt. Zu zeigen ist, daß der Scheitel C des Winkels auf dem Halbkreis über [AB] liegt. Wir führen den Beweis indirekt, indem wir annehmen, daß der Punkt C nicht auf dem Halbkreis liegt. Diese Annahme werden wir dann zu einem Widerspruch führen.

Beweis
Sei $\beta = \sphericalangle ACB$ (vgl. auch die Abbildung auf der nächsten Seite). Dann gilt laut Voraussetzung $\beta = 90°$.
Indirekte Annahme: C liegt nicht auf dem Halbkreis.
Hierbei sind zwei Fälle zu unterscheiden:

(1) C liegt außerhalb des Halbkreises
(2) C liegt innerhalb des Halbkreises

Zu (1)
Wir verbinden den Punkt A mit dem Punkt C, Schnittpunkt dieser Geraden mit dem Halbkreis ist C'. Nach dem Satz des Thales ist nun $\gamma = 90°$. Ebenso gilt dann für den Nebenwinkel γ': $\gamma' = 90°$.

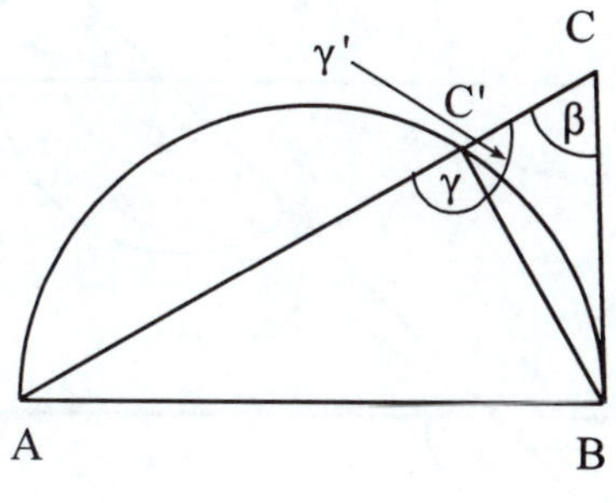

Wir betrachten nun das Dreieck CC'B: Aus $\beta = 90°$ (nach Voraussetzung) und $\gamma' = 90°$ (nach Konstruktion) ergibt sich, daß die Winkelsumme in diesem Dreieck größer als 180° ist. Dies steht im Widerspruch zum Satz über die Winkelsumme im Dreieck.

Aufgaben

(13) Führen Sie den Beweis von Satz 15 für den Fall (2) durch.

(14) In einen Kreis sei ein Viereck so einbeschrieben, daß die Diagonale [AC] durch den Mittelpunkt verläuft. Die Länge der Diagonale sei x cm.
Zeigen Sie: $r^2 + s^2 + t^2 + u^2 = 2x^2$

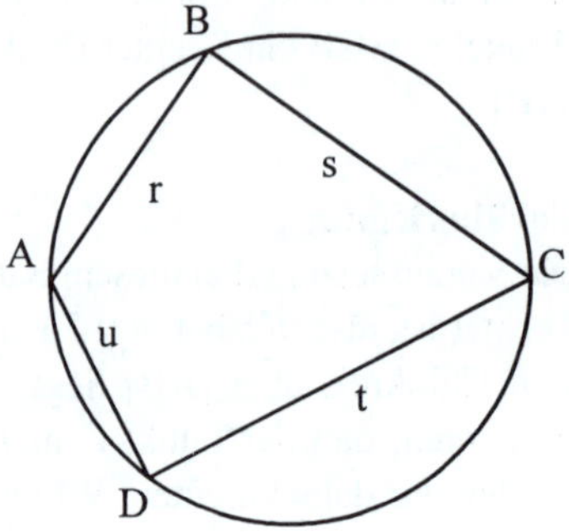

Satz 16 (Umkehrung des Stufenwinkelsatzes)
p und q seien zwei verschiedene Geraden. g sei eine Gerade, die p in dem Punkt P und q in dem Punkt Q schneidet. α und β seien Stufenwinkel. Dann gilt: Wenn die Stufenwinkel gleich sind, dann sind die geschnittenen Geraden p und q parallel.

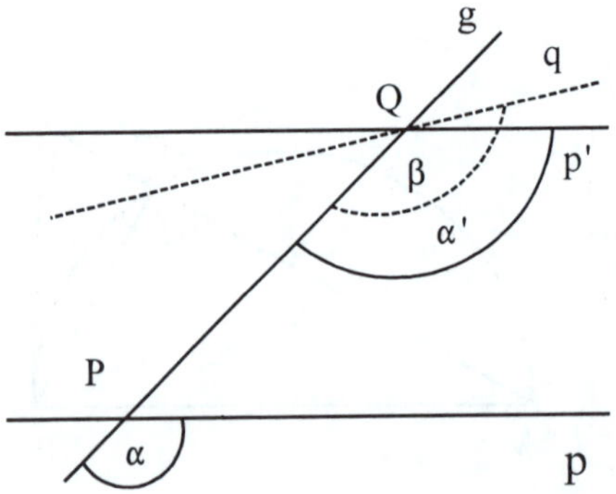

Vorüberlegung
Die Voraussetzung ist, daß die Stufenwinkel α und β gleich sind. Zu zeigen ist, daß die Geraden p und q parallel sind.

Beweis
Wir führen den Beweis indirekt und nehmen an, q sei unter den gegebenen Voraussetzungen *nicht* parallel zu p.
Wir zeichnen die Parallele p' zu p durch Q. α' sei der dabei neu entstehende Winkel gemäß Skizze.

Es gilt nun:

(1) $\alpha = \beta$ (nach Voraussetzung)

(2) $\alpha' = \alpha$ (Stufenwinkelsatz)

$\Rightarrow \quad \alpha' = \beta$

Weiter gilt:
Die Schenkel p' und q von α' und β verlaufen beide durch den Punkt Q und haben den auf g liegenden Schenkel gemeinsam. Da α' und β gleich groß sind, müssen dann auch die anderen beiden Schenkel übereinstimmen. Also gilt:

$$p' = q.$$

Da nach Konstruktion p' parallel p ist, folgt

q parallel p,

im Widerspruch zur Annahme. Also war die Annahme, q sei *nicht* parallel zu p, falsch.

Satz 17 (Umkehrung des Wechselwinkelsatzes)
p und q seien zwei verschiedene Geraden. Sei g eine Gerade, die p in dem Punkt P und q in dem Punkt Q schneidet. α und γ seien Wechselwinkel. Dann gilt: Wenn die Wechselwinkel α und γ gleich sind, dann sind die geschnittenen Geraden p und q parallel.

Aufgabe

(15) Beweisen Sie Satz 17.

2.6 Winkel im Kreis: Umfangswinkel und Mittelpunktswinkel

Bevor wir auf den Umfangswinkel und den Mittelpunktswinkel eingehen, wollen wir erst noch einige in diesem Zusammenhang wichtige Begriffe am Kreis klären.

Definition 9 (Sekante; Sehne; Radius; Sehnenviereck)
Eine *Sekante* ist eine Gerade, die den Kreis in zwei Punkten schneidet.
Sehne wird das innerhalb des Kreises liegende Stück einer Sekante genannt.
Der *Radius* ist die Verbindungsstrecke eines Umfangspunktes mit dem Mittelpunkt des Kreises.
Ein Viereck ABCD heißt *Sehnenviereck* genau dann, wenn A, B, C, und D auf einem Kreis liegen.

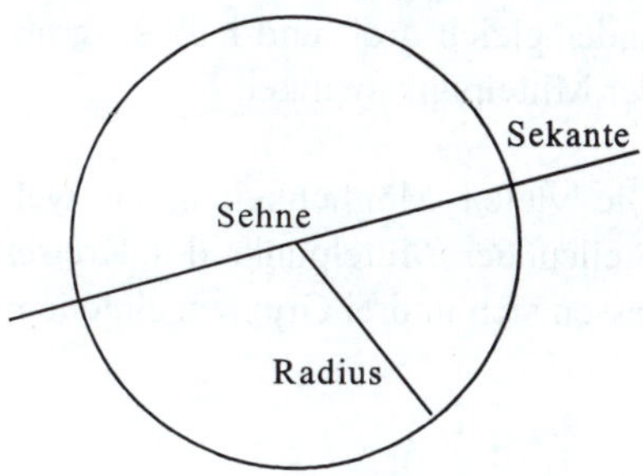

Definition 10 (Umfangswinkel; Mittelpunktswinkel)

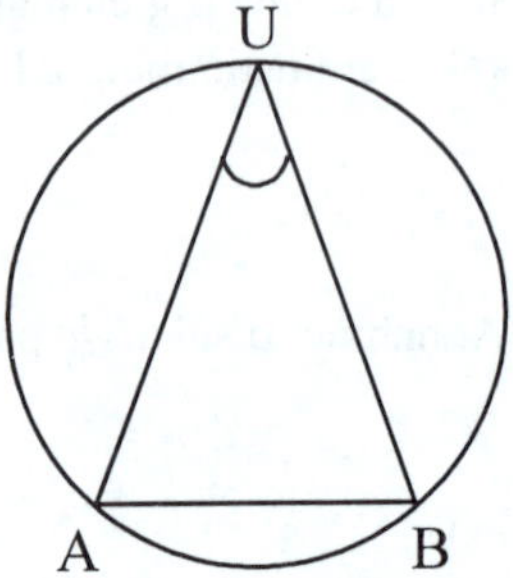

Umfangswinkel

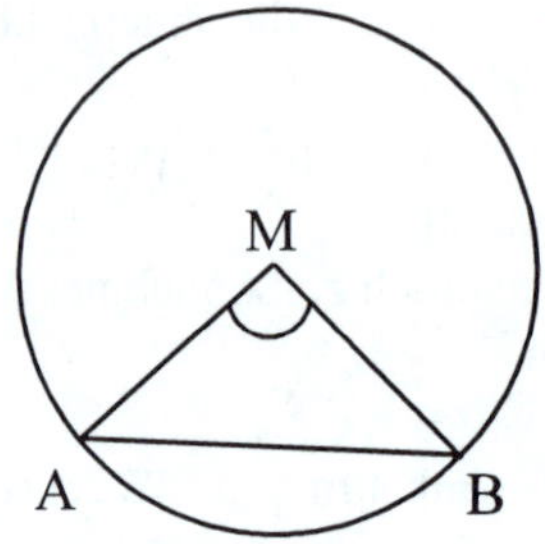

Mittelpunktswinkel

Sei [AB] Sehne eines Kreises. Sei U ein Punkt auf diesem Kreis, der von A und B verschieden ist. Dann heißt der Winkel ∢(AUB) *Umfangswinkel über [AB]*. Der Winkel ∢(AMB) heißt *Mittelpunktswinkel über [AB]*.
Der Umfangswinkel wird auch *Peripherie*- oder *Radwinkel* genannt. Sein Scheitelpunkt liegt auf dem Kreis und die Schenkel sind Sehnen.
Der Mittelpunktswinkel wird auch *Zentriwinkel* genannt.

Im folgenden gehen wir auf einen Satz ein, der die Beziehungen zwischen Umfangswinkel und Mittelpunktswinkel darstellt:

Satz 18 (Umfangswinkelsatz)
Umfangswinkel, die zum gleichen Mittelpunktswinkel gehören, sind alle untereinander gleich groß und halb so groß wie der Mittelpunktswinkel.

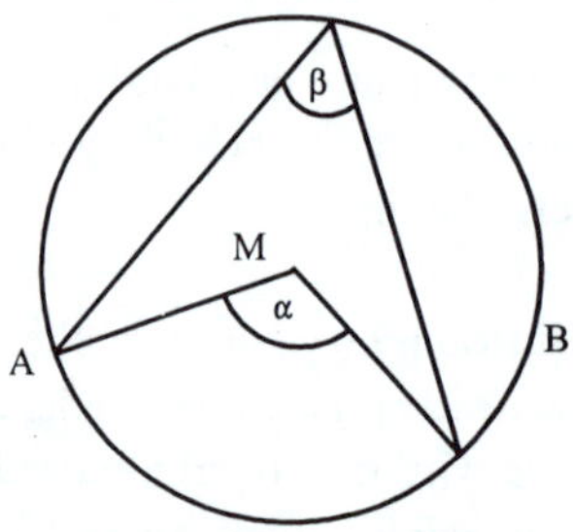

Bild 1

Die vielen Möglichkeiten, an welchen Stellen der Mittelpunkt des Kreises bezüglich des Umfangswinkels liegt, lassen sich in drei Gruppen einteilen:

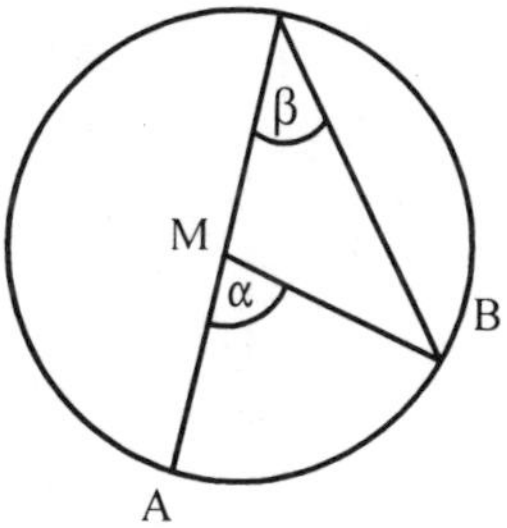

Bild 2: Mittelpunkt auf einem der Schenkel

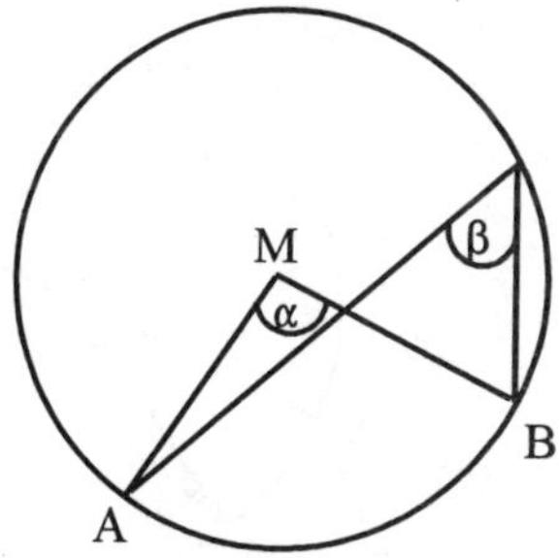

Bild 3: Mittelpunkt außerhalb der Schenkel

(1) Der Mittelpunkt liegt auf einem der Schenkel (Bild 2).
(2) Der Mittelpunkt liegt zwischen den Schenkeln des Umfangswinkels (Bild 1).
(3) Der Mittelpunkt liegt außerhalb der Schenkel des Umfangswinkels (Bild 3).

Wir behandeln im folgenden nur den ersten und den dritten Fall. Der zweite Fall ist eine Übungsaufgabe.

Beweis zu (1)

Es gilt:

$$\alpha + \alpha' = 180°$$

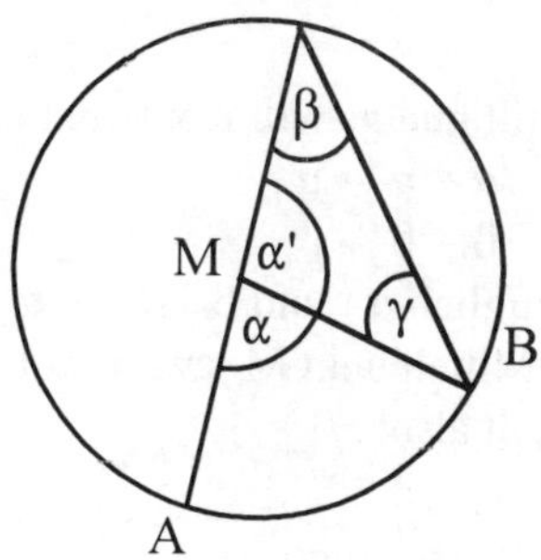

Weiterhin gilt:

$$\alpha' + \beta + \gamma = 180°$$

$$\Rightarrow \quad \alpha' + \beta + \gamma = \alpha + \alpha'$$

$$\Rightarrow \quad \beta + \gamma = \alpha$$

Aufgrund des Basiswinkelsatzes gilt:

$$\beta = \gamma$$

$$\Rightarrow \quad 2\beta = \alpha$$

$$\Rightarrow \quad \beta = \frac{\alpha}{2}$$

Vorüberlegung zum Beweis zu (3)

Wir überlegen, wie wir die Figur so ergänzen können, daß wir das Ergebnis des ersten Falles nutzen können. Dafür genügt eine einfache *Hilfslinie*:

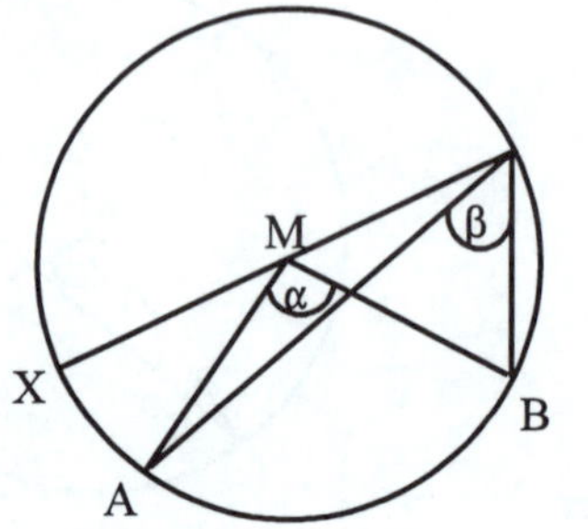

Wenn wir genau hinschauen, entdecken wir *zwei* Figuren, auf die wir das Ergebnis des ersten Falles anwenden können.

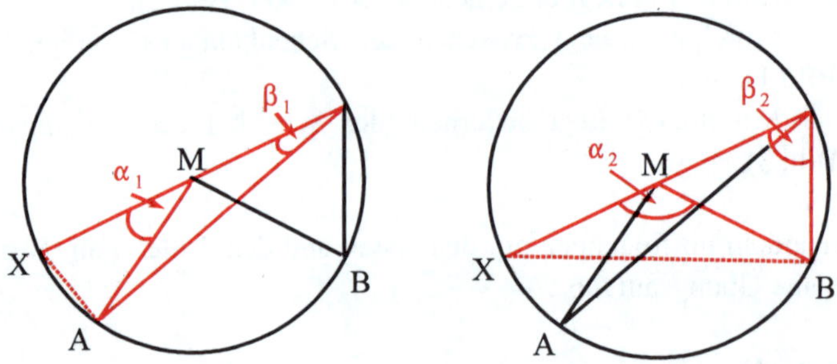

Es gilt nun gemäß Konstruktion:

$\alpha = \alpha_2 - \alpha_1$

$\beta = \beta_2 - \beta_1$

Bezüglich α_1 und β_1 sowie α_2 und β_2 liegt die Situation von Fall (1) vor, da der Mittelpunkt M jeweils auf einem d er Schenkel liegt.

Es gilt also:

$$\beta_1 = \frac{\alpha_1}{2} \text{ und } \beta_2 = \frac{\alpha_2}{2} .$$

Daraus folgt: $\beta = \frac{\alpha}{2}$

Aufgaben

(16) Beweisen Sie die Aussage für den Fall (2).

(17) ABCD sei ein Sehnenviereck. Zeigen Sie, daß sich die gegenüberliegenden Winkel jeweils zu 180° ergänzen.

(18) a) Wie viele Schnittpunkte können die vier Winkelhalbierenden eines Parallelogramms haben?
b) Ist es möglich, daß die vier Winkelhalbierenden genau einen Schnittpunkt haben?

(19) α und β seien Nebenwinkel an der Geraden g. m und n seien die Winkelhalbierenden dieser beiden Winkel. Zeigen Sie, daß m und n senkrecht aufeinander stehen.

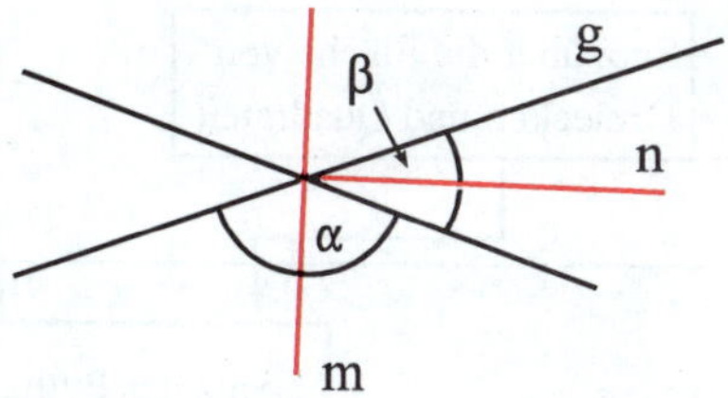

3 Analyse

3.1 Übersichten

Der Zusammenhang der in den vorigen beiden Abschnitten bewiesenen Sätze läßt sich wie folgt graphisch darstellen. Dabei stehen oberhalb des schwarzen Balkens Sätze, die in diesem Aufbau nicht bewiesen werden.
Derartige Sätze, die unbewiesen bleiben, deren Gültigkeit wir aber annehmen, nennen wir *Axiome*.

Satzgruppe des Pythagoras

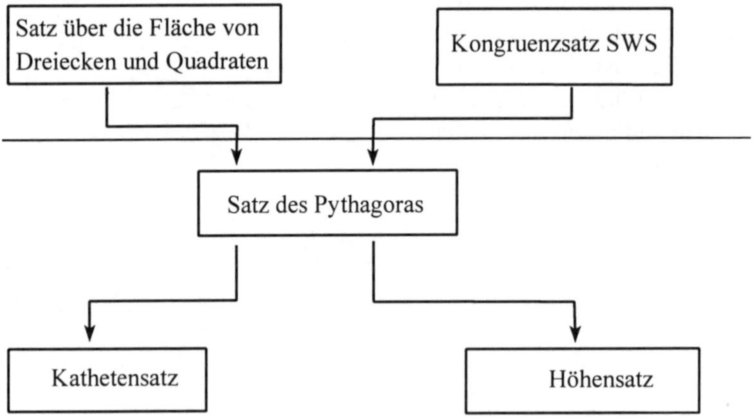

Aufgabe

(20) a) Beschreiben Sie weitere Konstruktionsprinzipien dieser Übersicht sowie der Übersicht auf der folgenden Seite.

b) Man kann die folgende *Regel für das Beweisen* aufstellen:

Beim Beweisen darf man nur solche Sätze benutzen, die zuvor bewiesen wurden.

Begründen Sie, warum man bei der exakten Beachtung ausschließlich dieser Regel Schwierigkeiten bekommt.
Erklären Sie die Notwendigkeit der Einführung von Axiomen.

Winkelsätze

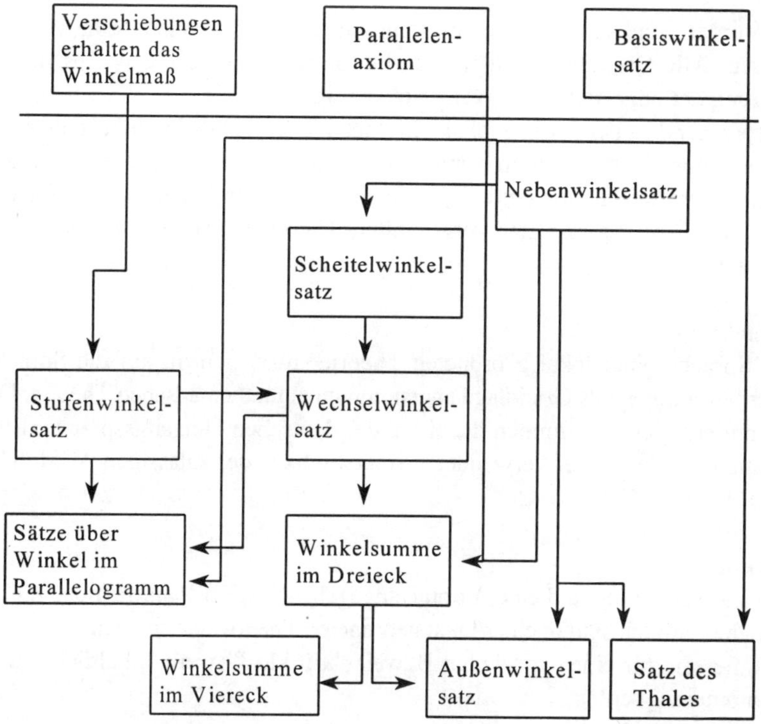

3.2 Lokal geordnete Theorien

In der Mathematik ist das Bild des Beweises relativ scharf umrissen. Letztlich geht es stets darum, einen zuvor als wahr erkannten Sachverhalt gemäß gewisser Standards zu begründen. Die Standards betreffen u.a. die Ausführlichkeit der Beweisführung sowie die Darstellung der dem Beweis zugrundeliegenden Theorie und können in unterschiedlichen mathematischen Disziplinen unterschiedlich ausfallen.

In den in den vorigen Kapiteln vorgestellten kleinen "Theorien" haben wir uns bewußt für einen Aufbau entschieden, der gewisse Lücken enthielt. In Anlehnung an einen Begriff von Freudenthal sprechen wir bei unseren Beispielen von *lokal geordneten Theorien*. Freudenthal [7] sagt dazu:

"Man analysiert die geometrischen Begriffe bis zu einer recht willkürlichen

Grenze, sagen wir, bis zu dem Punkt, wo man von den Begriffen mit dem bloßen Auge sieht, was sie bedeuten, und von den Sätzen, daß sie wahr sind."

Im Vordergrund solcher Theorien steht ein Beweis oder eine Reihe von Beweisen. Alle Grundlegungen werden nur so weit entwickelt, wie es für die Führung der angestrebten Beweise notwendig ist.
Entsprechend ist der Aufbau lokal geordneter Theorien dadurch gekennzeichnet, daß nur die zum Führen bestimmter vorgegebener Beweise notwendigen Einzelheiten der Theorie eindeutig festgelegt sind. Wir beleuchten im folgenden für einige Aspekte der vorgestellten Theorien, was dies im einzelnen bedeutet.

Sprache
Die Sprache einer lokal geordneten Theorie stützt sich oft auf die Sprache einer bestimmten, als Grundlage angenommenen mathematischen Theorie. Die Formulierungen entstammen dabei i.a. der deutschen Umgangssprache. Eine genaue Erläuterung der verwendeten Begriffe bzw. der zulässigen Ausdrücke unterbleibt.

Axiome
Explizit werden oft gar keine Axiome angegeben - weder logische noch nichtlogische. Implizit sind in einer lokal geordneten Theorie alle solchen Aussagen Axiome, die für einen speziellen Beweis "kritiklos" (weil "inhaltlich klar") übernommen werden.

Definitionen
Nur die unbedingt notwendigen Begriffe werden explizit definiert. Definieren heißt dabei nicht immer "definieren im mathematischen Sinn". Es kann durchaus auch eine "Definition" gegeben werden, die aus vielen Beispielen zum intendierten Begriff besteht.
Das Verständnis von Begriffen kann oft auch der "Intuition" überlassen bleiben oder auf (angenommene) Vorkenntnisse der Leserinnen und Leser zurückgreifen.

Aufgabe

(21) Suchen Sie in den vorangegangenen Kapiteln Beispiele für Begriffe, die undefiniert bleiben.

Schlußregeln
In gewissen, inhaltlich problemlosen Fällen können neben den logisch korrekten Schlüssen auch solche heuristischer Art vorkommen. Es ist also denkbar, daß z.B. aus der Überprüfung einiger Beispiele auf eine größere Gesamtheit geschlossen wird. In diesem Fall spricht man von *unvollständiger Induktion*.

Aufgabe

(22) Kommen in den vorigen beiden Abschnitten Schlüsse durch unvollständige Induktion vor?
Suchen Sie auch im Kapitel II (Parkettierungen und Bandornamente) nach Schlüssen mittels unvollständiger Induktion.

Beweise
Es gibt keine explizit formale Festlegung, welche sprachlichen Gebilde Beweise sind und welche nicht. Tatsächlich benutzen Beweise oft "Hilfssätze", die selbst nicht bewiesen werden. Dabei kann es sein, daß explizit ein bestimmter benutzter Satz erwähnt wird, der früher eingeführt wurde (eventuell auf rein induktivem Weg, ohne Beweis), es ist aber durchaus auch möglich, daß ein bestimmter Sachverhalt implizit benutzt wird, ohne daß dies überhaupt erwähnt wird. Der Beweis enthält jedoch stets die für die Beweisidee relevanten Schritte in exakter Form. Alle Sachverhalte, die nicht im Zentrum des Interesses stehen, können dagegen unbewiesen bleiben.

Aufgabe

(23) Suchen Sie in diesem und den vorigen Kapiteln Beweise, die mit unvollständig oder gar nicht bewiesenen Hilfssätzen arbeiten.

3.3 Axiomatische Theorien

Das in den ersten beiden Abschnitten dieses Kapitels gewählte Vorgehen im Rahmen einer lokal geordneten Theorie kann für "gründliche" Leser/innen unbefriedigend sein.

- Der Sinn mancher Begriffe wird vielleicht als unklar empfunden; beim Versuch, solche Begriffe exakt zu definieren, können sich neue Schwierigkeiten ergeben. Vielleicht stellt sich sogar heraus, daß dafür weitere, neue Begriffe benötigt werden.
- Einige Beweise greifen auf unbewiesene Sätze zurück (z.B. wird der *Basis-*

winkelsatz benutzt, aber nicht bewiesen). Beim selbständigen Beweisversuch zeigt sich, daß weitere Vorkenntnisse benötigt werden.

Es ist grundsätzlich möglich, solche Lücken zu schließen. Dazu ist erforderlich, daß eine vollständige Liste aller verwendeten Begriffe aufgestellt wird. Diese Liste ist so zu "sortieren", daß man mit möglichst einfachen Begriffen beginnt.
Diese Begriffe, die "intuitiv" verständlich sein müssen, heißen *Grundbegriffe* und werden nicht weiter definiert. Alle weiteren neuen Begriffe müssen *definiert* werden. Dabei darf man beim Definieren benutzen:
- Grundbegriffe und
- vorher definierte Begriffe.

Auch beim *Beweisen* kommt man nicht ohne Sätze aus, die unbewiesen bleiben. Hier ist besonders sorgfältig zu überlegen, welche Sätze man unbewiesen benutzen will. Diese Sätze - die dann *Axiome* heißen - sollten anschaulich unmittelbar einsichtig sein.
Alle anderen Sätze müssen bewiesen werden. Ganz analog zum Definieren darf man beim Beweisen benutzen:
- Axiome und
- vorher bewiesene Sätze.

Theorien, die diesen Bedingungen genügen, nennt man *axiomatische Theorien.*

Das folgende abschließende Kapitel V zeigt exemplarisch ein "kleines" Beispiel für eine solche axiomatische Theorie. Es enthält einen Aufbau der Geometrie bis zu den Kongruenzsätzen. Als ein Ergebnis dieses Kapitels erhalten wir den Basiswinkelsatz, der in diesem vierten Kapitel unbewiesen geblieben war.

V Axiomatische Geometrie

1 Vorbemerkung

In diesem Teil des Buches zeigen wir, welches Gesicht die Geometrie bekommt, wenn sie "von Grund auf aufgebaut wird". Auch hier legen wir besonderen Wert auf die Behandlung der Frage, *wie* man die einzelnen Beweise selbst führen kann. Häufig wird der Beweisweg in *Rückblicken* noch einmal überdacht.

Ein axiomatischer Aufbau, bei dem jeder Satz lückenlos bewiesen wird, ist technisch anspruchsvoll. Seine konsequente Ausführung führt zu Texten, die in der Regel für Studierende unverständlich und langweilig sind. Der Aufbau dieses Teils geht deshalb einen anderen Weg, für den die Anlage in drei "Schichten" charakteristisch ist:

- Eine erste Schicht (Abschnitt 2 bis Abschnitt 7) enthält einen kurzen axiomatischen Aufbau der Geometrie bis zu den Kongruenzsätzen. Hier werden nur zentrale Sätze mit klar vermittelbaren Beweis-Ideen bewiesen. Anschaulich klare Sätze mit eher "technischen" Beweisen werden formuliert, bleiben aber unbewiesen.
  Den Forderungen an einen axiomatischen Aufbau der Theorie wird insoweit Rechnung getragen, daß alle derartigen Lücken klar gekennzeichnet sind.
  Diese Schicht ist so konzipiert, daß ihre Inhalte von Studierenden der Primarstufe, die Mathematik nicht als Schwerpunktfach haben, bewältigt werden können.[1]
  Insbesondere ist es für das Verständnis nicht erforderlich, daß die nachfolgenden beiden Schichten behandelt werden.
- Die zweite Schicht (Abschnitt 8, Abschnitt 9) enthält ergänzende Sätze über die Relation *steht senkrecht auf* sowie den Nachweis, daß jede Kongruenz-Abbildung sich aus höchstens drei Spiegelungen zusammensetzt. Dieser Teil ist eher für Studierende mit Mathematik als Schwerpunktfach geeignet.
  Die Behandlung dieser zweiten Schicht setzt voraus, daß die darüber liegende erste Schicht bearbeitet wurde.
  Auch in dieser Schicht bleiben Sätze mit eher technischem Charakter unbewiesen.
- Die dritte Schicht (Abschnitt 10) schließlich enthält die in den ersten beiden Schichten unbewiesen gebliebenen Sätze.

Von den vielen möglichen Axiomensystemen erschien uns das im Buch von

---

[1] Erfahrungen in Münster haben gezeigt, daß die erste Schicht in sieben bis acht Vorlesungsdoppelstunden behandelt werden kann.

Mitschka/Strehl [13] für unsere Zwecke besonders geeignet. Aus diesem Buch wurde auch eine Reihe von Bezeichnungen - etwa für Halbgeraden und Strahlen - übernommen.[2]

2 Verknüpfung und Parallelität

Wir nehmen eine Menge ***E***, die Ebene, als Ausgangspunkt unserer Überlegungen. Die Elemente P, Q, ...von ***E*** heißen *Punkte*. Ferner werden bestimmte Teilmengen g, h, ... von ***E*** als *Geraden* bezeichnet.
Mit der ersten Gruppe von Axiomen, den sogenannten *Inzidenz-Axiomen*, werden einige Grundeigenschaften bzw. Grundbeziehungen zwischen Punkten und Geraden festgelegt.

Inzidenz-Axiome

V1

Zu zwei beliebigen, aber verschiedenen Punkten P und Q gibt es genau eine Gerade g mit $P \in g$ und $Q \in g$.

V2

Jede Gerade g enthält mindestens zwei verschiedene Punkte P und Q.

V3

Es gibt mindestens drei verschiedene Punkte P, Q und R, die nicht ein und derselben Geraden angehören.
(Anmerkung: Man sagt auch, die drei Punkte P,Q und R sind *nichtkollinear.*)

Mit diesen wenigen Axiomen sind einerseits Eigenschaften beschrieben, die für die uns vertrauten Geraden in der uns vertrauten "Zeichen-Ebene" gelten. Andererseits gibt es viele ungewohnte Beispiele.

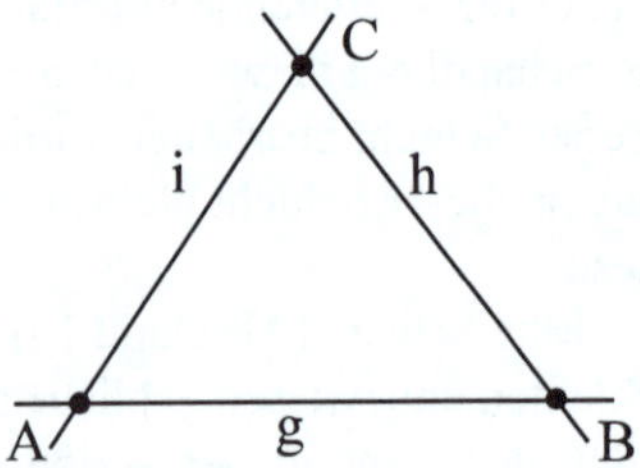

2 Seit 1998 ist das Buch wieder im Handel erhältlich: Mitschka/Strehl/Hollmann [14].

Beispiel 1
E = {A, B, C}
g = {A, B}
h = {B, C}
i = {A, C}

Wir sehen, daß in diesem Beispiel auf jeder Geraden genau zwei Punkte liegen, wodurch V2 erfüllt ist.

Weiterhin gibt es zu zwei verschiedenen Punkten immer genau eine Gerade: g = {A, B}, h = {B, C}, i = {A, C}, so daß auch das Axiom V1 erfüllt ist. Das Axiom V3 ist in diesem Beispiel dadurch erfüllt, daß die Punkte A, B und C nicht auf ein und derselben Geraden liegen, sondern lediglich immer nur zwei verschiedene Punkte auf ein und derselben Geraden liegen.
Zusammenfassend läßt sich also sagen, daß dieses Beispiel die Axiome V1 bis V3 erfüllt. Derartige Beispiele werden wir im folgenden auch *Modell* für die Axiome V1, V2, V3 nennen.
Es handelt sich bei diesem Beispiel sogar um die kleinstmögliche Ebene und ihre Geraden, da es nur genau drei verschiedene, nichtkollineare Punkte gibt und da jede Gerade nur aus genau zwei Punkten besteht.

Beispiel 2
E = {A, B, C, D}
g = {A, B}
h = {B, C}
i = {C, D}
j = {D, A}
k = {D, B}
l = {A, C}

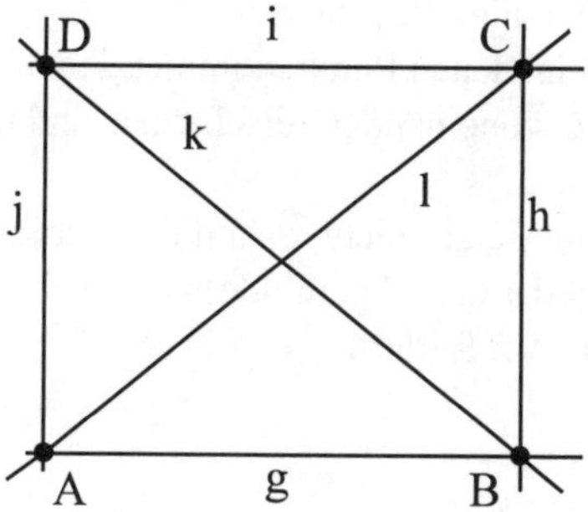

Auch dieses Beispiel erfüllt die Axiome V1 bis V3 und ist deshalb ein Modell für dieses Axiomen-System, da es zu zwei verschiedenen Punkten immer genau eine Gerade gibt: g = {A, B}, h = {B, C}, i = {C, D}, j = {D, A}, k = {D, B}, l = {A, C}, da jede Gerade mindestens zwei verschiedene Punkte enthält, und da die Punkte A, B, C und D nicht alle auf ein und derselben Gerade liegen.

Beispiel 3
E = {A, B}

g = {A, B}

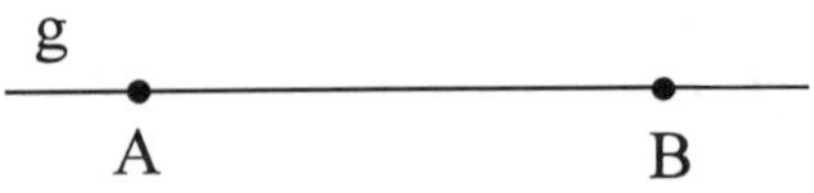

In diesem Beispiel gelten die Axiome V1 und V2, aber nicht das Axiom V3, da es nur zwei verschiedene Punkte gibt und es somit nicht mindestens drei verschiedene Punkte geben kann, die nicht auf ein und derselben Gerade liegen.
Das Axiom V1 gilt, da es zu den beiden Punkten A und B genau eine Gerade gibt, auf der die beiden Punkte liegen. Das Axiom V2 gilt, da auf der Geraden g die Punkte A und B liegen.

Beispiel 4
E = {A, B, C}
g = {A, B}
h = {B, C}
i = {A, C}
k = {C}

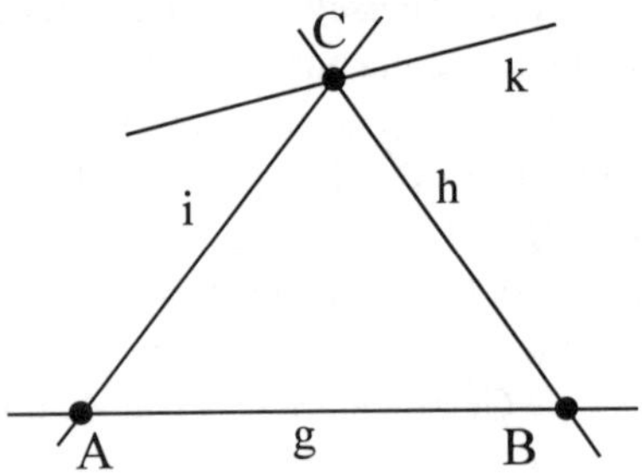

In diesem Beispiel gelten die Axiome V1 und V3, da es zu zwei verschiedenen Punkten immer genau eine Gerade gibt und da die Punkte A, B und C voneinander verschieden sind und nicht ein und derselben Geraden angehören.
Das Axiom V2 gilt nicht, da auf der Geraden k nur der Punkt C liegt und somit nicht auf jeder Geraden mindestens zwei verschiedene Punkte liegen, wie dies das Axiom V2 fordert.

Beispiel 5
E = {A, B, C}
h = {A, B}
i = {A, C}

Dieses Beispiel erfüllt die Axiome V2 und V3, da jede Gerade mindestens zwei verschiedene Punkte enthält, und da die Punkte A, B und C voneinander verschieden sind und nicht ein und derselben Geraden angehören. Das Axiom V1 ist nicht erfüllt, da es zu den Punkten B und C keine verbindende Gerade gibt.

Dieses Axiomensystem, so "klein" es auch ist, läßt bereits den Beweis einer vertrauten Eigenschaft von Geraden zu:

Satz 1
Sei ***E*** eine Ebene, in der die Geraden g und h liegen. Es sei g $\neq$ h. Dann gilt: g und h haben entweder genau einen Punkt P gemeinsam (d. h., "sie schneiden sich in P"), oder sie haben überhaupt keinen gemeinsamen Punkt.

Vorüberlegung
Bevor wir mit dem eigentlichen Beweis beginnen, müssen wir uns erst einmal darüber klar werden, was überhaupt bewiesen werden soll und wie wir dies beweisen können.

Voraussetzung für den Beweis ist, daß g $\neq$ h gilt. g und h sollen also *verschieden* sein.
Nun müssen wir zeigen, daß g und h sich entweder in genau einem Punkt schneiden oder aber keinen Punkt gemeinsam haben.

Das "*entweder-oder*" des Satzes wird im Beweis dadurch erfaßt, daß wir *zwei Fälle* untersuchen:

(1) Die beiden Geraden g und h schneiden sich nicht; d.h. $g \cap h = \emptyset$.

(2) Die beiden Geraden g und h schneiden sich; d.h. $g \cap h \neq \emptyset$.

Nun zum eigentlichen Beweis:

Beweis
Wir nehmen gemäß der Voraussetzung an, daß g $\neq$ h ist.

(1) $g \cap h = \emptyset$

Wenn $g \cap h = \emptyset$ ist, so ist nichts weiter zu zeigen, denn dann haben die Geraden g und h keinen Punkt gemeinsam. Dies war bereits der erste Teil des Beweises, indem wir das ". . . oder aber keinen Punkt gemeinsam" gezeigt haben.

(2) $g \cap h \neq \emptyset$

$g \cap h \neq \emptyset$ bedeutet, daß die Geraden g und h mindestens einen gemeinsamen Punkt haben . Dabei sei P ein solcher gemeinsamer Punkt der beiden Geraden g und h, d.h. $\{P\} \subseteq g \cap h$.
Nun muß noch gezeigt werden, daß die Geraden g und h außer P keinen weite-

ren Schnittpunkt haben. Dies wird in Form eines indirekten Beweises gezeigt: Wir nehmen jetzt an, es gäbe einen weiteren Punkt $Q \in g \cap h$ mit $P \neq Q$. Dann gilt: $Q, P \in g$ und $Q, P \in h$. Nach dem Axiom V1 folgt dann, daß $g = h$ ist, da es zu zwei verschiedenen Punkten P und Q immer genau eine Gerade gibt. Die Tatsache, daß $g = h$ ist, steht aber im Widerspruch zur Voraussetzung, da wir ja davon ausgegangen sind, daß die Geraden g und h voneinander verschieden sind. Da also unsere Annahme zu einem Widerspruch geführt werden konnte, wurde in diesem zweiten Fall indirekt bewiesen, daß zwei verschiedene und sich schneidende Geraden *genau einen* Punkt gemeinsam haben.

Nun zurück zum **Beispiel 2**.

Beispiel 2
$\boldsymbol{E} = \{A, B, C, D\}$
$g = \{A, B\}$
$h = \{B, C\}$
$i = \{C, D\}$
$j = \{D, A\}$
$k = \{D, B\}$
$l = \{A, C\}$

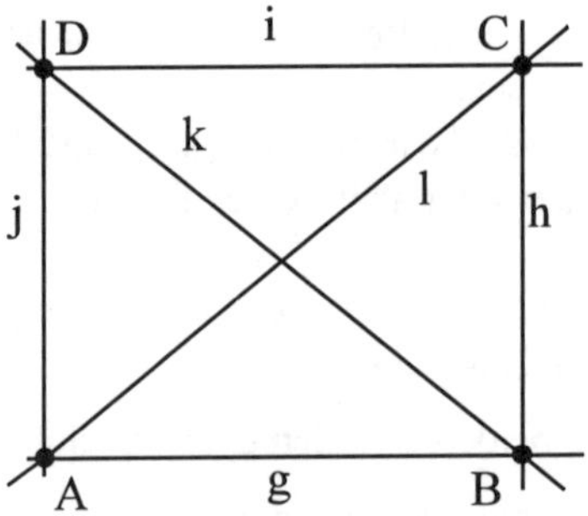

Sieht man sich die Zeichnung an, so kann man erkennen, daß die Gerade g zu der Geraden i, die Gerade h zu der Geraden j und die Gerade k zu der Geraden l in dem Sinn parallel ist, daß

$g \cap i = \varnothing, \qquad h \cap j = \varnothing, \qquad k \cap l = \varnothing.$

Die Tatsache, daß hier die Geraden k und l parallel zueinander sind, widerspricht unserer sonst üblichen Vorstellung von Parallelität. Allerdings ist hierbei zu beachten, daß Geraden in unserem bisherigen Begriffssystem dadurch gekennzeichnet sind, daß sie zwischen Punkten verlaufen, d.h. die Gerade k beinhaltet lediglich die Punkte B und D und sonst keinen weiteren Punkt. Somit ist die Überschneidung zwischen den Geraden und l kein Punkt, sondern lediglich eine Überschneidung in der Zeichenebene. Stellt man sich die Geraden hingegen als “Leinen” und die Punkte als “Pflöcke” vor, so verlaufen die Leinen über- bzw. untereinander her. Anders ausgedrückt heißt dies, daß bis zum jetzigen Stand zwei Geraden immer dann parallel sind, wenn sie keinen gemeinsamen “Pflock” haben.

Um “Überkreuzungen von Geraden” von “echten” Punkten zu unterscheiden, werden in diesem Abschnitt Punkte stets durch kleine gefüllte Kreise ● dargestellt.

Ausgehend von diesem Beispiel kommen wir jetzt zu einer vertrauten Definition von Parallelität:

Definition 1 (Parallelität)
Seien g und h zwei verschiedene Geraden.
Dann gilt: die Gerade g ist *parallel* zu der Geraden h genau dann, wenn die Geraden keinen gemeinsamen Punkt haben, wenn also die Schnittmenge beider Geraden leer ist.

Formal ausgedrückt lautet die Aussage folgendermaßen:

Für alle Geraden g und h gilt: (g parallel h $:\Leftrightarrow g \cap h = \emptyset$)

Beispiel 6
E = {A, B, C, D, E}

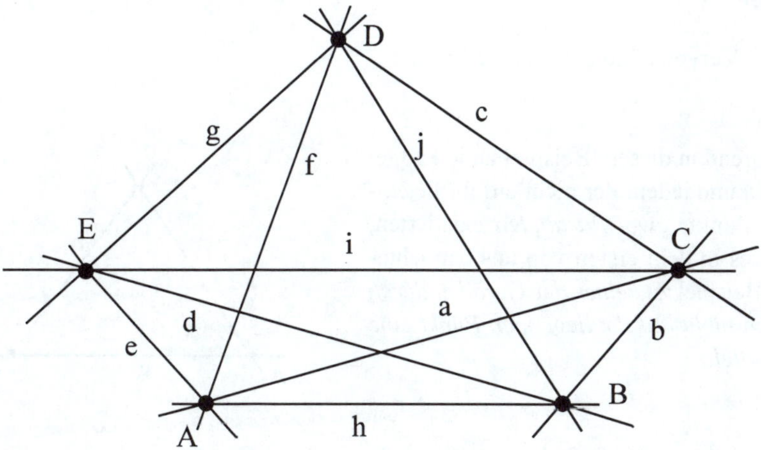

a = {A, C}	b = {B, C}	c = {C, D}	d = {B, E}
e = {A, E}	f = {A, D}	g = {E, D}	h = {A, B}
i = {E, C}	j = {B, D}		

In diesem Beispiel gelten die Axiome V1 bis V3:

Das Axiom V1 gilt, da es zu zwei verschiedenen Punkten immer genau eine Gerade gibt, was an der Auflistung der Geraden zu erkennen ist.
Das Axiom V2 gilt, da jede Gerade mindestens zwei verschiedene Punkte enthält, was ebenfalls an der Auflistung der Geraden zu erkennen ist. In diesem Fall enthält sogar jede Gerade *genau* zwei verschiedene Punkte, was dazu führt, daß auch das Axiom V3 gilt.
Allerdings gibt es in diesem Beispiel zu jeder Geraden g mindestens einen Punkt $P \notin g$ derart, daß es zu g durch P mehr als eine Parallele gibt. Wie der unten stehenden Auflistung zu entnehmen ist, gibt es beispielsweise zu der Geraden h zwei Parallelen durch den Punkt D, nämlich die Geraden c und g. Dies trifft entsprechend für alle Geraden zu.
Die folgende Auflistung nennt weitere Beispiele.

Zur Geraden i gibt es durch den Punkt A die Parallelen h und f.
Zur Geraden i gibt es durch den Punkt B die Parallelen h und j.
Zur Geraden i gibt es durch den Punkt D die Parallelen f und j.
Zur Geraden j gibt es durch den Punkt E die Parallelen i und e.

Aufgabe

(1) Vervollständigen Sie die Liste.

Während in diesem Beispiel zu jeder Geraden und jedem der nicht auf ihr liegenden Punkte *zwei Parallelen* existierten, gibt es in dem ersten von uns betrachteten Beispiel zu *keiner der Geraden durch einen nicht auf ihr liegenden Punkt eine Parallele*.

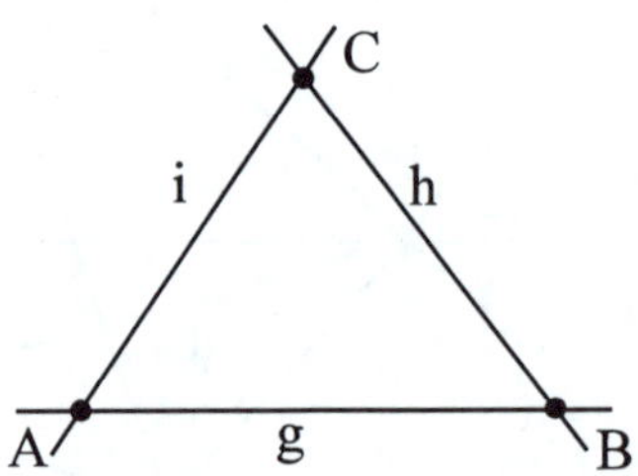

Wir wollen in Zukunft sicherstellen, daß es zu jeder Geraden durch jeden nicht auf ihr liegenden Punkt *genau* eine Parallele gibt. Dies ist die Aussage des nun folgenden *Parallelenaxioms*:

> Parallelenaxiom
> Ist g eine Gerade und $P \notin g$, so gibt es *genau* eine Gerade h mit $P \in h$ und $h \cap g = \varnothing$.

In diesem Axiom wird gefordert, daß es *genau eine* Parallele zu einer Geraden g und jedem nicht auf ihr liegenden Punkt P gibt. Dies stellt die sogenannte "starke" Form des Parallelenaxioms dar. Für unsere Axiomatik würde auch eine schwächere Fassung des Axioms genügen. Wir arbeiten hier mit der stärkeren Fassung, um die einzelnen Beweise einfacher zu halten.

Das Beispiel 6 zeigt, daß die Verknüpfungsaxiome V1, V2 und V3 gelten können, ohne daß das Parallelenaxiom erfüllt ist. Daraus folgt, daß das Parallelen-Axiom nicht alleine mit Hilfe der Axiome V1, V2 und V3 bewiesen werden kann. Dies machen wir uns mit Hilfe eines indirekten Beweises klar: Wir nehmen an, daß es doch eine Möglichkeit gibt, das Parallelen-Axiom mit Hilfe nur der Inzidenz-Axiome V1, V2, V3 zu beweisen. Dann müßte das Parallelen-Axiom überall dort erfüllt sein, wo auch die Inzidenz-Axiome gelten. Mit dem soeben behandelten Beispiel haben wir aber ein Modell für die Inzidenz-Axiome gefunden, in dem das Parallelen-Axiom nicht gilt.
Also kann man das Parallelen-Axiom unter ausschließlicher Verwendung der Inzidenz-Axiome nicht beweisen.

Man sagt: Das Parallelen-Axiom ist *unabhängig* von den Inzidenz-Axiomen.

Aufgaben

(2) Geben Sie für jedes der Modelle an, welche Axiome aus V1, V2, V3 und dem starken Parallelen-Axiom gelten und welche nicht.

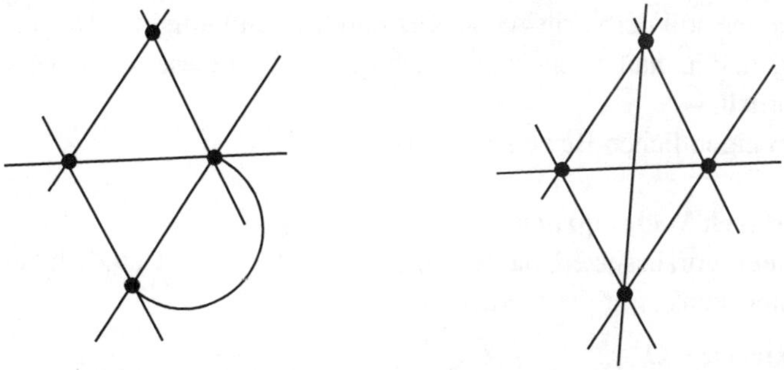

(3) Zeichnen Sie das Modell einer Ebene, in der nur genau die Axiome V1 und V2 gelten.

Wir kommen nun zu einem weiteren Satz über parallele Geraden.

Satz 2

Seien die Geraden g, h und k paarweise verschiedene Geraden.
Dann gilt: Wenn die Gerade g die Gerade h in einem Punkt P schneidet und die Geraden h und k parallel sind, dann schneidet g auch die Gerade k.

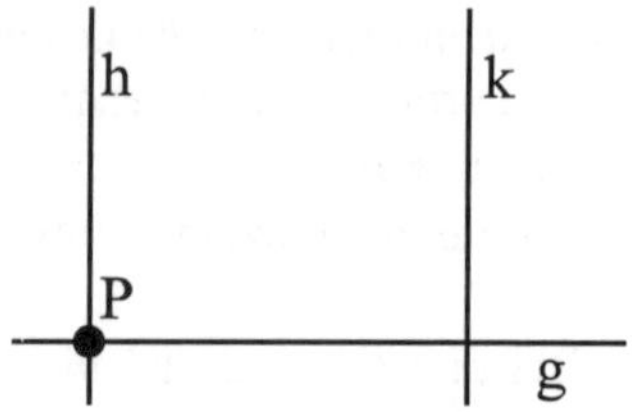

Formal lautet der Satz folgendermaßen:

Für alle Geraden g, h und k gilt: $(g \cap h = \{P\} \wedge h \cap k = \emptyset \Rightarrow g \cap k \neq \emptyset)$

Vorüberlegung

Bevor wir mit dem eigentlichen Beweis beginnen, wollen wir auch bei diesem Satz einige Vorüberlegungen anstellen:
Voraussetzung zum Beweis dieses Satzes ist, daß die Geraden g, h und k paarweise verschieden sind, daß die Gerade g die Gerade h in einem Punkt P schneidet und daß die Geraden h und k parallel zueinander sind.
Zu zeigen ist, daß die Gerade g die Gerade k in einem Punkt schneidet, d.h. daß die Schnittmenge der Geraden g und k nicht leer ist.
Weiterhin ist zu überlegen, welche Sätze und Axiome uns bisher zur Verfügung stehen. Dies sind die Axiome V1, V2 und V3, das Parallelenaxiom und der Satz 1. Es ist zu erwarten, daß die "Hauptlast" des Beweises vom Parallelenaxiom und von Satz 1 getragen wird, da dort Aussagen über Parallelität gemacht werden.
Im folgenden soll der vorliegende Satz durch einen indirekten Beweis bewiesen werden, d.h. man macht eine Annahme und führt diese Annahme zu einem Widerspruch.
Nun zum eigentlichen Beweis des Satzes:

Beweis durch Widerspruch

Wir können voraussetzen, daß $g \cap h = \{P\}$ und daß die Gerade h keinen gemeinsamen Punkt mit der Geraden k hat,

daß also $h \cap k = \emptyset$.

Um zu zeigen, daß $g \cap k \neq \emptyset$ gilt, gehen wir indirekt vor und nehmen an, daß die Gerade g die Gerade k *nicht* schneidet,

daß also $g \cap k = \emptyset$.

Daraus folgt dann nach Definition 1, daß

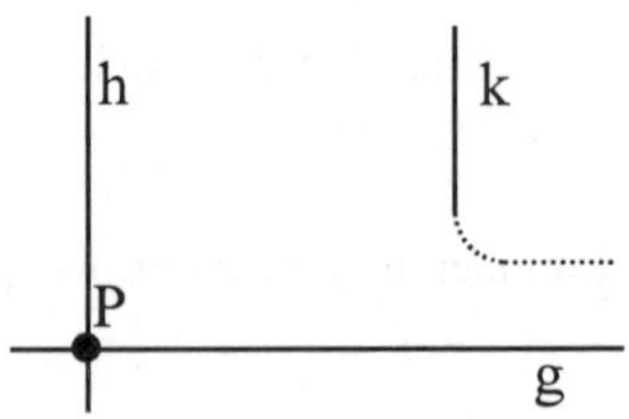

die Gerade k parallel zu der Geraden g ist.
Dann ist die Gerade g eine Parallele zu k durch den Punkt P, denn der Punkt P liegt wegen $g \cap h = \{P\}$ auf g.
Weiterhin gilt laut Voraussetzung, daß auch die von g verschiedene Gerade h eine Parallele zu k durch den Punkt P ist. Somit gäbe es zu der Geraden k zwei Parallelen durch den Punkt P. Dies steht im Widerspruch zum Parallelenaxiom, das besagt, daß es durch den Punkt P höchstens eine parallele Gerade zu der Geraden k geben kann. Somit wurde die Annahme, daß g und k sich nicht schneiden zum Widerspruch geführt.
Wir haben damit indirekt bewiesen, daß sich die Geraden g und k in einem Punkt schneiden müssen.

Wir stellen den Beweis abschließend in einer verkürzten Schreibweise noch einmal dar.

Kurzform des Beweises

Seien g, h, k paarweise verschiedene Geraden.

Voraussetzung: (1) $g \cap h = \{P\}$
$\Rightarrow P \in g \wedge P \in h$.
(2) $h \cap k = \emptyset$, d.h. h parallel k.

zu zeigen: $g \cap k \neq \emptyset$.

Annahme (indirekt): $g \cap k = \emptyset$
$\Rightarrow$ g parallel k. (nach Def. 1)

Somit wäre g parallel k mit $P \in g$ *und* h parallel k mit $P \in h$.
Da $g \neq h$ nach Voraussetzung gilt, gäbe es damit zu k zwei verschiedene Parallelen durch P. Dies steht im Widerspruch zum Parallelenaxiom. Also muß die Annahme falsch sein und $g \cap k \neq \emptyset$ gelten.

Rückblick
Unsere Vorüberlegungen haben sich insoweit bestätigt, daß wir das Parallelenaxiom benutzt haben. Satz 1 wurde dagegen nicht benötigt.

Für das Axiomensystem V1, V2, V3 und das Parallelenaxiom ist es möglich, Modelle mit endlich vielen Punkten zu finden. Beispiel 2 (s. S. 133, 136) stellt ein solches Modell dar:

Beispiel 2

In diesem Fall gibt es zu jeder Geraden durch jeden nicht auf ihr liegenden Punkt genau eine Parallele. Dieses Modell zeigt, daß sich keine Widersprüche ergeben, wenn man das Axiomen-System V1, V2, V3 um das Parallelen-Axiom ergänzt.

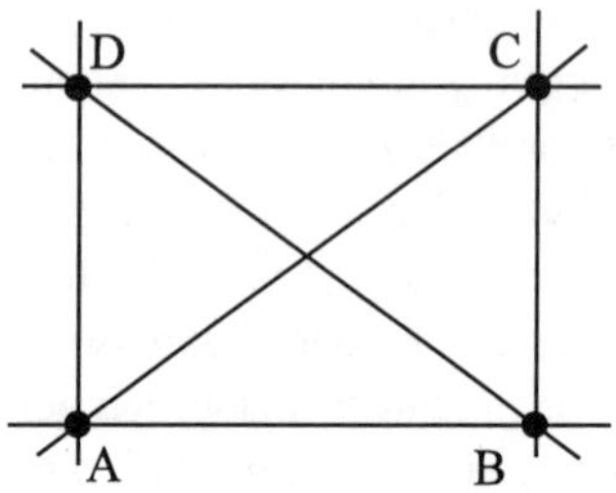

Aufgabe

(4) Zeigen Sie:
g, h und k seien Geraden, für die gilt: g parallel zu h und h parallel zu k. g sei von k verschieden. Dann ist g auch zu k parallel.
Hinweis: Gehen Sie indirekt vor. Nehmen Sie also an, k sei *nicht* parallel zu g. Zeichnen Sie die dann entstehende Situation.

Im Rahmen dieser Axiome sind allerdings noch "ungewöhnliche" Aussagen beweisbar:

Satz 3

Wenn es eine Gerade gibt, auf der genau zwei Punkte liegen, dann liegen auf allen Geraden genau zwei Punkte.

Vorüberlegung

Auch den Beweis dieses Satzes wollen wir wieder mit einigen Vorüberlegungen beginnen.
Voraussetzung des Beweises ist, daß es eine Gerade mit genau zwei Punkten gibt.
Zu zeigen ist, daß dann auf allen Geraden genau zwei Punkte liegen müssen.
Auch diesen Beweis wollen wir indirekt führen, indem wir annehmen, daß es eine Gerade gibt, auf der drei oder mehr Punkte liegen.

Nun kommen wir zum eigentlichen Beweis:

Beweis

g sei die Gerade mit genau zwei Punkten. Wir nennen die beiden Punkte auf g A und B.
Annahme (indirekt): Es gibt eine Gerade h mit 3 oder mehr Punkten.

Da g und h verschieden sein sollen, gibt es auf h einen Punkt P, der von A und von B verschieden ist.
Da h drei oder mehr Punkte haben soll, gibt es auf h (mindestens) noch die Punkte Q und R.

Wir betrachten nun zunächst die Gerade g_{AP}. Zu dieser Geraden zeichnen wir die Parallele s durch Q.

Nach Satz 2 schneidet s die Gerade g in einem Punkt. Da s parallel zu g_{AP} ist, kann dieser Schnittpunkt nicht gleich A sein und ist demnach gleich B.

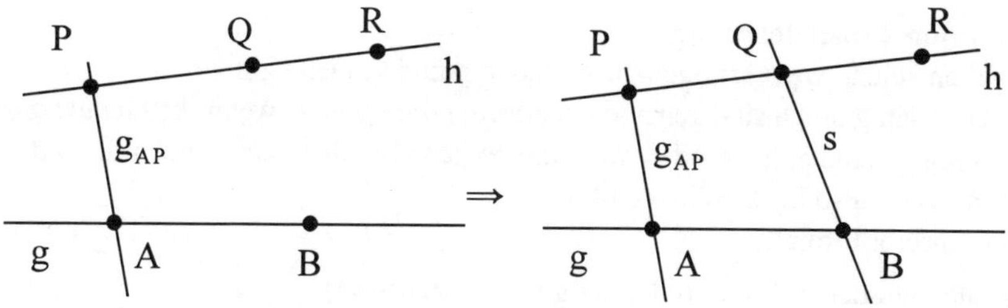

Wir zeichnen nun die Parallele t zu s durch R.

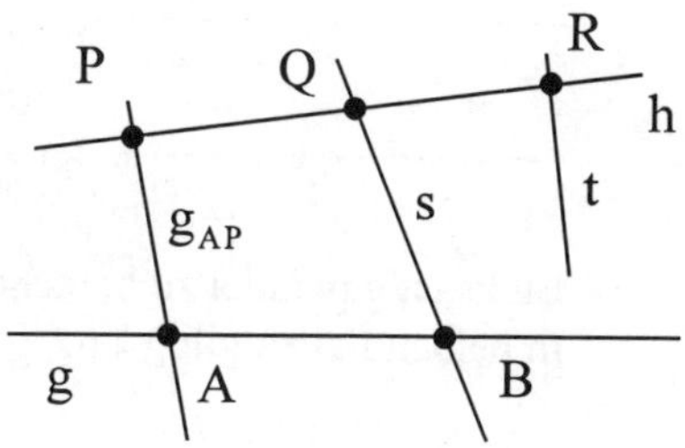

Da t zu s parallel ist und s die Gerade g schneidet, schneidet auch t die Gerade g in einem Punkt, den wir X nennen wollen. Im folgenden muß nun noch gezeigt werden, daß der Punkt X ein neuer Punkt auf der Geraden g ist, also von A und B verschieden.

Die drei Geraden g_{AP}, s und t erfüllen die Voraussetzung der in unserer Aufgabe 4 gemachten Aussage.
Also ist t auch parallel zu g_{AP}.
Der Schnittpunkt X von s und g muß demnach von A und B verschieden sein.
Damit liegen auf g *drei* Punkte, im Widerspruch zur Voraussetzung.

Damit muß die Annahme, daß auf h (mindestens) drei Punkte liegen, falsch gewesen sein.

Aufgaben

(5) In unserem Beweis haben wir uns auf eine Zeichnung bezogen, in der die Geraden g und h parallel waren. Ist der Beweis auch korrekt, wenn g und h sich schneiden?

(6) Zeigen Sie: Wenn es eine Gerade gibt, auf der genau drei verschiedene Punkte liegen, dann liegen auf allen Geraden genau drei verschiedene Punkte.

Definition 2 (parallel oder gleich)
Gegeben seien zwei verschiedene Geraden g und h. Dann gilt:
Die Geraden g und h sind genau dann *parallel oder gleich*, wenn die Gerade g gleich der Geraden h ist, oder wenn die beiden Geraden keinen Schnittpunkt haben, wenn also ihr Durchschnitt leer ist.
Man schreibt formal:

Für alle Geraden g, h gilt: $(g \parallel h :\leftrightarrow g = h \vee g \cap h = \emptyset)$

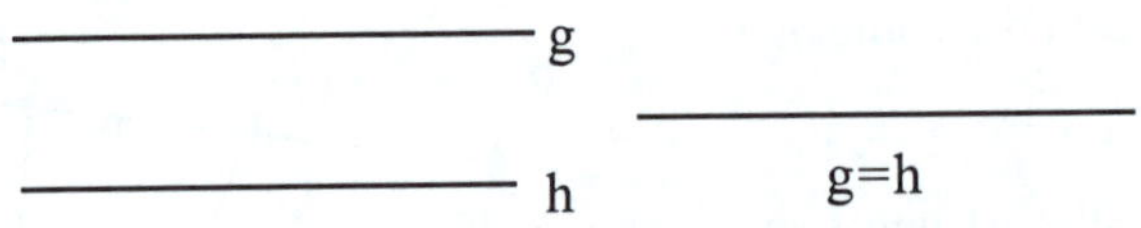

Links ist g parallel zu h, rechts ist g *nicht* parallel zu h.
In beiden Fällen gilt $g \parallel h$.

Satz 4
Die Relation “parallel oder gleich” ist eine Äquivalenzrelation, das heißt

(1) Für alle Geraden g gilt: $g \parallel g$. *Reflexivität*
Jede Gerade g ist zu sich selbst parallel oder gleich.

(2) Für alle Geraden g, h gilt: $g \parallel h \Rightarrow h \parallel g$. *Symmetrie*
Ist die Gerade g zu der Geraden h parallel oder gleich, so ist auch die Gerade h zu der Geraden g parallel oder gleich.

(3) Für alle Geraden g, h, k gilt: $g \parallel h,\ h \parallel k \Rightarrow g \parallel k$. *Transitivität*

Ist die Gerade g zu der Geraden h parallel oder gleich und ist weiterhin die Gerade h zu der Geraden k parallel oder gleich, so ist auch die Gerade g zu der Geraden k parallel oder gleich.

Beweis
Den eher technischen Beweis führen wir in Abschnitt 10.

Aufgaben

(7) Formulieren und beweisen Sie Satz 2 für die Relation $\parallel$.

(8) g, h, k seien Geraden mit $g \parallel h$, $h \parallel k$. l sei eine Gerade mit $l \cap g \neq \emptyset$.
Zeigen Sie: $l \cap k \neq \emptyset$.

(9) g und h seien Geraden, die sich im Punkt A schneiden. Auf h liege der von A verschiedene Punkt B. k und l seien zwei verschiedene Geraden, die beide durch B gehen. Zeigen Sie: Wenigstens eine der Geraden k und l schneidet g.
Hinweis: Fertigen Sie zunächst eine Zeichnung an.

3 Anordnungen

Mit dem vorangegangenen Satz 3 ist besonders deutlich geworden, wie problematisch unsere Axiome noch sind.
Wir engen die Zahl der "absurden" Beispiele ein, wenn wir fordern, daß auf jeder Geraden eine "Richtung" definiert werden kann. Wir brauchen dies einerseits, um später "Strahlen" definieren zu können, andererseits erhalten wir die Möglichkeit, gewissermaßen "nebenbei" zu fordern, daß auf jeder Geraden unendlich viele Punkte liegen:

Für $P \prec Q$ sagen wir "P liegt vor Q":

Damit formulieren wir die folgenden *Anordnungsaxiome*.
Sei g eine Gerade. Dann gibt es auf g eine sogenannte *Anordnungs-Relation* derart, daß die folgenden Axiome A1 und A2 gelten.

A1

Für alle Punkte P, Q, R gilt:

– Wenn P vor Q liegt, dann liegt Q nicht vor P:
  $(P \prec Q \Rightarrow \neg (Q \prec P))$ (Asymmetrie)

– Wenn P vor Q liegt und Q vor R liegt, dann liegt P vor R:
  $(P \prec Q \wedge Q \prec R \Rightarrow P \prec R)$ (Transitivität)

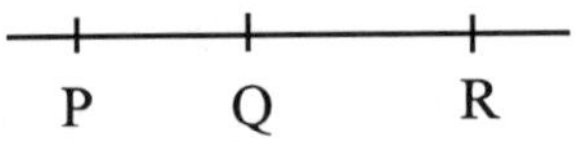

– Entweder liegt P vor Q, oder Q liegt vor P, oder P ist gleich Q
  $(P \prec Q \veebar Q \prec P \veebar P = Q)$ (Linearität)

Eine Relation mit diesen Eigenschaften, d.h. Asymmetrie, Transitivität und Linearität, wird als *streng lineare Ordnungsrelation* bezeichnet. Die Gerade, auf der die Relation "$\prec$" definiert ist, nennt man *orientierte Gerade*.

A2

Seien P, Q verschiedene Punkte einer Geraden g mit $P \prec Q$.

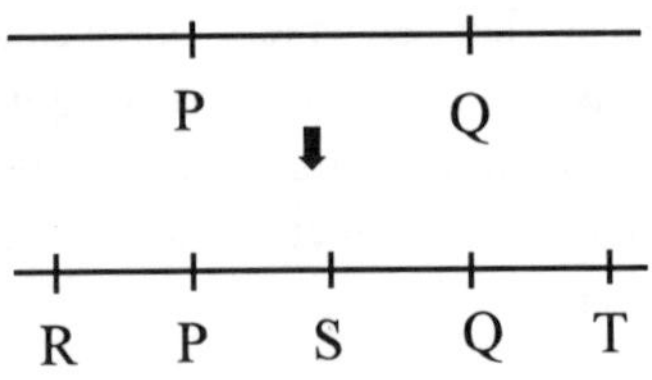

Dann gibt es auf g stets noch mindestens drei Punkte R, S, T mit
$R \prec P \prec S \prec Q \prec T$.

Aus A2 folgt, daß es auf jeder Geraden unendlich viele Punkte gibt:

Aufgabe

(10) Beweisen Sie, daß auf jeder Geraden unendlich viele Punkte liegen, wenn zusätzlich zu den Inzidenz-Axiomen die Anordnungs-Axiome gelten.
Hinweis: Führen Sie den Beweis indirekt.

In der folgenden Definition soll die Relation "zwischen" genauer bestimmt werden.

Definition 3 (zwischen)
Seien P, Q, R verschiedene Punkte einer angeordneten Geraden g. Der Punkt $R \in g$ liegt *zwischen* den Punkten P und Q genau dann, wenn

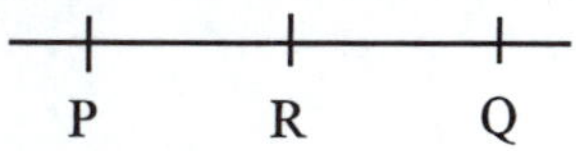

P vor R und R vor Q liegt ($P \prec R \prec Q$)

oder

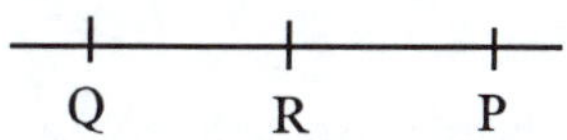

wenn Q vor R und R vor P liegt.
($Q \prec R \prec P$)

Man schreibt für "R liegt zwischen P und Q" auch PRQ. Auch die Schreibweise QRP ist korrekt, da man sich bei diesem Begriff keine Gedanken über die Anordnung der Punkte macht.

Für die Relation *zwischen* gilt erwartungsgemäß:

Satz 5
Seien A,B und C drei verschiedene Punkte einer Geraden. Der Punkt A liege zwischen den Punkten B und C. Dann gilt:
Der Punkt B kann nicht zwischen den Punkten A und C liegen, bzw. der Punkt C kann nicht zwischen den Punkten A und B liegen.

Aufgabe

(11) Beweisen Sie den Satz.

Definition 4 (Halbgerade; Strahl)
Sei g eine orientierte Gerade mit der Ordnungsrelation “$\prec$”. Dann heißt:

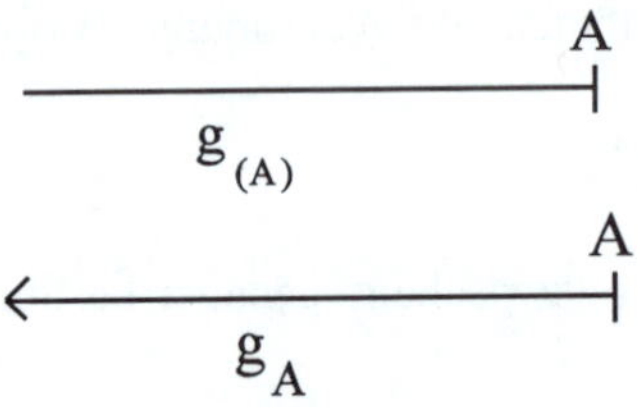

$g_{(A)} := \{ X \mid X \prec A\}_g$ *Halbgerade mit dem Anfangspunkt oder Ursprung A*

$g_A := \{ X \mid X \prec A \vee X = A\}_g$ heißt *Strahl mit dem Anfangspunkt A*.

Aufgabe

(12) Geben Sie eine möglichst einfache Definition für die Parallelität von Strahlen (bzw. Halbgeraden). Untersuchen Sie, ob Satz 1 und Satz 2 auch für Strahlen (bzw. Halbgeraden) gelten.

Definition 5 (offene Strecke; abgeschlossene Strecke; halboffene Strecke)
Die Menge

]AB[:= {X | AXB} heißt *offene Strecke*,
[AB] := {X | AXB $\vee$ X = A $\vee$ X = B} heißt *abgeschlossene Strecke*,
]AB] := {X | AXB $\vee$ X = B} heißt *halboffene Strecke*.

In unseren bisherigen Überlegungen haben wir bislang immer von Geraden gesprochen. Durch diese Definition kommt jetzt der Begriff der Strecke hinzu. In dem folgenden Bild sollen diese beiden Begriffe sowohl untereinander als auch von dem Begriff Strahl abgegrenzt werden.

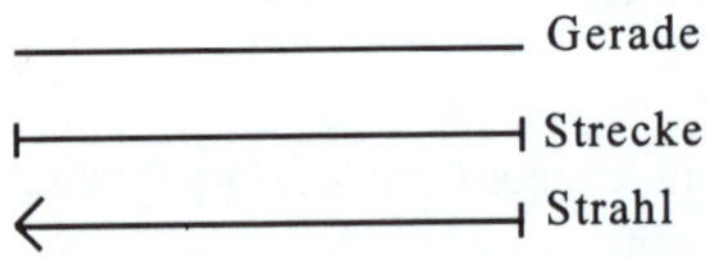

In der offenen Strecke]AB[sind die Punkte A und B nicht enthalten, während sie in der abgeschlossenen Strecke [AB] enthalten sind. Nach dieser Definition ist eine Strecke eine durch ein Paar von Punkten A, B definierte Menge, und es ist [AB] = [BA], denn aus X $\in$ [AB] folgt, daß A vor X und X vor B liegt oder daß B vor X und X vor A liegt. $(A \prec X \wedge X \prec B) \vee (B \prec X \wedge X \prec A)$.
Weiterhin gilt nach dieser Definition, daß die Strecke [AA] = {A} die Nullstrecke ist, denn gemäß der Definition liegt A in [AA]. Ein weiteres X $\neq$ A

kann nicht in [AA] liegen. Für ein solches X müßte nämlich gelten : $A \prec X \prec A \Rightarrow A \prec A$. Dies steht im Widerspruch zu der Tatsache, daß [A,A] nur ein Punkt ist.

Es ist:]AA[= ∅, da zwischen dem Punkt A und dem Punkt A keine Strecke definiert ist.

Das letzte Anordnungsaxiom beschreibt, daß jede Gerade g die Ebene ***E*** in zwei *Halbebenen* $\boldsymbol{H}_1$ und $\boldsymbol{H}_2$ zerlegt:

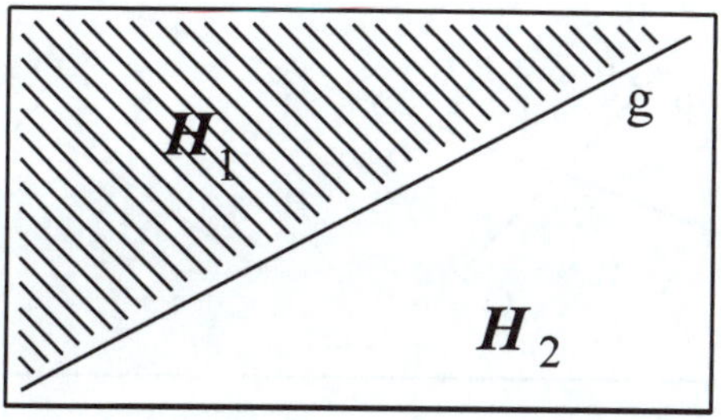

Eine Reihe von Eigenschaften dieser Halbebenen sind für uns selbstverständlich. Im Rahmen unseres Axiomensystems müssen sie aber gefordert werden:

A3 (Halbebenenaxiom)

Jede Gerade g zerlegt die Ebene ***E***\g in zwei disjunkte Teilmengen, die Halbebenen heißen, mit der Eigenschaft:

Für je zwei Punkte P und Q, die beide nicht auf g liegen gilt:
Die offene Strecke]PQ[schneidet die Gerade g genau dann, wenn P und Q in verschiedenen Halbebenen bezüglich g liegen.
Formal:
Für alle Punkte P, Q ∉ g gilt:

$$(\,]PQ[\cap g = \emptyset) \Leftrightarrow (P, Q \in \boldsymbol{H}_1) \vee (P, Q \in \boldsymbol{H}_2) \text{ bzw.}$$

Für alle Punkte P, Q ∉ g gilt:

$$(\,]PQ[\cap g \neq \emptyset) \Leftrightarrow (P \in \boldsymbol{H}_1 \wedge Q \in \boldsymbol{H}_2) \vee (P \in \boldsymbol{H}_2 \wedge Q \in \boldsymbol{H}_1)$$

Dieses Axiom deckt alle Fälle ab, die für die Lage einer offenen Strecke bezüglich einer Geraden g möglich sind. Es gilt der Satz:

Satz 6

g sei eine Gerade, $\boldsymbol{H}_1$ und $\boldsymbol{H}_2$ seien die dadurch erzeugten Halbebenen. P und Q seien zwei verschiedene Punkte, die nicht auf g liegen. Dann sind die folgenden Fälle möglich:

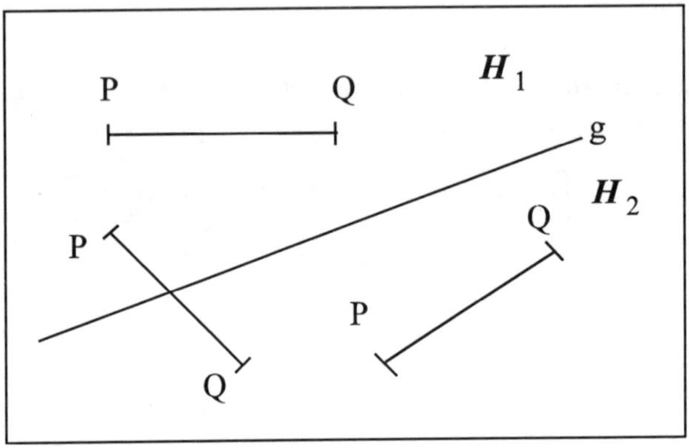

Fall (1) P und Q liegen beide in $\boldsymbol{H}_1$.
In diesem Fall liegt die offene Strecke]PQ[ganz in $\boldsymbol{H}_1$, d.h.:]PQ[$\subseteq \boldsymbol{H}_1$

Dies bedeutet: Wenn die Punkte P,Q in der Halbebene $\boldsymbol{H}_1$ liegen, so liegt auch die offene Strecke]PQ[ganz darin.

Fall (2) P und Q liegen beide in $\boldsymbol{H}_2$.
In diesem Fall ist]PQ[$\subseteq \boldsymbol{H}_2$.

Fall (3) P liegt in $\boldsymbol{H}_1$ und Q liegt in $\boldsymbol{H}_2$.
Dann schneidet g die Strecke]PQ[.

Fall (4) P liegt in $\boldsymbol{H}_2$ und Q liegt in $\boldsymbol{H}_1$.
Dann schneidet g die Strecke]PQ[.

Die Möglichkeit, daß P oder Q auf der Geraden g liegen, ist gemäß der Voraussetzung ausgeschlossen.

Beweis

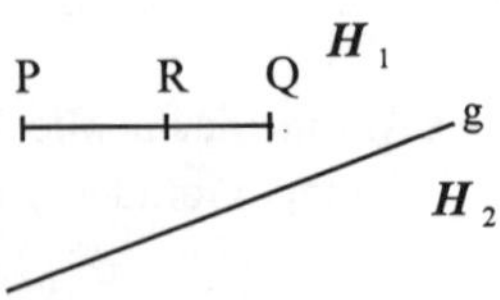

Zum Fall (1)
Wir können voraussetzen: P, Q $\in \boldsymbol{H}_1$
Zu zeigen ist, daß jeder Punkt R $\in$]PQ[in $\boldsymbol{H}_1$ liegt.

Wir führen den Beweis indirekt und nehmen an, daß es einen Punkt $R \in]PQ[$ gibt, der *nicht* in $\boldsymbol{H}_1$ liegt. Dann kann R auf g oder in $\boldsymbol{H}_2$ liegen.
$R \in g$ ist allerdings ausgeschlossen: Da $P, Q \in \boldsymbol{H}_1$ vorausgesetzt ist, muß

$$]PQ[\cap g = \varnothing$$

gelten. Deshalb gilt:

$$R \in \boldsymbol{H}_2.$$

=> $]RQ[\cap g \neq \varnothing$, da $R \in \boldsymbol{H}_2$ und $Q \in \boldsymbol{H}_1$

=> $]PQ[\cap g \neq \varnothing$.

Die letzte Aussage steht im Widerspruch zu A3, Richtung "<=": Wegen $P, Q \in \boldsymbol{H}_1$ muß gelten, daß $]PQ[$ mit g einen leeren Durchschnitt hat. Also war die Annahme des indirekten Beweises falsch.

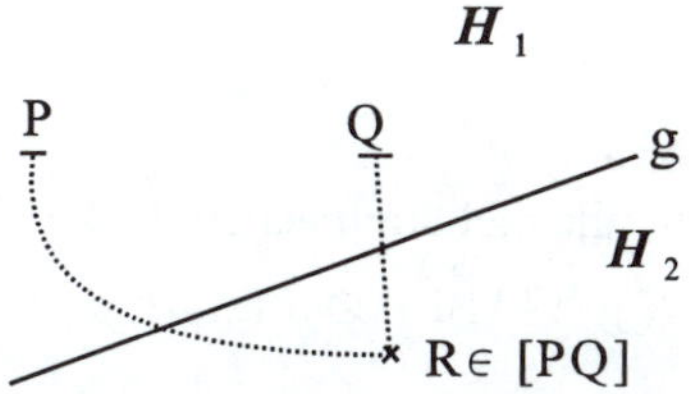

Zum Fall (2)
Der Beweis erfolgt entsprechend Fall (1)

Zum Fall (3), (4)
Die Aussagen gelten nach Axiom A3, Richtung "<=".

Aufgaben

(13) Das Innere ***I*** eines Dreiecks ABC ist wie folgt definiert:
$\boldsymbol{G}_1$ sei die Halbebene bezüglich g_{AB}, in der C liegt.
$\boldsymbol{H}_1$ sei die Halbebene bezüglich g_{BC}, in der A liegt.
$\boldsymbol{K}_1$ sei die Halbebene bezüglich g_{AC}, in der B liegt.
Dann setzt man $\boldsymbol{I} := \boldsymbol{G}_1 \cap \boldsymbol{H}_1 \cap \boldsymbol{K}_1$.
Schraffieren Sie ***I***.

(14) Definieren Sie entsprechend das Innere eines Vierecks.

Satz 7 (Satz von Pasch)
Seien A, B, C drei nichtkollineare Punkte und sei g eine Gerade.
Dann gilt: Trifft die Gerade g die offene Strecke $]AB[$, aber keinen der drei Punkte A, B, C, so trifft g noch mindestens eine der offenen Strecken $]AC[$ oder $]BC[$.

Anschaulich ausgedrückt lautet dieser Satz:
Trifft eine Gerade eine Dreiecksseite und keine der drei Ecken, so trifft die Gerade noch eine weitere Dreiecksseite.

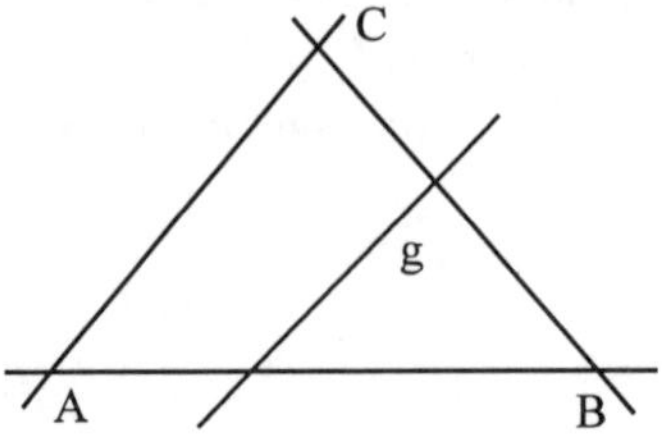

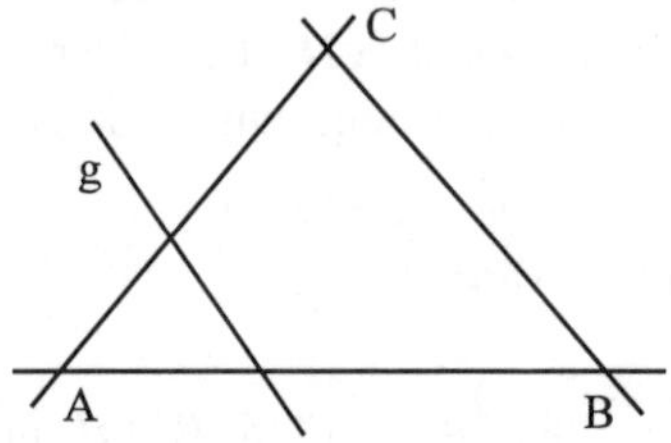

Formal:
Für alle nichtkollinearen Punkte A, B, C und alle Geraden g gilt:

$$(g \cap]AB[\neq \emptyset \wedge \{A, B, C\} \cap g = \emptyset \Rightarrow (g \cap]AC[\neq \emptyset \vee g\cap]BC[\neq \emptyset))$$

Vorüberlegung
Voraussetzung bei diesem Beweis ist, daß g die offene Strecke]AB[, aber keinen der drei Punkte A, B, C trifft.
Um diesen Satz beweisen zu können, benötigen wir die Aussage des Axioms A3, die besagt, daß jede Gerade die Ebene in zwei Halbebenen zerlegt. Wir müssen zeigen, daß g die offene Strecke]AC[*oder* die offene Strecke]BC[schneidet.
Wir müssen das *oder* analysieren, um einen Lösungsansatz zu finden. g schneidet]AC[oder]BC[bedeutet:
Wenn die Gerade g die offene Strecke]AC[*nicht* schneidet, dann muß g die offene Strecke]BC[schneiden. Zum Beweis nehmen wir also an, daß die Gerade g die offene Strecke]AC[nicht schneidet und müssen dann zeigen, daß g die offene Strecke]BC[schneidet.
Nun zum eigentlichen Beweis:

Beweis
Seien A, B, C drei nichtkollineare Punkte und sei g eine Gerade.

Voraussetzung: $g \cap]AB[\neq \emptyset$.

$\{A, B, C\} \cap g = \emptyset$

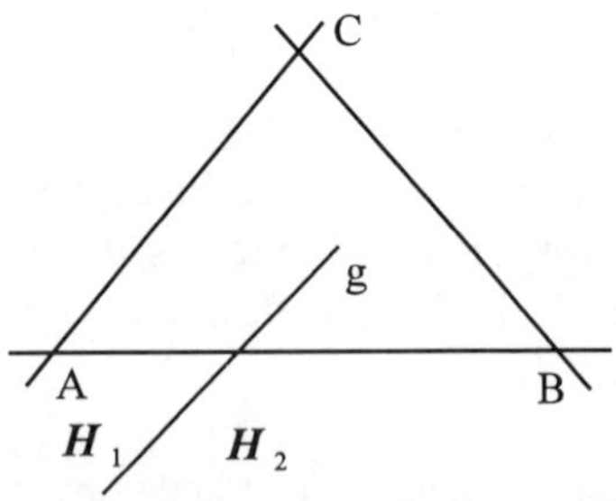

Da die Gerade g die offene Strecke]AB[schneidet und da die Gerade g nach Axiom A3 die Ebene in zwei Halbebenen zerlegt, liegen die Punkte A und B in verschiedenen Halbebenen bezüglich der Geraden g. Wir neh-

men an, daß der Punkt A in der Halbebene $\boldsymbol{H}_1$ und der Punkt B in der Halbebene $\boldsymbol{H}_2$ liegt.
Weiterhin nehmen wir an, daß die Gerade g *nicht* die offene Strecke]AC[schneidet.
Daraus folgt dann, daß C in derselben Halbebene liegt wie A, also $C \in \boldsymbol{H}_1$.
Aus $C \in \boldsymbol{H}_1$ und $B \in \boldsymbol{H}_2$ folgt mit Axiom A3, daß die Gerade g die offene Strecke]BC[in einem Punkt schneidet.

Der Beweis, daß die Gerade g dann, wenn sie nicht die offene Strecke]BC[schneidet, die offene Strecke]AC[schneiden muß, muß nicht mehr geführt werden, da es sich bei dem Satz um eine "oder- Aussage" handelt.

Kurzform des Beweises:
Seien A, B, C drei nichtkollineare Punkte, und sei g eine Gerade.

Voraussetzung: $g \cap\,]AB[\, \neq \emptyset \wedge \{A, B, C\} \cap g = \emptyset$
Nach Voraussetzung gelte: $A \in \boldsymbol{H}_1$ und $B \in \boldsymbol{H}_2$

zu zeigen: $g \cap\,]AC[\, \neq \emptyset \vee g \cap\,]BC[\, \neq \emptyset$

Annahme: $g \cap\,]AC[\, = \emptyset$
$\Rightarrow A \in \boldsymbol{H}_1 \wedge C \in \boldsymbol{H}_1$ (nach Axiom A3).
Es gilt also: $C \in \boldsymbol{H}_1$ und $B \in \boldsymbol{H}_2$.
$\Rightarrow g \cap\,]BC[\, \neq \emptyset$ (nach Axiom A3).

Damit ist die Aussage des Satzes bewiesen.

Aufgabe

(15) ABCD sei ein Viereck, bei dem beide Diagonalen im Inneren liegen. g sei eine Gerade, die die Strecke]AB[schneidet. Keiner der Punkte A, B, C und D liege auf g. Zeigen Sie: g schneidet zusätzlich eine weitere Seite des Vierecks.

Wir wollen noch zeigen, daß mit diesen Axiomen eine weitere Eigenschaft von Halbebenen erfüllt ist, nämlich: Wenn [AB] eine Strecke mit $A \in g$ ist, dann liegt]AB] stets ganz in einer der beiden Halbebenen bezüglich der Geraden g:

Satz 8
Sei g eine Gerade mit den zugehörigen Halbebenen $\boldsymbol{H}_1$ und $\boldsymbol{H}_2$. Die geschlossene Strecke [AB] ist eine Strecke mit $A \in g$ und $B \notin g$. Dann gilt: Die halboffene Strecke]AB] liegt in der Halbebene $\boldsymbol{H}_1$, wenn B in $\boldsymbol{H}_1$ liegt.]AB] liegt

ganz in der Halbebene $\boldsymbol{H}_2$, wenn B in $\boldsymbol{H}_2$ liegt.

Formal:
Für alle Geraden g gilt:
– $(A \in g \wedge B \in \boldsymbol{H}_1 \Rightarrow\,]AB] \subseteq \boldsymbol{H}_1)$
– $(A \in g \wedge B \in \boldsymbol{H}_2 \Rightarrow\,]AB] \subseteq \boldsymbol{H}_2)$

Vorüberlegung
Wir kennen zunächst einen Punkt der Strecke, der nicht auf g liegt, nämlich den Punkt B. Damit sagt der Satz: Wenn B in der Halbebene $\boldsymbol{H}_1$ liegt, so liegen dort auch alle anderen Punkte der Strecke]AB] bzw. wenn B in der Halbebene $\boldsymbol{H}_2$ liegt, so liegen dort auch alle anderen Punkte der Strecke]AB].

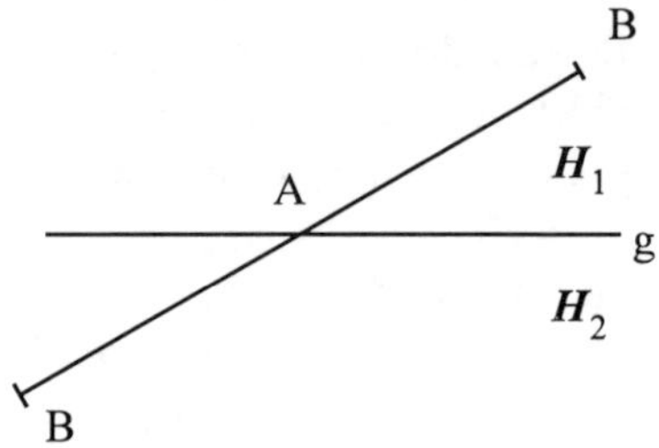

Es ist offenbar ausreichend, nur einen der beiden Fälle zu beweisen.
Damit kommen wir zum eigentlichen Beweis, in dem diese Überlegungen implizit enthalten sind:

Beweis
Sei g eine Gerade mit Halbebenen $\boldsymbol{H}_1$ und $\boldsymbol{H}_2$. Seien A und B Punkte.
Voraussetzung: $A \in g$, $B \notin g$
Sei o. B. d. A. der Punkt $B \in \boldsymbol{H}_1$.
Dann ist *zu zeigen*, daß jeder Punkt $X \in\,]AB]$ in $\boldsymbol{H}_1$ liegt.

Annahme (indirekt): Es gibt ein X mit $X \in\,]AB]$ *und* $X \in \boldsymbol{H}_2$.
Dann gilt wegen $X \in \boldsymbol{H}_2$ und $B \in \boldsymbol{H}_1$: $]XB] \cap g \neq \emptyset$.
(nach Axiom A3)

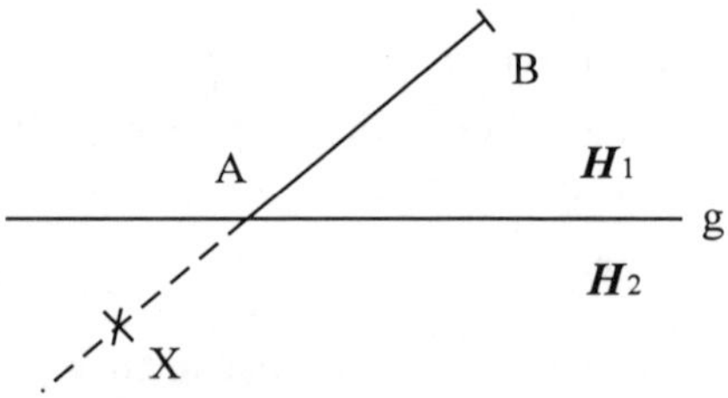

Der somit existierende Schnittpunkt von]XB] und g muß A sein ($A \in g$ vorausgesetzt), da die Gerade g und die Trägergerade von]AB] nur einen gemeinsamen Schnittpunkt haben können.
Demnach müßte A zwischen X und B liegen. Von den beiden möglichen

Anordnungen wählen wir X ≺ A ≺ B. (1)
Mit X ∈]AB] gilt:
A≺ X≺ B oder B ≺ X ≺ A.
Wir betrachten zunächst den Fall A ≺ X ≺ B. (2)

Insgesamt haben wir also X ≺ A ≺ B (1) und A ≺ X ≺ B (2), was zu einem Widerspruch führt.

Also muß die gemachte Annahme falsch sein, und es gilt: X ∈ $\boldsymbol{H}_1$.

Entsprechendes läßt sich auch für die Anordnung B ≺ X ≺ A zeigen.

Aus diesem Satz folgt:

Satz 9
Sei g eine Gerade mit A ∈ g. Sei $h_{(A)}$ eine Halbgerade mit Ursprung A. Dann liegt $h_{(A)}$ ganz in einer der beiden Halbebenen bezüglich der Geraden g.

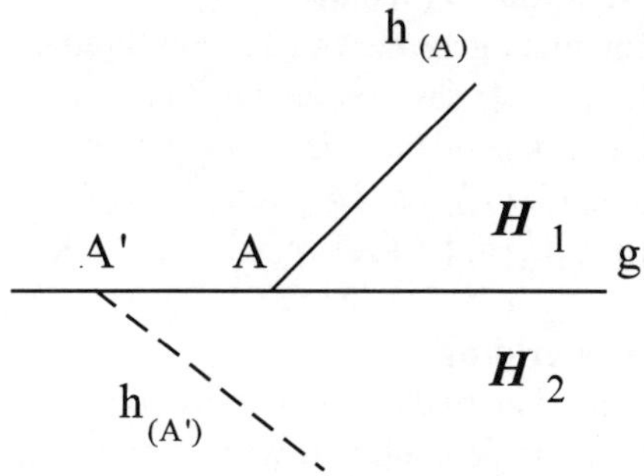

Beweis
Der Beweis folgt aus der in der folgenden Aufgabe 16 zu beweisen Aussage.

Aufgaben

(16) Beweisen Sie: Sei g eine Gerade mit A ∈ g. Sei $h_{(A)}$ eine Halbgerade mit Ursprung A. Sei P ∈ $h_{(A)}$ ein Punkt aus der Halbebene $\boldsymbol{H}_1$. Dann liegt $h_{(A)}$ ganz in $\boldsymbol{H}_1$.

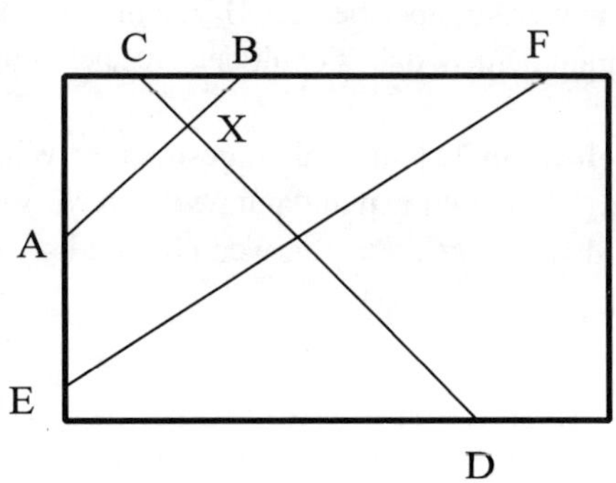

(17) Wir betrachten die folgen de Postkarten-Geometrie: Die Ebene bestehe aus allen Punkten im Inneren der

Postkarte. Punkte auf dem Rand gehören nicht dazu. "Geraden" seien die Strecken, die von einem Randpunkt zu einem anderen führen, ohne die Randpunkte selbst.
In der Abbildung sind lediglich drei solche Geraden als Beispiele eingezeichnet. Insgesamt gibt es natürlich unendlich viele Geraden.
"Schnittpunkte" zweier Geraden bestimmen sich z.B. gemäß der Anschauung. So schneiden sich beispielsweise die Gerade g_{AB} und g_{CD} im Punkt X.
Welche der bisher behandelten Axiome gelten hier?

4 Der Winkelbegriff

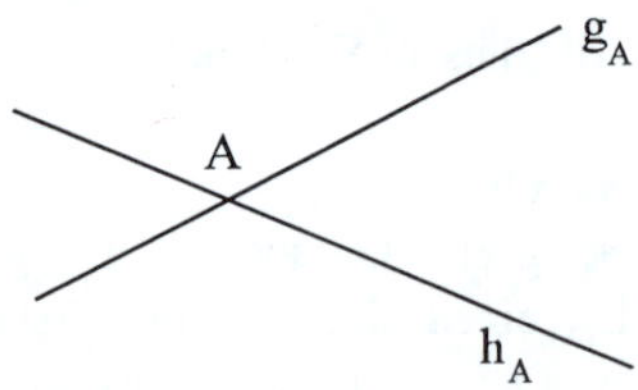

Definition 6 (Winkel)
Ein nicht geordnetes Paar von Strahlen $[h_A, g_A]$, das von einem Punkt A ausgeht, heißt *Winkel mit dem Scheitel A und den Schenkeln h_A und g_A*, d.h.
$[h_A, g_A] = \{X \mid X = A \vee X \in h_A \vee X \in g_A\}$.

Anmerkung
Wir erinnern daran, daß in Kapitel IV der Winkel $[h_A, g_A]$ als *geordnetes* Paar von Strahlen definiert war. Dies war aus methodischen Gründen sinnvoll, um den Winkelbegriff in Kapitel IV möglichst einfach zu halten. Im Rahmen eines axiomatischen Aufbaus müßte dann definiert werden, was "angeordnet" bzw. "gegen den Uhrzeigersinn" im Falle von Winkeln bedeutet. Die hier notwendigen zusätzlichen Definitionen erfordern einen erheblichen zusätzlichen Aufwand.
Deswegen gehen wir im axiomatischen Aufbau den hier eingeschlagenen Weg. Wir werden aber bei der Bezeichnung von Winkeln auch in diesem Kapitel darauf achten, daß sie mit den Bezeichnungen in Kapitel IV verträglich bleibt.

Definition 7 (Nullwinkel; gestreckter Winkel)
$[h_A, g_A]$ heißt genau dann *Nullwinkel*, wenn $h_A = g_A$ ist,
und *gestreckter Winkel*, wenn h_A und g_A zusammen eine Gerade bilden.

Mit der vorgenommenen Definition von Winkeln allein mit Hilfe ihrer Schenkel können wir formal nicht zwischen den beiden nebenstehenden Winkeln unterscheiden.
Dies wird jedoch in der Regel benötigt. Wir müssen deshalb unsere bisherige Definition von Winkeln erweitern.

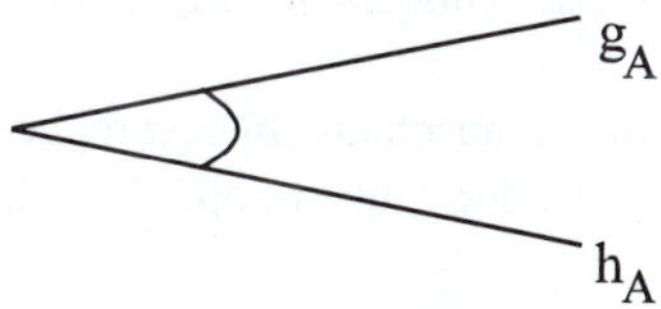

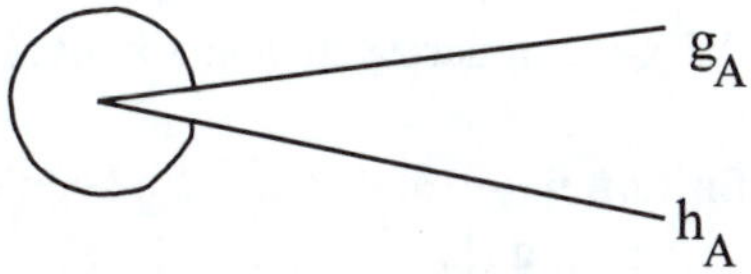

Anschaulich ist klar, daß ein Winkel die Ebene in zwei Gebiete einteilt. Diese definieren wir wie folgt:

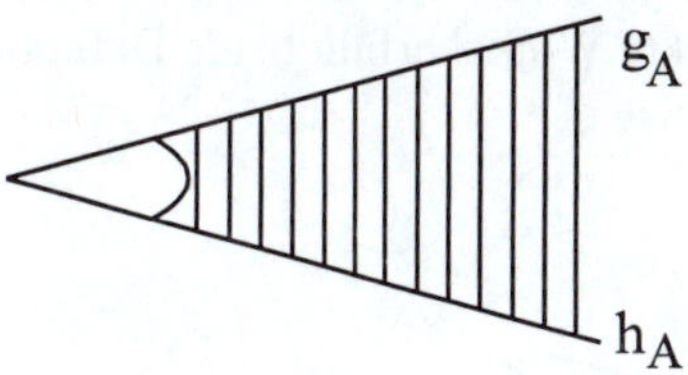

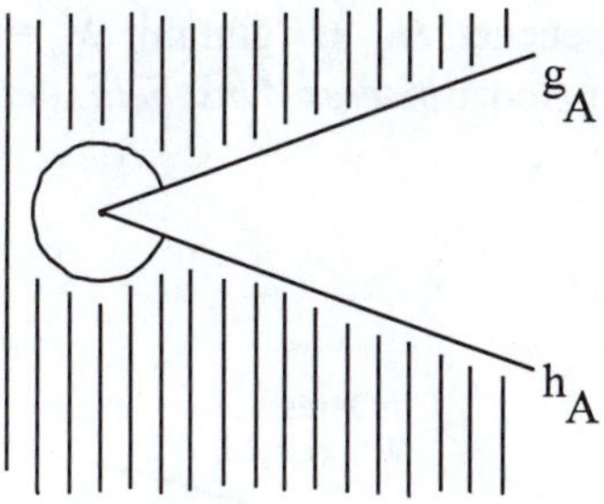

Definition 8 (Winkelfeld)

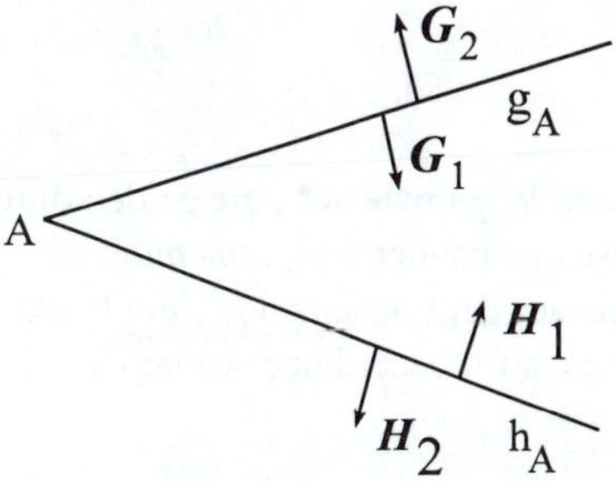

Sei $g_A \neq h_A$.
Die angesprochenen Gebiete sind die oben schraffierten. Wir definieren sie wie folgt:
g und h seien die Trägergeraden von $g_{(A)}$ und $h_{(A)}$.
$\boldsymbol{G}_1$ sei die Halbebene bzgl. g, in der $h_{(A)}$ liegt.[3]
$\boldsymbol{H}_1$ sei die Halbebene bzgl. h, in der $g_{(A)}$ liegt.
$\boldsymbol{G}_2$ sei die Halbebene bzgl g, in der

---

3 Wir sprechen hier von $h_{(A)}$ und nicht von h_A, da A als Punkt der Geraden h kein Element einer der Halbebenen ist.

$h_{(A)}$ *nicht* liegt.
$\boldsymbol{H}_2$ sei die Halbebene bzgl. h, in der $g_{(A)}$ *nicht* liegt.

Dann ist anschaulich gesprochen der “spitze” Winkel gerade die Menge $\boldsymbol{G}_1 \cap \boldsymbol{H}_1$, der “überstumpfe” Winkel die Menge $\boldsymbol{G}_2 \cup \boldsymbol{H}_2$.

Die Mengen $\boldsymbol{G}_1 \cap \boldsymbol{H}_1$ und $\boldsymbol{G}_2 \cup \boldsymbol{H}_2$ heißen *Winkelfelder.*
Mit $\alpha = [h_A, g_A]$ bezeichnen wir nur die *Schenkel* eines Winkels. Wir schreiben (α, W_α), wenn das System aus *Winkel* und *Winkelfeld* gemeint ist.

Definition 9 (überstumpfer Winkel; äußeres Winkelfeld; inneres Winkelfeld)
Sei $\alpha = [h_A, g_A]$.
W_α heißt *überstumpf* oder *äußeres Winkelfeld* genau dann, wenn es zwei Halbebenen $\boldsymbol{H}_2$, $\boldsymbol{G}_2$ gibt mit $W_\alpha = \boldsymbol{H}_2 \cup \boldsymbol{G}_2$, andernfalls heißt W_α *nicht überstumpf* oder *inneres Winkelfeld* (der gestreckte Winkel erfüllt beide Definitionen).

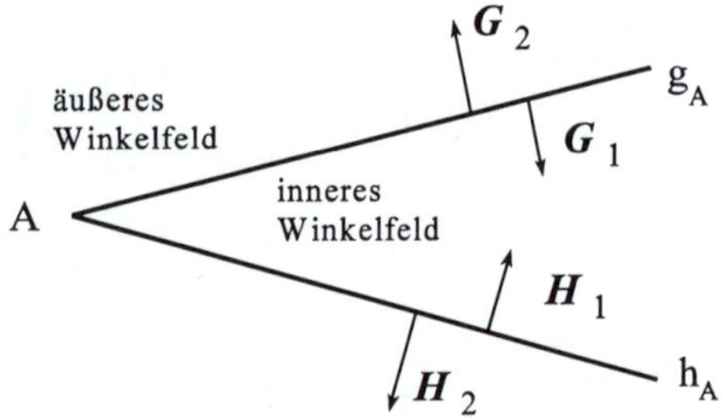

Sei α vom Nullwinkel verschieden und seien W_α sowie W^*_α die beiden durch α definierten Winkelfelder, so heißen diese zueinander *komplementär*.
Wenn neben dem Scheitel A eines Winkels auf dem Schenkel h_A ein Punkt B und auf dem Schenkel g_A ein Punkt C gegeben ist, bezeichnen wir den Winkel auch durch

$$\sphericalangle BAC := [h_A, g_A]$$

Definition 10 (Transversale)

Seien g und h Geraden, die sich in einem Punkt A schneiden.
Sei $B \in h_A$ und $C \in g_A$. Dann heißt die offene Strecke]BC[*Transversale* des Winkels α.

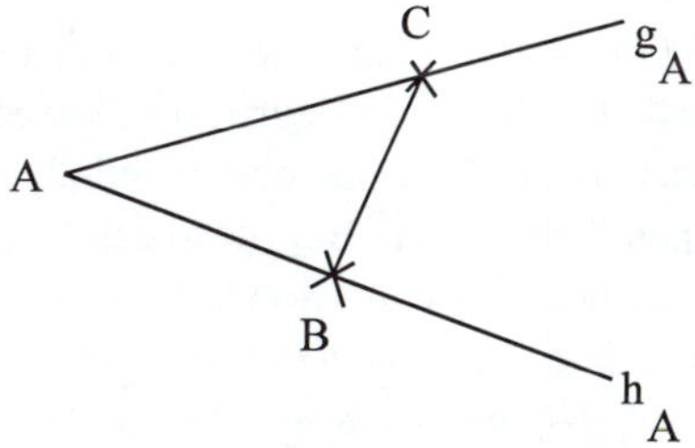

Satz 10

Sei der Winkel α nicht der Nullwinkel und nicht gestreckt. Dann gilt:

(a) Das Winkelfeld α des Winkels $\sphericalangle$ BAC ist *nicht überstumpf* genau dann, wenn $]BC[\subseteq W_\alpha$.

(b) Das Winkelfeld α des Winkels $\sphericalangle$ BAC ist *überstumpf* genau dann, wenn $]BC[\cap W_\alpha = \emptyset$.

Beweis

Der Beweis folgt unmittelbar aus dem Axiom A3 und der Definition der beiden Winkelfelder.

Satz 11

Sei (α, W_α) nicht überstumpf mit dem Scheitel A. Die Halbgerade $k_{(A)}$ liege in W_α.
Dann gilt:
Die Halbgerade $k_{(A)}$ schneidet jede Transversale]BC[des Winkels.

Der **Beweis** findet sich in Abschnitt 10.

Aufgabe

(18) ABC sei ein Dreieck. ***I*** sei das Innere des Dreiecks. Sei P ein Punkt mit $P \in \boldsymbol{I}$. Sei g eine Gerade, die durch P, aber durch keinen der Punkte A, B, C geht.
Zeigen Sie: g schneidet zwei der drei Seiten des Dreiecks.

5 Kongruenz

Über die Anordnungsaxiome konnten wir den Begriff der Strecke definieren. Wir wollen jetzt den Begriff der Spiegelung definieren. Wenn wir unser Vorwissen über die Spiegelung und ihre Eigenschaften befragen, stellen wir schnell fest, daß der Begriff gleich langer (d.h. kongruenter) Strecken immer wieder benötigt wird. So wird z.B. in den Sätzen

- *Die Mittelsenkrechte einer Strecke ist Symmetrieachse der Strecke.*
- *Sei [AB] eine Strecke. Ein Punkt P liegt genau dann auf der Mittelsenkrechten, wenn P von A und B gleich weit entfernt ist.*

auf den Begriff der Mitte zurückgegriffen, der aber nur dann sinnvoll definiert werden kann, wenn man beschreiben kann, wann zwei Strecken "gleich lang" sind.

Wir haben in unserer Geometrie noch keine Instrumente, um Längen zu messen. "Gleichlange" Strecken kann man aber auch ohne Zentimetermaß identifizieren: Wir nennen zwei Strecken *kongruent*, wenn wir die eine Strecke mit der anderen zur Deckung bringen können. Auch der Begriff "zur Deckung bringen" bereitet leider Schwierigkeiten: wir haben noch gar nicht definiert, was "Bewegungen" in der Ebene sind, mit denen man eine Strecke mit einer anderen zur Deckung bringen könnte. Wir benutzen deshalb eine in der Mathematik häufig benutzte Methode:
Wir definieren die *Deckungsgleichheit oder Kongruenz* von Strecken über die *Eigenschaften*, die derartige Strecken haben müssen. Dies geschieht nun in den folgenden *Kongruenzaxiomen*:

K1:
[AB] sei eine Strecke und g_P ein von P ausgehender Strahl. Dann gibt es *genau einen* Punkt $Q \in g_P$ mit $[AB] \equiv [PQ]$.
$\equiv$ wird gelesen als: *ist kongruent zu*

Das bedeutet: *Man kann die Strecke [AB] durch die Kennzeichnung eines - eindeutig bestimmbaren - Punktes Q so auf dem Strahl* g_P *abtragen, daß die Strecken [AB] und [PQ] kongruent oder deckungsgleich sind.*

K2:
Die Streckenkongruenz "≡" ist eine Äquivalenzrelation. Es gilt demnach:
(1) Für alle Strecken [AB] gilt: $[AB] \equiv [AB]$. (*Reflexivität*)
Jede Strecke ist zu sich selbst deckungsgleich bzw. kongruent.

(2) Für alle Strecken [AB],[CD] gilt:
$[AB] \equiv [CD] \Rightarrow [CD] \equiv [AB]$. (*Symmetrie*)
Das bedeutet: *Läßt sich die Strecke [AB] mit der Strecke [CD] zur Deckung bringen, so läßt sich auch die Strecke [CD] mit der Strecke [AB] zur Deckung bringen.*

(3) Für alle Strecken [AB],[CD],[EF]:
$[AB] \equiv [CD] \wedge [CD] \equiv [EF] \Rightarrow [AB] \equiv [EF]$. (*Transitivität*)
Das bedeutet: *Läßt sich die Strecke [AB] mit der Strecke [CD] und die Strecke [CD] mit der Strecke [EF] zur Deckung bringen, so läßt sich auch die Strecke [AB] mit der Strecke [EF] zur Deckung bringen.*

K3: Seien $A, B, C \in g$ mit B zwischen A und C.
Seien A', B', C' entsprechende Punkte von h.
Dann gilt:
$[AB] \equiv [A'B'] \wedge [BC] \equiv [B'C'] \Rightarrow [AC] \equiv [A'C']$.
(*Aneinandersetzbarkeit*)

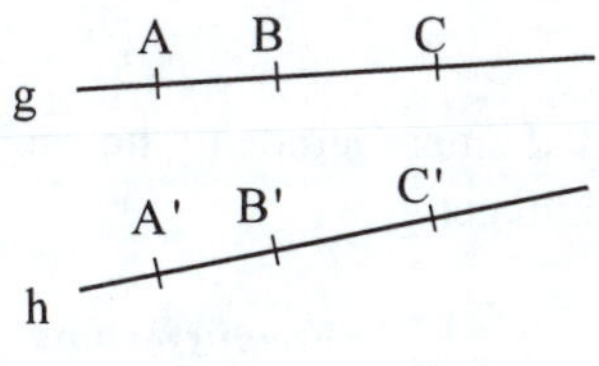

Das bedeutet: *Tragen wir zwei Strecken unmittelbar nacheinander auf einem Strahl ab und zwei jeweils kongruente auf einem zweiten Strahl, so sind auch die "zusammengesetzten" Strecken kongruent.*

Satz 12 (Subtraktion)
Seien g und h orientierte Geraden (vgl. Seite 148).
Auf g liegen die Punkte A, B, C mit B zwischen A und C. Auf h liegen die

Punkte A', B', C' mit B' zwischen A' und C'.
Es sei [AB] ≡ [A'B'] und [AC] ≡ [A'C'].
Dann ist [BC] ≡ [B'C'].

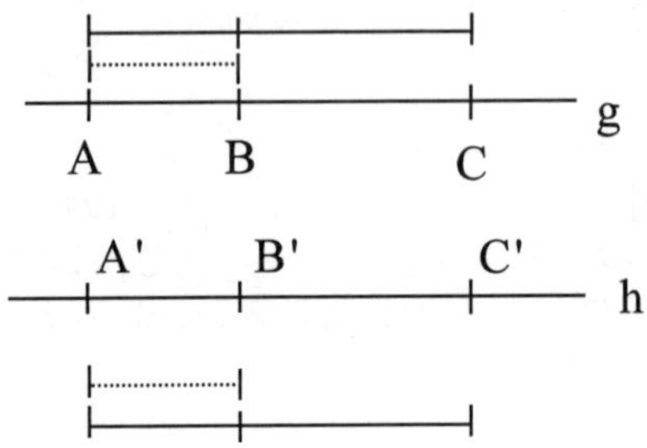

Das bedeutet: Werden auf zwei Strahlen jeweils zwei kongruente Strecken vom Anfangspunkt ausgehend abgetragen, so sind auch die Differenzen dieser Strecken kongruent.

Vorüberlegung
Wir beginnen diesen Beweis wieder mit einer Vorüberlegung. Zu beweisen ist, daß die Strecke [BC] kongruent zu der Strecke [B'C'] ist. Für den Beweis stehen uns bislang nur die Kongruenzaxiome K1, K2 und K3 zur Verfügung. Insbesondere das Axiom K3 ist für den Beweis dieses Satzes wichtig, da es in diesem Axiom um die Aneinandersetzbarkeit von Strecken geht, bzw. darum, daß Strecken auch dann kongruent zueinander sind, wenn sie aus "Teilstükken" zusammengesetzt werden. Um die Aussage des vorliegenden Satzes beweisen zu können, müssen wir deshalb mit Hilfe des Axioms K3 ein solches "Teilstück" [B'C*] konstruieren und dann zeigen, daß der Punkt C* identisch ist mit dem Punkt C'.
Nun kommen wir zum eigentlichen Beweis:

Beweis
Seien A, B und C Punkte, die auf einer Geraden g liegen. A', B' und C' seien Punkte, die auf einer Geraden h liegen.

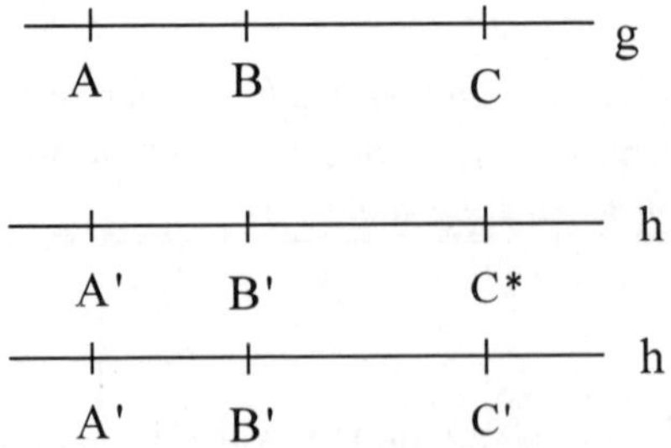

Voraussetzung:
B liege zwischen A und C. B' liege zwischen A' und C'
[AB] ≡ [A'B']
[AC] ≡ [A'C']
zu zeigen:
[BC] ≡ [B'C'].

Mit K1 wird A'B' über B' hinaus verlängert bis zu C* mit
[BC]≡[B'C*].
Damit liegen C* und C' auf demselben von A' ausgehenden Strahl.

Mit K3 gilt dann: [AC] ≡ [A'C*], da [AB] ≡ [A'B'] vorausgesetzt war.

Weiter gilt nach Voraussetzung: [AC] ≡ [A'C'].
Damit ist [A'C'] ≡ [A'C*] (Transitivität der Kongruenzrelation).

Da C' und C* auf demselben von A' ausgehenden Strahl liegen, ist C* = C' und damit auch [BC] ≡ [B'C'].

Satz 13
Es seien A, B, C Punkte auf einem Strahl g_A und A', B', C' Punkte auf einem Strahl h_A. Weiterhin gelte [AB] ≡ [A'B'] und [AC] ≡ [A'C'].
Dann gilt: Liegt B zwischen A und C, so liegt auch B' zwischen A' und C'.

Beweis
Satz 13 folgt unmittelbar aus der Konstruktion von Satz 12, denn A', B', C' wurden gar nicht benutzt, sondern nur A', B', C* und C' $\in h_A$.

Aufgabe

(19) g und h seien orientierte Geraden. Auf g liegen die Punkte A, B, C, D mit B zwischen A und C und C zwischen B und D. Auf h liegen die Punkte A', B', C', D' mit B' zwischen A' und C' und C' zwischen B' und D'. Es gelte
[AC] ≡ [A'C']   [BC] ≡ [B'C']   [BD] ≡ [B'D'].
Zeigen Sie:
[AD] ≡ [A'D'].

6 Geradenspiegelung

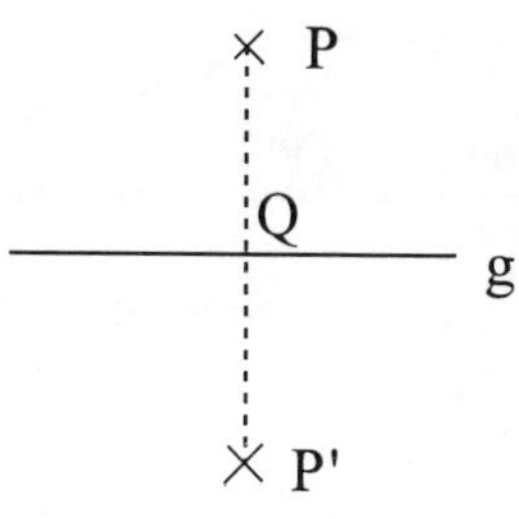

Aus der Schule kennen wir die folgende Konstruktion für das Bild eines Punktes P bezüglich der Spiegelung an einer Geraden:

Wir fällen das Lot von P auf g. Den Fußpunkt

nennen wir Q. Wir verlängern das Lot über P hinaus. P' ist derjenige Punkt auf dieser Verlängerung, der von g denselben Abstand wie P hat.

Mit den Begriffsbestimmungen, die wir bisher vorgenommen haben, können wir allerdings nicht von "Lot" und "Abstand" sprechen. Wir können weiterhin auch nicht exakt beschreiben was es heißt, daß die Gerade PP' "senkrecht" auf g steht.
In unserem Axiomensystem können wir nur auf die Streckenkongruenz zurückgreifen. Deshalb gehen wir an dieser Stelle auf eine weitere Konstruktion ein, die auf Lote verzichtet und statt dessen mit dem Begriff der Streckenkongruenz arbeitet.

Diese Konstruktion wird in der folgenden Definition benutzt:

Definition 11 (Spiegelbild)
Seien A und B zwei verschiedene Punkte der Geraden g. Sei der Punkt P kein Punkt der Geraden g und für $P' \neq P$ gelte $[AP] \equiv [AP']$ und $[BP] \equiv [BP']$.
Dann heißt P' *Spiegelbild* von P bezüglich g.

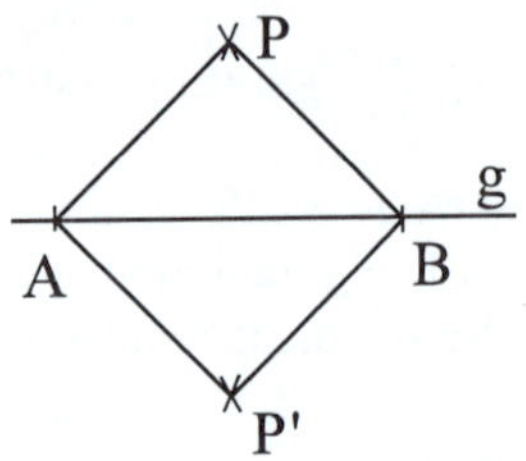

Für $P \in g$ setzen wir fest, daß $P = P'$ gelten soll.

Das Problem bei dieser Konstruktion besteht darin, daß sie von der Wahl der Punkte A und B abhängig ist. Es treten die Fragen auf, ob es Punkte P geben kann, die mehrere Spiegelbilder besitzen, und ob überhaupt jeder Punkt ein Spiegelbild besitzt.
Diese Fragen lassen sich auf der Grundlage der bisherigen Axiome und Sätze nicht beantworten.
Es müssen weitere Axiome (*Axiome der Geradenspiegelung*) formuliert werden:

SP1: Zu jedem Punkt P gibt es bezüglich der Geraden g *genau ein* Spiegelbild P'.

Definition 12 (Spiegelung; Symmetrieachse)
Die Abbildung S_g mit $S_g(P) = P'$, die jedem Punkt der Ebene sein Spiegelbild bezüglich der Geraden g zuordnet, heißt *Spiegelung an der Geraden g*. Dabei wird die Gerade g als *Spiegelachse* oder als *Symmetrieachse* bezeichnet.

Die weiteren Axiome lauten:

SP2: Es gibt stets *genau eine* Symmetrieachse zu zwei verschiedenen Punkten P und Q.

SP3: Seien $P' = S_g(P)$ und $Q' = S_g(Q)$, dann ist $[PQ] \equiv [P'Q']$.

Satz 14

Sei g eine Gerade und P ein Punkt, der nicht auf der Geraden g liegt. Dann gilt:

$S_g(S_g(P)) = P$, d.h. bei der Hintereinanderausführung zweier Geradenspiegelungen an der Geraden g wird der Punkt P wieder auf sich selbst abgebildet.

Beweis

Wir bezeichnen mit Q das Spiegelbild von P bei Spiegelung an der Geraden g; d.h. $Q := S_g(P)$. Weiterhin gilt gemäß Definition auch umgekehrt, daß P das Spiegelbild des Punktes Q an der Geraden g ist. Damit gilt:

$$P := S_g(Q) = S_g(S_g(P))$$

Wir können damit bereits eine erste vertraute Eigenschaft der Spiegelung zeigen: Auf der Spiegelachse liegen genau die Punkte, die von P und P' den gleichen Abstand haben.

Satz 15

Sei g eine Gerade und P ein Punkt, der nicht auf der Geraden g liegt. Weiterhin sei $P' = S_g(P)$.
Dann gilt: $[AP] \equiv [AP'] \Leftrightarrow A \in g$.
d.h. die Strecken [AP] und [AP'] können nur genau dann kongruent sein, wenn der Punkt A auf der Geraden g liegt.

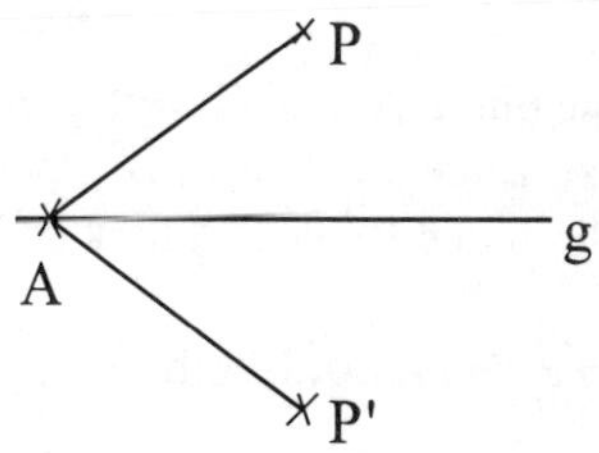

Aufgabe

(20) Beweisen Sie den Satz. Für die Richtung "⇒" gehen Sie indirekt vor.

Eine weitere wichtige Eigenschaft der Spiegelung ist, daß das Spiegelbild einer Geraden immer eine Gerade ist:

Satz 16 (Geradentreue)
Sei g eine Gerade. Ferner seien die Punkte A, B, C gegeben, die auf einer Geraden h liegen. A', B', C' seien die Spiegelbilder von A, B, C bei Spiegelung an g.
Dann gilt: A', B', C' liegen ebenfalls auf einer Geraden h'.

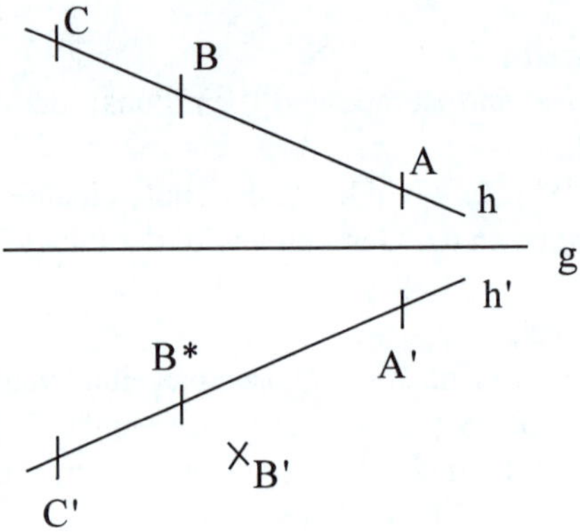

Vorüberlegung
Wir führen den Beweis indirekt, indem wir annehmen, daß der Punkt B' nicht auf der Geraden h' liegt. Wir konstruieren auf h' passend einen Punkt B* derart, daß [AB] ≡ [A'B*]. Anschließend schreiben wir alle sich ergebenden Kongruenzen auf und versuchen, daraus Folgerungen zu ziehen.
Nun zum eigentlichen Beweis:

Beweis
Sei g eine Gerade. A, B, C seien Punkte, die auf einer Geraden h liegen.
Voraussetzung: $A' = S_g(A)$.
$B' = S_g(B)$
$C' = S_g(C)$
$\{A, B, C\} \in h$
zu zeigen: Es gibt eine Gerade h' mit $\{A', B', C'\} \in h'$

h' sei die durch A' und C' verlaufende Gerade.
Bleibt zu zeigen, daß auch $B' \in h'$ gilt.
Wir führen den Beweis indirekt.

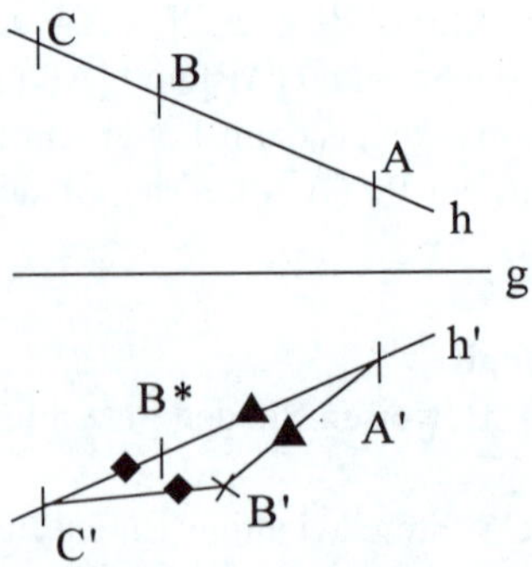

Annahme (indirekt): $B' \notin h'$

Nach SP3 gilt: (1) [AB] ≡ [A'B']
(2) [AC] ≡ [A'C']
(3) [BC] ≡ [B'C']

Sei $h'_{A'}$ der von A' ausgehende Strahl mit der Trägergeraden h', auf dem C' liegt.

Nach K1 können wir [AB] so auf h' $_{A'}$ abtragen, daß wir B* erhalten mit:

(4) [AB] ≡ [A'B*]

Aus (2) und (4) folgt nach Satz 12:
(5) [BC] ≡ [B*C']

Somit gelten folgende Kongruenzen: $[A'B^*] \overset{(4)}{\equiv} [AB] \overset{(1)}{\equiv} [A'B']$ (K2)

und $[B^*C'] \overset{(5)}{\equiv} [BC] \overset{(3)}{\equiv} [B'C']$ (K2).

(Die zu einander kongruenten Strecken sind durch Rauten bzw. Dreiecke markiert).

Daraus folgt: [A'B*] ≡ [A'B']
und [B*C'] ≡ [B'C']

Demnach wäre B* Spiegelbild von B' bezüglich der Spiegelung an h'.
Da aber B* ∈ [A'C'[ist, gilt: B* = B'.
Also muß die Annahme, B' liege nicht auf h', falsch sein.

Rückschau

In den Beweis dieses Satzes sind ähnliche Ideen eingegangen, wie bei dem Beweis des Satzes 12. Wir können die Idee des Beweises von Satz 16 so formulieren:
Es wird angenommen, daß der Punkt B' nicht auf der Geraden h' liegt. Daraufhin wird ein Punkt B* konstruiert, von dem man weiß, daß er auf der Geraden h' liegen muß.
Aufgrund der Axiome ergibt sich dann, daß B* das Spiegelbild von B' an h' ist. Also muß B* = B' sein. Daraus folgt dann, daß die Annahme B' ∉ h' falsch war. Sowohl bei Satz 12 als auch bei Satz.16 benutzt man zum Beweis in erster Linie die Kongruenzaxiome.

Folgerungen

(1) h sei eine Gerade durch die Punkte A und B. g sei eine Gerade, an der die Punkte A und B und die Gerade h gespiegelt werden mit $S_g(A) = A'$, $S_g(B) = B'$ und $S_g(h) = h'$. Daraus folgt dann, daß die Gerade h' durch die Punkte A' und B' geht. Wir schreiben dann $S_g(h_{AB}) = h'_{A'B'}$.

(2) Gegeben sei einc Gerade g und eine Gerade h. Sei $S_g(h) = h'$.

Dann gilt: $S_g(h') = h$.

Aufgabe

(21) [AB] sei eine Strecke, g sei die Symmetrieachse dieser Strecke. g schneide [AB] in P. Zeigen Sie:
[AP] ≡ [PB] (d.h., P ist der "Mittelpunkt" von [AB])

Definition 13 (Fixpunkt; Fixgerade; involutorische Abbildung)

a) g sei eine Gerade, S_g die Spiegelung an g.
Ein Punkt P heißt *Fixpunkt der Spiegelung* an g genau dann, wenn P beim Spiegeln an g auf sich abgebildet wird, d.h. wenn $S_g(P) = P$.

b) Eine Gerade h heißt *Fixgerade der Spiegelung* an g genau dann, wenn $S_g(h)=h$.

c) Wird eine Abbildung f zweimal hintereinander ausgeführt und erhält man als zusammengesetzte Abbildung die Identität, die jeden Punkt der Ebene sich selbst zuordnet, so heißt diese Abbildung *involutorisch*.
Formal: Eine Abbildung heißt *involutorisch* genau dann, wenn für alle Punkte P gilt: $f(f(P)) = P$, d.h. $f \circ f = id$, wobei *id* die abbildung ist, die jeden Punkt auf sich abbildet ("identische Abbildung").

Satz 14 a
Die Geradenspiegelung ist eine involutorische Abbildung, d.h. wenn P' Spiegelbild von P bezüglich g ist, so ist auch P Spiegelbild von P'.

Aufgaben

(22) Beweisen Sie Satz 14 a.
(23) Beweisen Sie:

Satz 17
g sei eine beliebige Gerade. h und k seien zwei parallele Geraden. Es sei
$h' = S_g(h)$ und $k' = S_g(k)$.
Dann gilt: h' und k' sind parallel.

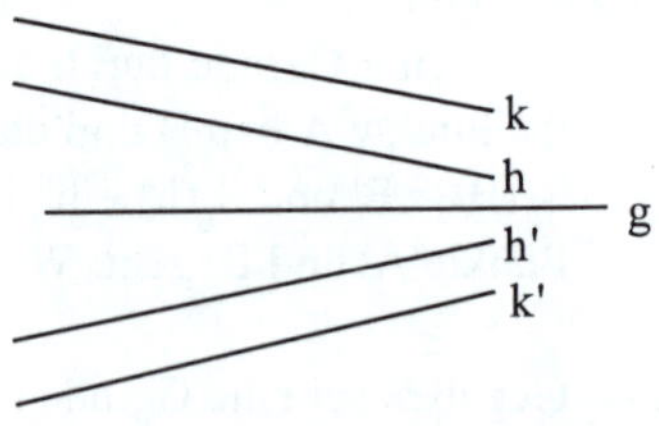

Nutzen Sie dabei die folgende Vorüberlegung:

Vorüberlegung
Um die Aussage des Satzes beweisen zu können, nehmen wir indirekt an, es gäbe einen Punkt P', der ein gemeinsamer Punkt der Geraden h' und k' sei. Wir führen also auch in diesem Fall wieder einen indirekten Beweis durch.

Satz 18
Sei g eine Gerade, $P \notin g$ und $Q = S_g(P)$.
Dann ist die Gerade h_{PQ} Fixgerade der Spiegelung an g, d.h. $S_g(h_{PQ}) = h_{PQ}$

Beweis
Da die Geradenspiegelung eine involutorische Abbildung ist, gilt:
$S_g(Q) = P$ und $S_g(P) = Q$
$\Rightarrow S_g(h_{PQ}) = h_{QP} = h_{PQ}$.

Aufgabe

(24) g sei eine Gerade. h und k seien zwei verschiedene Geraden mit

$h \cap k \neq \emptyset$.

Zeigen Sie: $S_g(h) \cap S_g(k) \neq \emptyset$.

7 Die Kongruenzsätze

Für die Formulierung und den Beweis der *Kongruenzsätze* benötigen wir den Begriff der *Bewegung*.

Definition 14 (Kongruenzabbildung; Bewegung)
Ein Produkt aus endlich vielen Geradenspiegelungen heißt Kongruenzabbildung oder Bewegung (***B***).

Der Begriff "Produkt" meint hierbei, daß mehrere Spiegelungen nacheinander ausgeführt werden.
Dabei ist das Produkt $S_g \circ S_h$ zweier Geradenspiegelungen definiert durch
$S_g \circ S_h(P) := S_g(S_h(P))$
für alle $P \in \boldsymbol{E}$.
Das Verknüpfungszeichen "$\circ$" ist also so zu lesen, daß zuerst die rechts stehende Spiegelung durchzuführen ist.

Das Produkt endlich vieler Geradenspiegelungen ergibt sich analog.

Satz 19

Seien P, Q seien zwei Punkte mit P ≠ Q. P*, Q* seien Punkte mit [PQ] ≡ [P*Q*].

Dann gibt es eine Bewegung ***B***, die die Strecke [PQ] auf die Strecke [P*Q*] abbildet, für die also gilt: ***B*** (P) = P*, ***B*** (Q) = Q*

Beweis

P, Q zwei beliebige Punkte mit P ≠ Q. P*, Q* seien zwei weitere Punkte. Wir betrachten hier nur den Fall, daß P ≠ P* und Q ≠ Q* ist. Die anderen beiden Fälle stellen wir als Übungsaufgaben.

Voraussetzung: [PQ] ≡ [P*Q*]

Sei m_1 die Symmetrieachse von P und P*.

Sei Q' = S_{m_1}(Q).

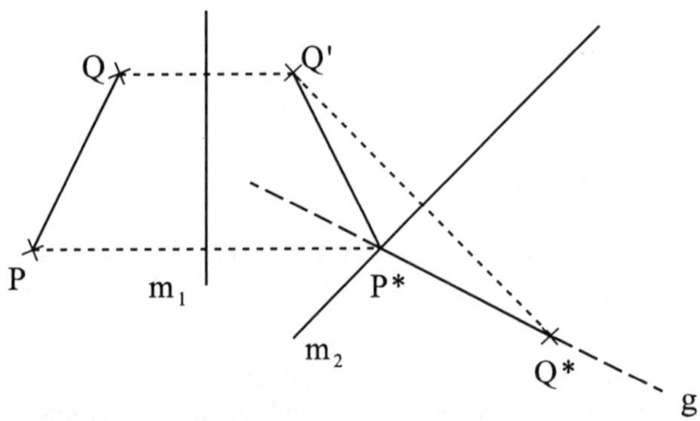

Es sind zwei Fälle möglich:

(1) Wenn Q' = Q* ist, gilt ***B*** = S_{m_1} mit ***B***(P) = P* und ***B***(Q) = Q*.

(2) Wenn Q' ≠ Q* ist, wähle m_2 als Symmetrieachse von Q' und Q*.
P* liegt auf m_2, denn
[PQ] ≡ [P*Q'] wegen SP3;

und

$[PQ] \equiv [P^*Q^*]$ nach Voraussetzung

$\Rightarrow [P^*Q'] \equiv [P^*Q^*]$

$\Rightarrow P^* \in m_2$. (Satz 15)

Dann ist ***B*** wie folgt definiert:

$$\boldsymbol{B} = S_{m_2} \circ S_{m_1}$$

Damit haben wir nachgewiesen, daß es eine Abbildung gibt, die [PQ] auf [P*Q*] abbildet.

Aufgabe

(25) Wir haben den Satz nur für den Fall $P \neq P^*$ und $Q \neq Q^*$ bewiesen. Führen Sie den Beweis für die anderen Fälle durch.

Für den Beweis eines der Kongruenzsätze benötigen wir einen Satz, der uns aus dem Umgang mit dem Winkelmesser unmittelbar vertraut ist. Für seinen Beweis benötigen wir Mittel, die wir im vertiefenden Abschnitt 10 bereitstellen.

Satz 20 (Eindeutigkeit des Winkelabtragens)
Sei $\alpha = [g_A, h_A]$ ein Winkel. Sei g^*_B ein Strahl.
Dann gibt es in jeder Halbebene bezüglich g* genau eine Halbgerade $h'_{(B)}$ bzw. $h^*_{(B)}$ derart, daß
$[g_A, h_A] \equiv [g^*_B, h'_B] \equiv [g^*_B, h^*_B]$.

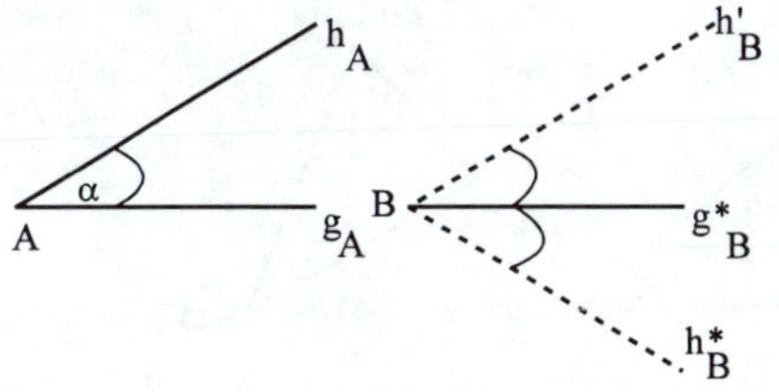

Definition 15 (kongruent)
Zwei Figuren X und Y heißen *kongruent* genau dann, wenn es eine Bewegung ***B*** gibt mit ***B***(X) = Y.

Unter Berücksichtigung der bereits bewiesenen Sätze sieht man, daß die

Streckenkongruenz auch Kongruenz in diesem Sinne ist.

Satz 21 (Kongruenzsatz SSS[4])
A, B, C sowie A*, B*, C* seien jeweils drei nichtkollineare Punkte.
Es gelte: [AB] ≡ [A*B*], [BC] ≡ [B*C*], [AC] ≡ [A*C*]
Dann gilt: Es gibt eine Bewegung ***B*** mit ***B***(A) = A*, ***B***(B) = B*, ***B***(C) = C*

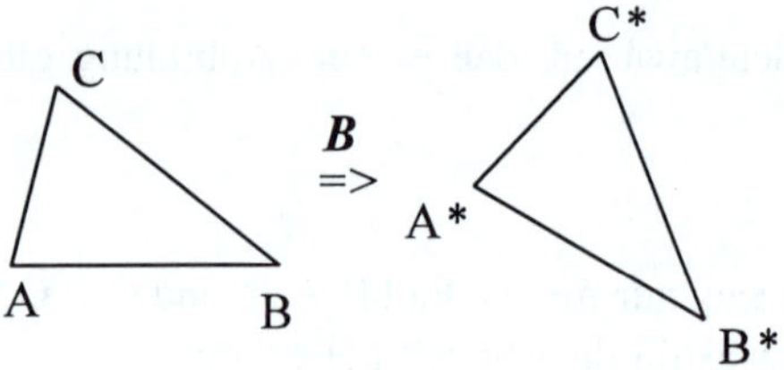

Beweis
A, B, C seien drei beliebige nichtkollineare Punkte. A*, B*, C* seien drei beliebige nichtkollineare Punkte.
Nach Voraussetzung gilt: [AB] ≡ [A*B*]
Daraus folgt gemäß Satz 19, daß es eine Bewegung ***B*** gibt, die A auf A* und B auf B* abbildet. Der Bildpunkt von C bei der Bewegung sei C'. Hierbei sind zwei Fälle möglich:

(1) C* = C'; dann ist ***B*** die nachzuweisende Bewegung.

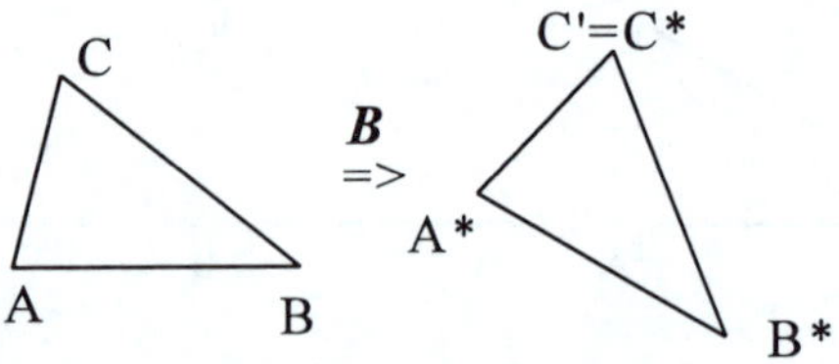

(2) C* ≠ C'; dann gilt:
[AC] ≡ [A*C']   und   [BC] ≡ [B*C'].

---

4 "SSS" bedeutet: Seite - Seite - Seite. Damit ist gemeint, daß die drei Seiten des Dreiecks bekannt bzw. gegeben sind.

Nach Voraussetzung gilt:

[AC] ≡ [A*C*]   und   [BC] ≡ [B*C*].

Damit gilt:

[A*C'] ≡ [A*C*] und   [B*C'] ≡ [B*C*]. (K2)

Daraus folgt: C' ist das Bild von C* bei Spiegelung an $g'_{A^*B^*}$. In diesem Fall ist also $S_{g'} \circ$ ***B*** die nachzuweisende Bewegung.

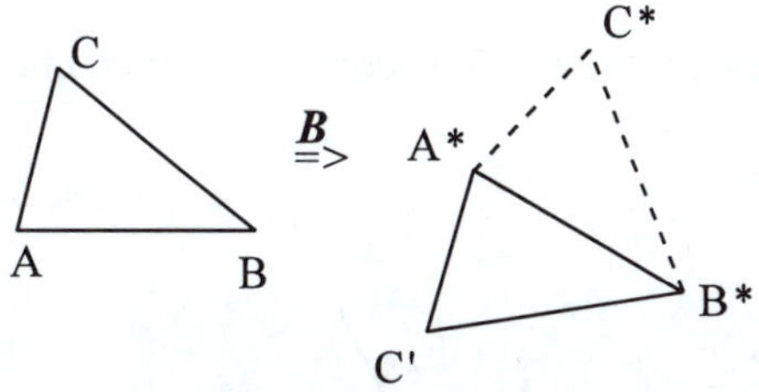

Rückschau

Die Idee des Beweises läßt sich wie folgt fassen:
Wir greifen uns ein kongruentes Streckenpaar (hier: [AB] und [A*B*]) heraus. Wir können nun mit einer Bewegung g_{AB} auf $g'_{A^*B^*}$ abbilden. Dabei wird der Punkt C zwangsläufig mitbewegt. Wenn das Bild C' von C bei dieser Bewegung auf der “richtigen Seite” von $g'_{A^*B^*}$ liegt, ist C* = C' (1. Fall).
Wenn es auf der “falschen Seite” liegt, ist C' das Spiegelbild von C* (2. Fall).

Satz 22 (Kongruenzsatz SWS)[5]
A, B, C sowie A*, B*, C* seien jeweils drei nichtkollineare Punkte.

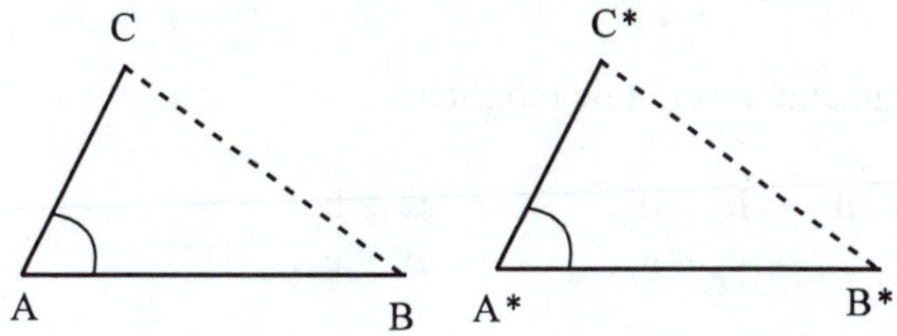

Es sei
∢ (BAC) ≡ ∢ (B*A*C*), ∢ (BAC) nicht überstumpf.

5 “SWS” bedeutet: Seite - Winkel - Seite. Damit ist gemeint, daß die zwei Seiten des Dreiecks und der von ihnen eingeschlossene Winkel bekannt bzw. gegeben sind.

Ferner gelte:

$[AC] \equiv [A^*C^*]$, $[AB] \equiv [A^*B^*]$.

Dann gilt:

Es gibt eine Bewegung ***B*** mit ***B***(A) = A*, ***B***(B) = B*, ***B***(C) = C*.

Beweis

Sei h_A (bzw. h_{A^*}) der durch C (bzw. C*) verlaufende Strahl mit dem Anfangspunkt A (bzw. A*).

Sei g_A (bzw. g_{A^*}) der durch B (bzw. B*) verlaufende Strahl mit dem Anfangspunkt A (bzw. A*).

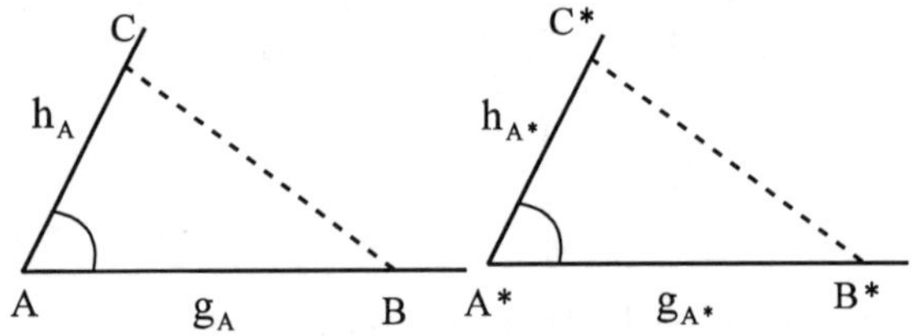

Sei ***B*** die Bewegung, die $\sphericalangle(BAC)$ auf $\sphericalangle(B^*A^*C^*)$ abbildet.

Diese Abbildung erzeugt die folgenden Bilder:

$h_{A'} := \boldsymbol{B}(h_A)$, $g_{A'} := \boldsymbol{B}(g_A)$

mit

$B' := \boldsymbol{B}(B)$, $A' := \boldsymbol{B}(A)$, $C' := \boldsymbol{B}(C)$

Dann sind zwei Fälle möglich:

1. Fall: $h_{A'} = h_{A^*}$ => $A', C' \in h_{A^*}$.
$g_{A'} = g_{A^*}$ => $A', B' \in g_{A^*}$.

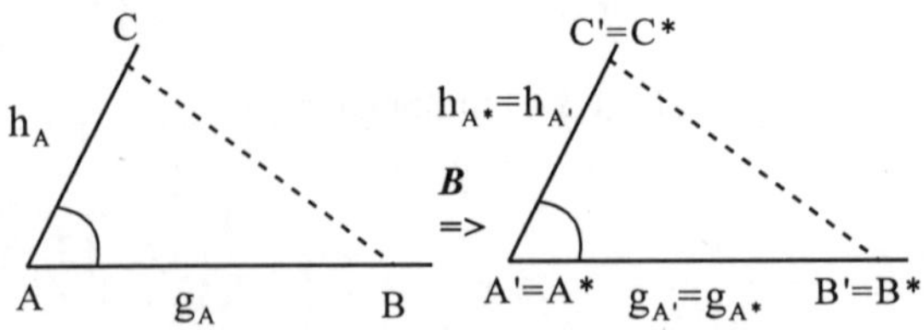

(a) Zunächst gilt A' = A*, da $\sphericalangle(BAC)$ auf $\sphericalangle(B^*A^*C^*)$ abgebildet wird und somit A' und A* auf dem Schnittpunkt von g_{A*} und h_{A*} liegen.

(b) Aus

[AB] ≡ [A*B*] (Voraussetzung)

und

[AB] ≡ [A'B'] (Eigenschaften der Bewegung)

folgt mit (a):

[AB] ≡ [A*B*] ≡ [A'B']

=> B' = B*. (K1)

Ebenso gilt:

C' = C*.

Damit leistet die Bewegung ***B*** das Gewünschte.

2. Fall: $h_{A'} = g_{A*}$ => A', C' $\in g_{A*}$.

$g_{A'} = h_{A*}$ => A', B' $\in h_{A*}$.

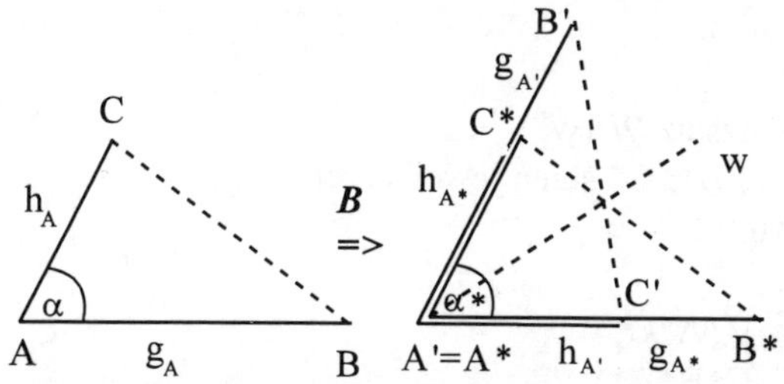

Somit liegen B' und C' auf den "falschen" von A* ausgehenden Strahlen.
Sei w die Winkelhalbierende von ∢ (B*A*C*).
Wenn wir nun das Bild an der Winkelhalbierenden w spiegeln, wird $h_{A'}$ auf h_{A*} und $g_{A'}$ auf g_{A*} abgebildet.
Damit erhalten wir die Voraussetzungen von Fall 1 und können entsprechend argumentieren.

Im 1. Fall ist also bereits ***B*** die gesuchte Bewegung, während im 2. Fall die Bewegung $S_w \circ$ ***B*** die Punkte A auf A*, B auf B* und C auf C* abbildet.

Rückschau/Idee des Beweises

Gegeben sind zwei kongruente Winkel:

∢ (BAC) und ∢ (B*A*C*)

Aus Definition 15 wissen wir, daß es eine Bewegung gibt, die ∢ (BAC) auf

∢(B*A*C*) abbildet. Bei dieser Bewegung werden auch die Strahlen h_A und g_A mitbewegt, und zwar automatisch auf die Strahlen h_{A*} und g_{A*}.
Zunächst sieht man unmittelbar, daß das Bild A' von A gleich A* ist. Also ist:

B(A) = A' = A*.

Wenn nun (1. Fall)

– $h_{A'}$ = ***B***(h_A) auf h_{A*} liegt, gilt aufgrund der Kongruenzaxiome: C' = C*
– $g_{A'}$ = ***B***(g_A) auf g_{A*} liegt, gilt aufgrund der Kongruenzaxiome: B' = B*

Also gilt weiter:

B(B) = B' = B* und ***B***(C) = C' = C*.

Damit ist gezeigt, daß in diesem Fall ***B*** die gesuchte Bewegung ist.

Wenn dagegen (2. Fall)

– $h_{A'}$ = ***B***(h_A) auf g_{A*}, und
– $g_{A'}$ = ***B***(g_A) auf h_{A*} liegt,

dann liegen die Punkte B' und C' auf den “falschen Seiten” bezüglich der Winkelhalbierenden w. Aus diesem Grund spiegeln wir das Bild an der Winkelhalbierenden, so daß B' auf B* und D auf C* zu liegen kommt.

Satz 23 (Kongruenzsatz WSW[6])

A, B, C, sowie A*, B*, C* seien jeweils drei nichtkollineare Punkte.
Ferner gelte:

∢ (BAC) ≡ ∢ (B*A*C*)
∢ (CBA) ≡ ∢ (C*B*A*)
[AB] ≡ [A*B*]

Dann ist das Dreieck ABC kongruent zum Dreieck A*B*C*.

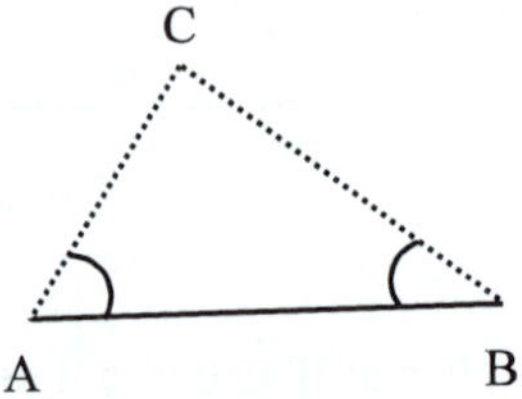

Beweis

A, B, C seien drei beliebige nichtkollineare Punkte. A*, B*, C* seien drei beliebige nichtkollineare Punkte.
Es sei nach Voraussetzung

[AB] ≡ [A*B*],
∢ (BAC) ≡ ∢ (B*A*C*)

und

∢ (CBA) ≡ ∢ (C*B*A*).

---

6 “WSW” (Winkel - Seite - Winkel) bedeutet, daß eine Seite und die beiden ihr anliegenden Winkel bekannt bzw. gegeben sind.

Es gibt nach Satz 19 eine Bewegung ***B***, die A auf A* und B auf B* abbildet. Das Bild von C bei dieser Abbildung sei D.
Es gilt dann:

$$\alpha' = \boldsymbol{B}(\alpha) = \sphericalangle\,(B^*A^*D) \equiv \sphericalangle\,(BAC) \equiv \sphericalangle\,(B^*A^*C^*) = \alpha^*$$

und

$$\beta' = \boldsymbol{B}(\beta) = \sphericalangle\,(DB^*A^*) \equiv \sphericalangle\,(CBA) \equiv \sphericalangle\,(C^*B^*A^*) = \beta^*.$$

Seien h_D, h_{C^*}, g_D, g_{C^*} die von A* bzw. B* ausgehenden und durch C* bzw. D verlaufenden Strahlen (vgl. Zeichnung).

Liegt nun D bezüglich der Geraden $g_{A^*B^*}$ in derselben Halbebene wie C*, so muß wegen der Eindeutigkeit des Abtragens von Winkeln (Satz 30) gelten:

$$h_D = h_{C^*}$$

und

$$g_D = g_{C^*}.$$

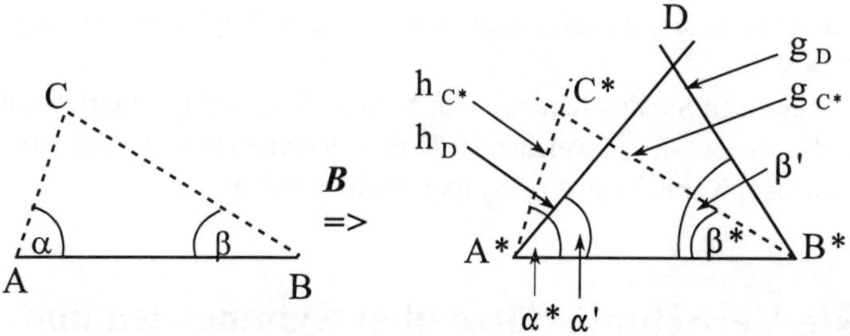

Also muß auch D als Schnittpunkt der Strahlen h_D und g_D gleich C* sein.

Liegen aber D und C* in verschiedenen Halbebenen, so spiegelt man zunächst

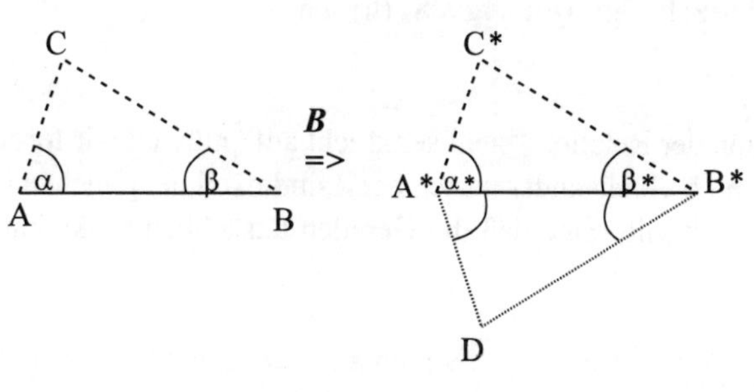

an der durch A* und B* verlaufenden Geraden g*, und dieselbe Überlegung gilt für das sich dabei ergebende Spiegelbild D' von D. $S_{g^*} \circ \boldsymbol{B}$ bildet also in diesem Fall das Dreieck ABC auf das Dreieck A*B*C* ab.

Aufgaben

(26) Führen Sie die Überlegungen für den zweiten Fall vollständig aus.

(27) Der Basiswinkelsatz lautet:
Sei ABC ein Dreieck mit $[AC] \equiv [BC]$. Dann gilt $\sphericalangle(BAC) \equiv \sphericalangle(CBA)$
Beweisen Sie den Satz.

(28) a) Formulieren und beweisen Sie die Umkehrung des Basiswinkelsatzes.

b) Es gilt der folgende Satz:
Die Winkelhalbierenden der Innenwinkel eines Rechtecks schließen ein Quadrat ein (vgl. Aufgabe 12 aus dem Kapitel zur Schulgeometrie).
Beweisen Sie den Satz mit den Mitteln des Schulgeometriekapitels.
Überlegen Sie, an welcher Stelle bzw. welchen Stellen Abschnitte aus diesem Kapitel zur Axiomatik berührt werden.

8 Erste Vertiefung: Sätze über Symmetrien und die Relation "steht senkrecht auf"

Definition 16 (senkrecht)
Seien g und h zwei verschiedene Geraden.
Die Gerade h *steht senkrecht auf* der Geraden g genau dann, wenn $h \neq g$ und $S_g(h) = h$.
Wir schreiben kurz: $h \perp g :\Leftrightarrow h \neq g \wedge S_g(h) = h$

Anmerkung
Bei der Definition der Relation "steht senkrecht auf" müssen wir fordern, daß die Geraden g und h voneinander verschieden sind, weil bei gleichen Geraden ebenfalls $S_g(h) = h$ gilt, ohne daß die Geraden tatsächlich senkrecht aufeinander stehen.

Für die Relation *steht senkrecht auf* gelten alle bekannten Eigenschaften. Die etwas "technischen" Beweise finden Sie in Abschnitt 10.

Satz 24

Die Relation "steht senkrecht auf" ist symmetrisch, d.h.:
Für alle Geraden g, h gilt: $h \perp g \Rightarrow g \perp h$.

Satz 25

Für alle $P \in \boldsymbol{E}$ gibt es zu jeder Geraden g *genau eine* Senkrechte h mit $P \in h$.

Satz 26

Alle Senkrechten einer Geraden sind zueinander parallel oder gleich.
Kurz: Für alle Geraden g, h, i gilt:
$h \perp g \wedge i \perp g \Rightarrow h \| i$

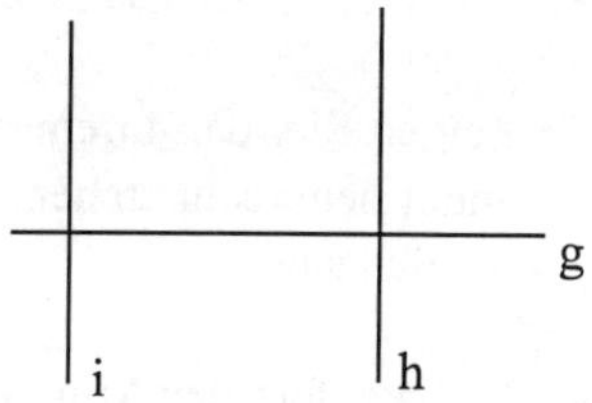

Vorüberlegung

Wir haben die Gerade g und dazu zwei Senkrechte h und i.
Wir sollen zeigen: $h \| i$.

Dies ist wieder eine "oder- Aussage", denn $h \| i$ bedeutet:

$h = i$ oder $h \cap i = \emptyset$ (nach Definition 2)

Wie beim Beweis von Satz 7 nehmen wir $h \cap i \neq \emptyset$ an und zeigen dann, daß $h = i$ gilt.

Beweis

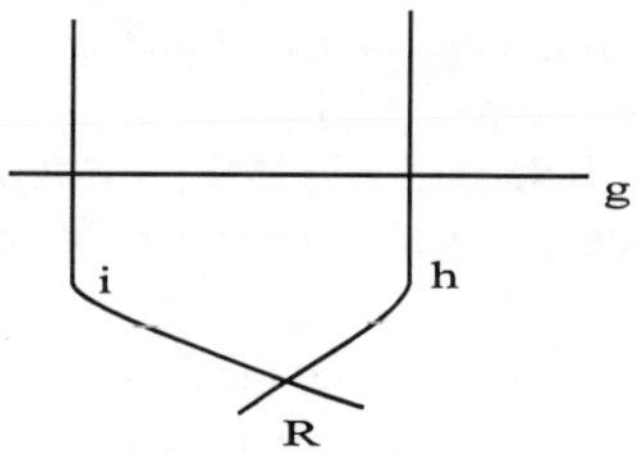

Voraussetzung: Seien g, h, i Geraden mit $h \perp g$ und $i \perp g$.
Zu zeigen ist:

$h \| i$, also $h \cap i = \emptyset$ oder $h = i$.

Das bedeutet: Wenn $h \cap i \neq \emptyset$ ist, so muß gezeigt werden, daß $h = i$ sein muß.

Sei also $h \cap i \neq \emptyset$ mit $\{R\} \in h \cap i$.
Dann sind h und i Senkrechte zu der Geraden g (nach Voraussetzung), die einen gemeinsamen Punkt R haben. Also gilt, daß i und h gleich sein müssen, da es nach Satz 25 zu der Geraden g durch R nur *genau eine* Senkrechte geben kann.

Satz 27
Sei P ∉ g, P' = S_g (P). P liege in der Halbebene $\boldsymbol{H}_1$ bezüglich g.
Dann liegt P' in der Halbebene $\boldsymbol{H}_2$, d.h.]PP'[∩ g ≠ ∅.

Satz 28
Steht g auf h senkrecht, so steht g auch auf jeder Parallelen zu h senkrecht.
Kurz: Für alle Geraden g, h, i gilt: $(g \perp h \wedge h \parallel i \Rightarrow g \perp i)$

Aufgabe

(29) Ein Viereck ABCD heißt *Rechteck* genau dann, wenn $g_{AB} \perp g_{BC}$ und $g_{BC} \perp g_{CD}$.
Zeigen Sie, daß in einem Rechteck benachbarte Seiten jeweils aufeinander senkrecht stehen, und daß gegenüberliegende Seiten zueinander parallel sind.

Satz 29 (Satz über den Mittelpunkt)
Zu jeder Strecke [PQ] gibt es *genau einen* Punkt M ∈]PQ[mit [MP] ≡ [MQ].
M heißt Mittelpunkt der Strecke [PQ].

Beweis
Nach SP2 (vgl. S. 167) gibt es zu den Punkten P und Q *genau eine* Symmetrieachse h.
Die Gerade h schneidet die Strecke [PQ] in *genau einem* Punkt.
Sei also h ∩ [PQ] = {M}.
Nach Satz 15 gilt: [MP] ≡ [MQ].

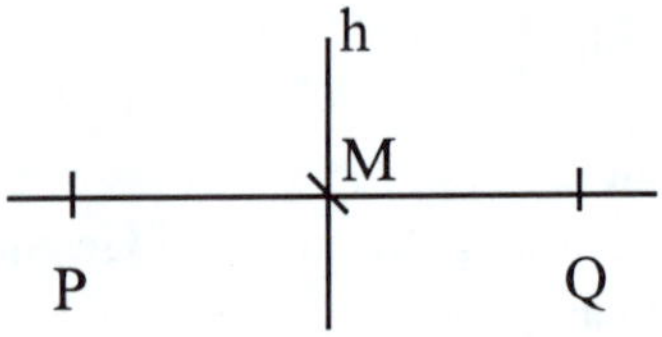

Dies ist der Nachweis der *Existenz* eines Mittelpunktes.

Es bleibt nun noch die *Eindeutigkeit* des Mittelpunktes zu zeigen. Wir müssen also zeigen, daß es *keinen zweiten* Punkt N ∈]PQ[mit [NP] ≡ [NQ] geben kann. Dies zeigen wir indirekt:

Annahme (indirekt): Sei N ein weiterer Punkt mit [NP] ≡ [NQ] und N ∈]PQ[.
=> N liegt auf der Symmetrieachse h
(Satz 15)
=> N ∈ h ∩]PQ[.

Als Schnittpunkt von h mit]PQ[ist N damit *eindeutig* festgelegt. Es muß also N = M sein, da es nur *einen* solchen Schnittpunkt geben kann (Satz 1).

Satz 30
Seien P, Q Punkte mit $P \neq Q$, s die Symmetrieachse von [PQ], g sei eine beliebige Gerade. Dann gilt: $s' = S_g(s)$ ist Symmetrieachse von $P' = S_g(P)$ und $Q' = S_g(Q)$.

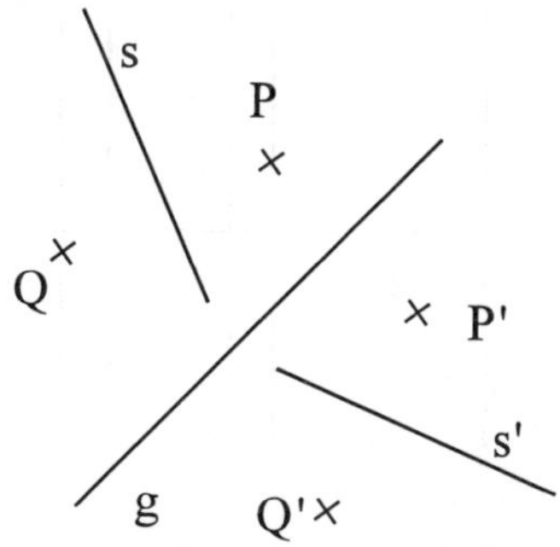

Aufgaben

(30) Sei g eine Gerade, P sei ein nicht auf g liegender Punkt. Wie zeichnet man nur mit Zirkel und Lineal die Senkrechte zu g durch P?
Begründen Sie die Korrektheit des Vorgehens.

(31) Sei g eine Gerade und P ein auf ihr liegender Punkt. Wie konstruiert man nur mit Zirkel und Lineal das Bild von P bei Spiegelung an g?
Begründen Sie die Korrektheit des Vorgehens.

(32) Beschreiben Sie, wie man in der Schule die Mittelsenkrechte einer Strecke [AB] nur mit Zirkel und Lineal konstruiert.
Begründen Sie die Korrektheit des Vorgehens.

Satz 31
Seien g und h zwei beliebige Geraden. Dann gilt:

(a) $g = h \Rightarrow$ es gibt unendlich viele Geraden m derart, daß $S_m(g) = h$.

(b) $g \parallel h, g \neq h \Rightarrow$ es gibt genau eine Gerade m mit $S_m(g) = h$.

(c) $g \cap h = \{S\} \Rightarrow$ es gibt genau zwei Geraden m, a mit $S_m(g) = h$, $S_a(g) = h$.

Im Fall (c) gilt für die beiden Geraden m und a: $m \perp a$.

Den formalen Beweis führen wir in Abschnitt 10. An dieser Stelle wollen wir lediglich die *anschauliche Bedeutung* des Satzes festhalten.
Wenn g = h ist, erfüllt jede Senkrechte auf g die Behauptung des Satzes. Ferner erfüllt g selbst dic Voraussetzung des Satzes.

Wenn g und h parallel sind, erfüllt genau die sogenannte Mittelparallele (hier: m) die Behauptung des Satzes.

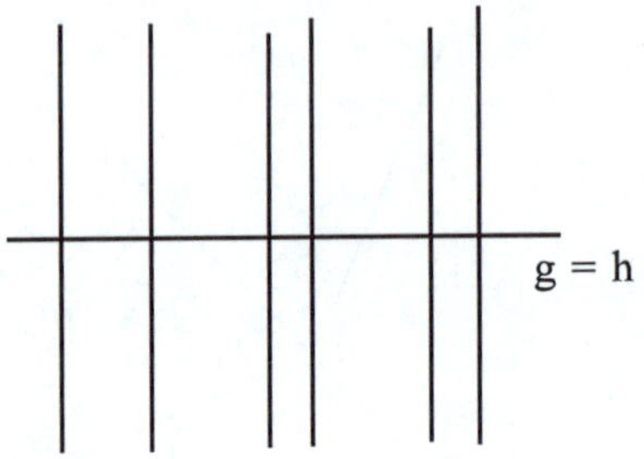

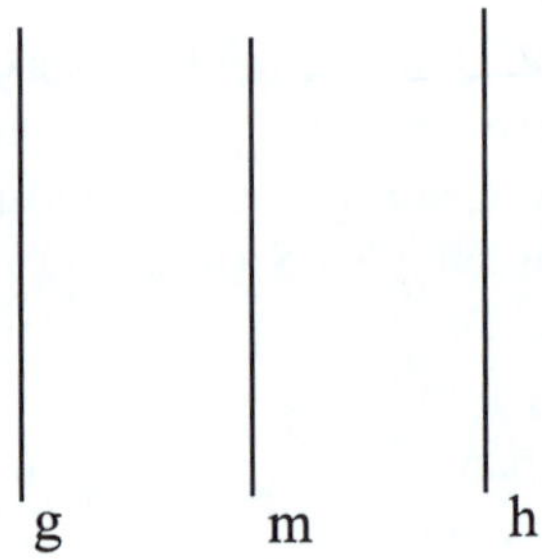

Im dritten Fall handelt es sich um die sogenannten *Winkelhalbierenden*. Dies sind in der Abbildung die Geraden a und b.

Definition 17 (Winkelhalbierende)
Die beiden gemäß Satz 31 (c) existierenden Geraden heißen *Winkelhalbierende* der durch g und h gebildeten Winkel.

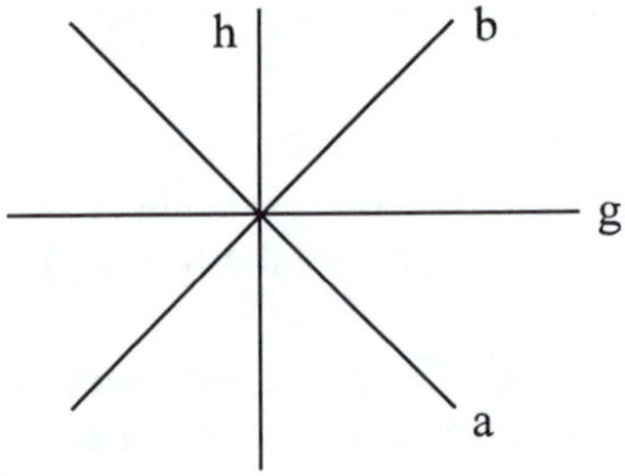

9 Zweite Vertiefung: Sätze über Bewegungen

Satz 32
f sei eine Abbildung der Ebene auf sich, die geraden- und streckentreu ist. A, B und C sei drei nichtkollineare Punkte. Dann ist f durch die Angabe der Bilder A*, B* und C* von A, B und C eindeutig bestimmt.

Erklärung zu Satz 32
Bei einer Abbildung der Ebene auf sich wird das Ursprungsbild gewissermaßen an einen anderen Ort "bewegt". "Geraden- und Streckentreue" bedeutet, daß diese Abbildung jede Gerade stets wieder auf eine Gerade und jede Strecke auf eine jeweils kongruente Strecke abgebildet.
Satz 32 besagt nun, daß es für diese Bewegung nur *eine* Abbildung gibt, wenn das Ursprungsbild durch mindestens 3 nichtkollineare Punkte definiert ist und die Abbildung geraden- und streckentreu ist.

Vorüberlegung

Wir führen den Beweis indirekt. Wir nehmen also an, es gäbe neben einer Abbildung f eine zweite - von f verschiedene - Abbildung a, für die gilt:

a (A) = A* = f (A)
a (B) = B* = f (B)
a (C) = C* = f (C)

A, B, C sind also Punkte des Ursprungsbildes, während A*, B*, C* die entsprechenden Bildpunkte sind. a soll gemäß der Annahme des indirekten Beweises von f verschieden sein. Es muß also einen weiteren Punkt P geben, dessen Bilder sich bezüglich a und f unterscheiden.

Sei also f (P) = P' ≠ P'' = a (P).

Wir zeigen zunächst, daß P'' Spiegelbild von P' bezüglich der Spiegelung an der Geraden $g_{A^*B^*}$ ist und leiten daraus einen Widerspruch her.

Dabei werden unsere Überlegungen von der folgenden anschaulichen Vorstellung geleitet:

Durch die Abstände zu A, B, C ist jeder Punkt P der Ebene eindeutig bestimmt. Dann ist das Bild P' durch die Abstände zu A, B* und C* eindeutig bestimmt.*

Beweis

Sei P ein beliebiger Punkt und o. B. d. A.:

$P \notin g_{AB}$

Sei P' das Bild von P bezüglich der Abbildung f, die A auf A*, B auf B* und C auf C* abbildet.

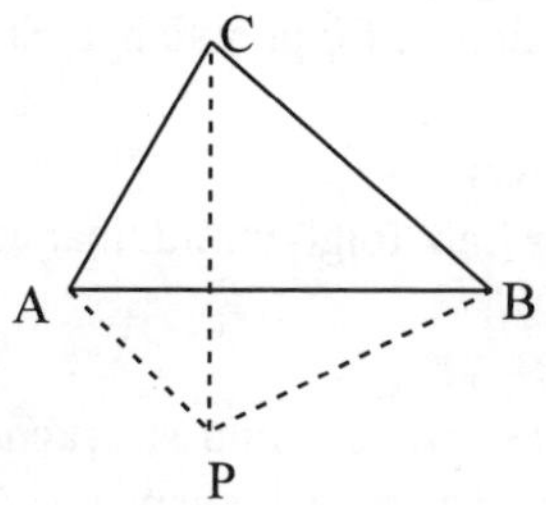

Wir nehmen nun an, daß es eine Abbildung a gibt, die die Voraussetzungen von f erfüllt, den Punkt P aber auf einen weiteren Punkt P'' abbildet, der von P' verschieden ist. Wir zeigen dann, daß dieser neue Punkt P'' das Spiegelbild von P' ist.

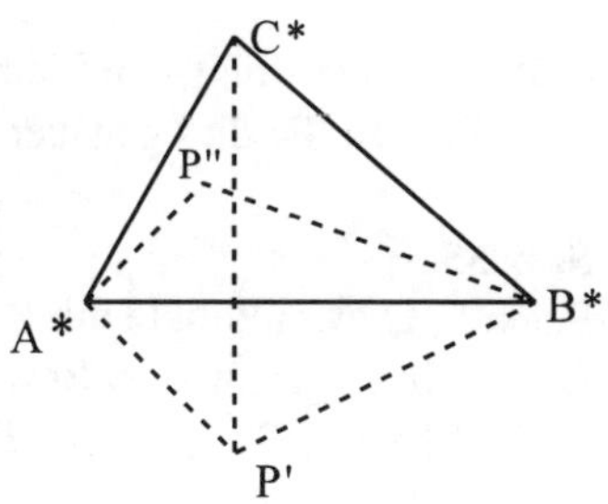

Annahme: Es gibt eine Abbildung a mit a (P) = P'' ≠ P' und a (A) = A*, a (B) = B* und a (C) = C*.

Es gilt:

[AP] ≡ [A*P'] und [AP] ≡ [A*P'']
[BP] ≡ [B*P'] und [BP] ≡ [B*P'']
⇒ [A*P'] ≡ [A*P''] und [B*P'] ≡ [B*P''].
(*) (*)

Da die Punkte A und B auf der Geraden g liegen, liegen A* und B* auf der Geraden $g_{A^*B^*}$. Aus den beiden Kongruenzen (*) folgt deshalb nach Definition der Spiegelung:

P" ist Spiegelbild von P' bei Spiegelung an $g_{A^*B^*}$.

⇒ [C*P'] ≢ [C*P"], da sonst wegen Satz 15 C* auf der Geraden $g_{A^*B^*}$ läge.

Aufgrund der Streckentreue beider Abbildungen gilt aber auch:

[C*P'] ≡ [CP] und [C*P"] ≡ [CP]

⇒ [C*P'] ≡ [C*P"].

Aufgrund der obigen Schlußfolgerung [C*P'] ≢ [C*P"] führt dies jedoch zu dem Widerspruch [CP] ≢ [CP].
Deshalb muß die Annahme, es gäbe eine zweite, von f verschiedene Abbildung a, falsch sein.

Der soeben bewiesene Satz hat zwei wichtige Folgerungen:

Satz 33
Eine geraden- und streckentreue Abbildung der Ebene auf sich, die drei nichtkollineare Fixpunkte hat, ist die Identität.

Beweis
Der Satz folgt unmittelbar aus Satz 32.

Satz 34
Jede geraden- und streckentreue Abbildung ist Produkt von höchstens drei Geradenspiegelungen.

Aufgabe

(33) Der Satz folgt unmittelbar aus Satz 32 und dem Kongruenzsatz (sss). Führen Sie dies genauer aus.

Satz 35
Seien P, Q zwei Punkte mit P ≠ Q. P*, Q* seien Punkte mit [PQ] ≡ [P*Q*].
Dann gibt es genau zwei Bewegungen $\boldsymbol{B}_1$ und $\boldsymbol{B}_2$ mit

$\boldsymbol{B}_1(P) = P^*$, $\boldsymbol{B}_1(Q) = Q^*$, $\boldsymbol{B}_2(P) = P^*$ und $\boldsymbol{B}_2(Q) = Q^*$.

Dabei gilt:

$\boldsymbol{B}_2 = S_{g^*} \circ \boldsymbol{B}_1$,

wobei g* die durch P*Q* verlaufende Gerade ist, d.h. die beiden Bewegungen unterscheiden sich durch die Spiegelung an der Geraden g*.

Beweis

Seien P, Q zwei beliebige Punkte mit P ≠ Q. Wir betrachten nur den Fall, daß P ≠ P* und Q ≠ Q* ist. Die anderen beiden Fälle sind Übungsaufgaben.

Voraussetzung: [PQ] ≡ [P*Q*]

Was müssen wir beweisen?

(a) Wir müssen zeigen, daß es *überhaupt eine* Abbildung (eine oder mehrere Geradenspiegelungen) gibt, die [PQ] auf [P*Q*] abbildet. (Existenznachweis)

(b) Wir müssen zeigen, daß es daneben noch eine *zweite* Abbildung gibt, die ebenfalls [PQ] auf [P*Q*] abbildet. (Existenznachweis)

(c) Wir müssen zeigen, daß es *höchstens* und damit *genau zwei* derartige Abbildungen gibt. (Eindeutigkeitsnachweis)

(a) Existenz einer Abbildung

Die Existenz einer solchen Abbildung wurde bereits in Satz 19 formuliert und bewiesen.

(b) Existenz einer zweiten Abbildung

Die wie oben definierte Bewegung B_2 erfüllt in beiden Fällen dann ebenfalls $\boldsymbol{B}_2(P) = P^*$, $\boldsymbol{B}_2(Q) = Q^*$, womit wir nachgewiesen haben, daß es eine zweite Abbildung $\boldsymbol{B}_2$ gibt, die ebenfalls [PQ] auf [P*Q*] abbildet.

(c) Eindeutigkeit

Annahme: Es gibt drei *verschiedene* Bewegungen $\boldsymbol{B}_1$, $\boldsymbol{B}_2$ und $\boldsymbol{B}_3$, die P auf P*, und Q auf Q* abbilden.

Diese Bewegungen $\boldsymbol{B}_i$ (mit i = 1, 2, 3) sind eindeutig bestimmt durch das Bild eines nicht auf g_{PQ} liegenden Punktes R. (Satz 32)

Die Bilder seien R', R'', R''', und ohne Beschränkung der Allgemeinheit liege R''' auf derselben Seite von $g_{P^*Q^*}$ wie R'. Dann gilt unter der Annahme, die B_i seien paarweise voneinander verschieden:

Alle R', R'', R''' sind paarweise voneinander verschieden, d.h. R' ≠ R'', R' ≠ R''', R'' ≠ R'''.

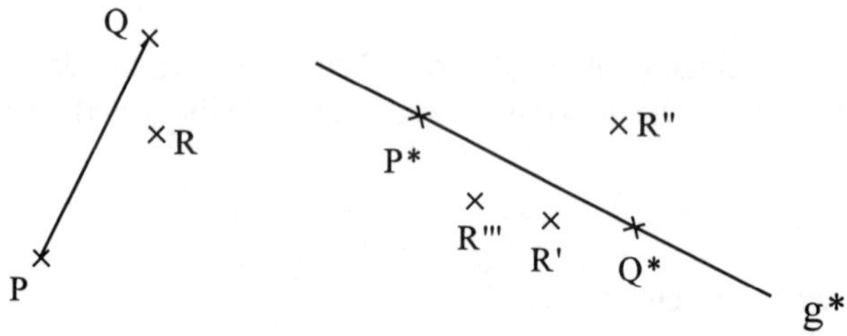

Es gilt:

$$\begin{aligned} [P^*R'] &\equiv [PR]\,; & [Q^*R'] &\equiv [QR] \\ [P^*R''] &\equiv [PR]\,; & [Q^*R''] &\equiv [QR] \\ [P^*R'''] &\equiv [PR]\,; & [Q^*R'''] &\equiv [QR] \\ \Rightarrow\quad [P^*R'] &\equiv [P^*R''] & [Q^*R'] &\equiv [Q^*R''] \end{aligned}$$

Sei g* die durch P* und Q* verlaufende Gerade. Da gemäß Annahme R' ≠ R'' ist, ist R'' Spiegelbild von R' bezüglich der Spiegelung an der Geraden g*. Weiterhin gilt: $[P^*R'] \equiv [P^*R''']$; $[Q^*R'] \equiv [Q^*R''']$.
Da gemäß der Annahme R' ≠ R''' ist, ist R''' ebenfalls Spiegelbild von R' bezüglich der Spiegelung an g*. Daraus folgt mit SP1: R'' = R''' .
Dies ist ein Widerspruch zur Annahme, R', R'', R''' seien paarweise verschieden.

Damit ist gezeigt, daß es nicht mehr als zwei verschiedene Bewegungen geben kann, die [PQ] auf [P*Q*] abbilden. Da wir bereits zwei verschiedene Bewegungen konstruiert haben, müssen dies die einzigen sein. Gleichzeitig folgt aus den Überlegungen, daß aus $\boldsymbol{B}_i(P) = P^*$, $\boldsymbol{B}_i(Q) = Q^*$ und $\boldsymbol{B}_1 \neq \boldsymbol{B}_2$ folgt:
$\boldsymbol{B}_2 = S_{g^*} \circ \boldsymbol{B}_1$.

10 Beweis der unbewiesen gebliebenen Sätze

Satz 4
Die Relation "parallel oder gleich" ist eine Äquivalenzrelation, das heißt

(1) Für alle Geraden g gilt: $g \parallel g$ *Reflexivität*

Jede Gerade g ist zu sich selbst parallel oder gleich.

(2) Für alle Geraden g, h gilt: $g \parallel h \Rightarrow h \parallel g$. *Symmetrie*
Ist die Gerade g zu der Geraden h parallel oder gleich, so ist auch die Gerade h zu der Geraden g parallel oder gleich.

(3) Für alle Geraden g, h, k gilt: $g \parallel h, h \parallel k \Rightarrow g \parallel k$. *Transitivität*
Ist die Gerade g zu der Geraden h parallel oder gleich und ist weiterhin die Gerade h zu der Geraden k parallel oder gleich, so ist auch die Gerade g zu der Geraden k parallel oder gleich.

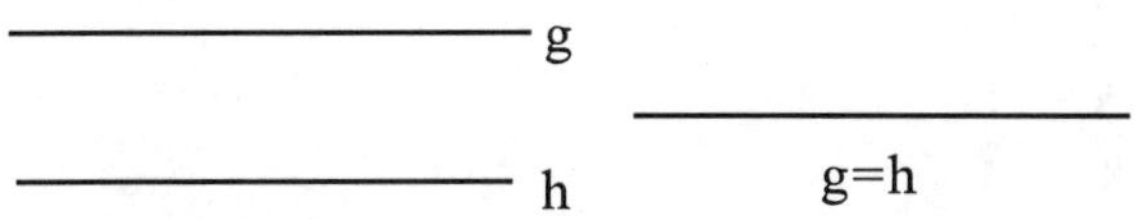

Zur Erinnerung:
Links ist g parallel zu h, rechts ist g *nicht* parallel zu h.
In beiden Fällen gilt $g \parallel h$.

Beweis
Für den Beweis dieses Satzes müssen wir zeigen, daß die Relation "$\parallel$" (parallel oder gleich) eine Äquivalenzrelation ist, d.h. wir müssen die drei oben angeführten Eigenschaften für die vorliegende Relation "parallel oder gleich" nachprüfen.

zu (1): Für alle Geraden g gilt: $g \parallel g$.
Die Aussage ist richtig, da für jede Gerade $g = g$ gilt. Aufgrund der Definition von "$\parallel$" gilt demnach $g \parallel g$.

zu (2): Für alle Geraden g, h gilt: $g \parallel h \Rightarrow h \parallel g$.
Diese Aussage ist richtig, da aus $g = h$ folgt, daß auch $h = g$ ist. Falls g und h voneinander verschieden sind, gilt ebenfalls, daß aus $g \cap h = \emptyset$ auch $h \cap g = \emptyset$ folgt.

zu (3): Für alle Geraden g, h, k gilt: $g \parallel h, h \parallel k \Rightarrow g \parallel k$.
Es gelte nach Voraussetzung $g \parallel h$ und $h \parallel k$.
Diese Aussage ist aufgrund der Definition 2 äquivalent zu den folgenden Aussagen:

$g = h$ oder $g \cap h = \varnothing$.

$h = k$ oder $h \cap k = \varnothing$.

Aus diesen Aussagen lassen sich insgesamt vier mögliche Fälle ableiten, bei denen die ersten drei unmittelbar einsichtig sind:

(1) $g = h$ und $h = k$
$\Rightarrow g = k$
$\Rightarrow g \parallel k$.

(2) $g = h$ und $h \cap k = \varnothing$
$\Rightarrow g \cap k = \varnothing$
$\Rightarrow g \parallel k$.

(3) $g \cap h = \varnothing$ und $h = k$
$\Rightarrow g \cap k = \varnothing$
$\Rightarrow g \parallel k$.

(4) $g \cap h = \varnothing$ und $h \cap k = \varnothing$.

Wir brauchen also nur noch den vierten Fall eingehender zu betrachten.

Annahme (indirekt): Sei $g \nparallel k$. P sei der Schnittpunkt von g und k, sei also $g \cap k = \{P\}$.

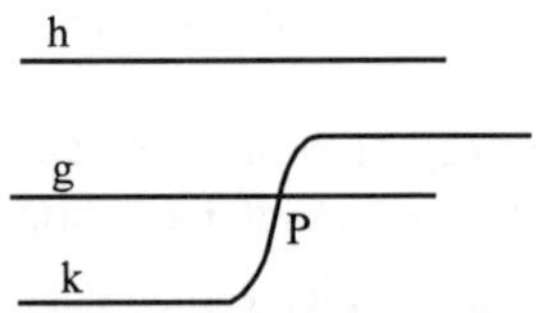

Daraus folgt, daß g Parallele zu h durch den Punkt P ist und daß k Parallele zu h durch den Punkt P ist. Dann gäbe es zu h zwei Parallelen durch P. Dies steht aber im Widerspruch zum Parallelenaxiom.
Also muß unsere Annahme $g \nparallel k$ falsch sein. Es gilt also auch hier $g \parallel k$.

Satz 11
Sei (α, W_α) nicht überstumpf mit dem Scheitel A. Die Halbgerade $k_{(A)}$ liege in W_α. Dann gilt: Die Halbgerade $k_{(A)}$ schneidet jede Transversale]BC[des Winkels.

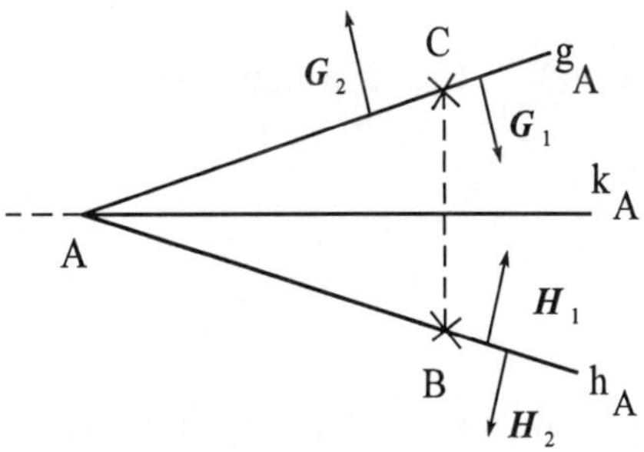

Beweis

Sei (α, W_α) nicht überstumpf mit Scheitel A. Dabei werde der Winkel durch die Strahlen g_A und h_A gebildet,
Wir definieren zunächst $\boldsymbol{G}_1$, $\boldsymbol{G}_2$, $\boldsymbol{H}_1$, $\boldsymbol{H}_2$ wie schon zuvor:
$\boldsymbol{G}_1$ sei die Halbebene bzgl. g, in der $h_{(A)}$ liegt.
$\boldsymbol{H}_1$ sei die Halbebene bzgl. h, in der $g_{(A)}$ liegt.
$\boldsymbol{G}_2$ sei die Halbebene bzgl g, in der $h_{(A)}$ nicht liegt.
$\boldsymbol{H}_2$ sei die Halbebene bzgl. h, in der $g_{(A)}$ nicht liegt.

Zum Beweis wollen wir den Satz von Pasch benutzen, denn dort wird ja eine Aussage über Geraden gemacht, die die Seiten von Dreiecken schneiden. Allerdings ist das Dreieck ABC selbst nicht geeignet, da beim Satz von Pasch verlangt wird, daß die Gerade (hier k) nicht durch einen Eckpunkt geht. Wir verlängern deshalb g_A über A hinaus bis zu einem Punkt D:

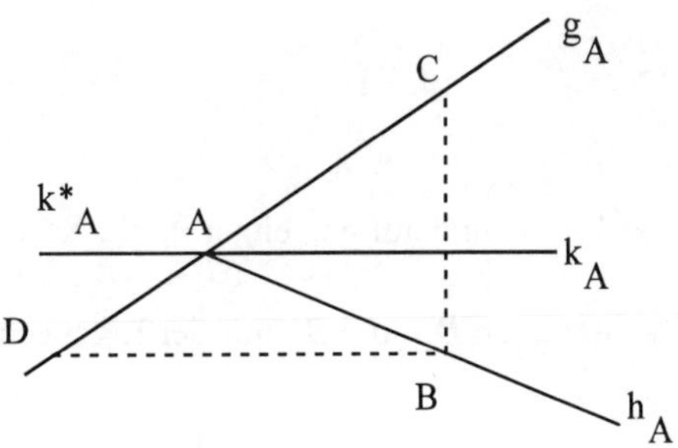

Voraussetzung:

(1) $C \in g_A \Rightarrow C \in \boldsymbol{H}_1$.
(2) $B \in h_A$.
(3) $W_\alpha = \boldsymbol{G}_1 \cap \boldsymbol{H}_1$.
(4) $k_{(A)} \subseteq W_\alpha \Rightarrow$
$k_{(A)} \subseteq \boldsymbol{H}_1 \wedge k_{(A)} \subseteq \boldsymbol{G}_1$.

zu zeigen: $k_{(A)} \cap]BC[\neq \emptyset$.

Nach Konstruktion gilt für die Trägergerade k von k_A:

$$k \cap]CD[= \{A\} \wedge k \cap \{B, C, D\} = \emptyset$$

$$\Rightarrow \quad (k \cap]DB[\neq \emptyset) \vee (k \cap]BC[\neq \emptyset). \text{ (nach Satz 7)}$$

Wir müssen jetzt zeigen, daß $k \cap]DB[= \emptyset$, denn dann muß k und damit dann auch $k_{(A)}$ die Strecke]BC[schneiden, was zu zeigen ist. Dies geschieht in zwei Schritten.

Schritt 1 Wir zeigen $k_A \cap]DB[= \emptyset$.

Es gilt: $]CD[\cap h \neq \emptyset$

$\Rightarrow$ $D \in \boldsymbol{H}_2$. (nach Axiom A3, da $C \in \boldsymbol{H}_1$ vorausgesetzt)

Also ist $]DB[\subseteq \boldsymbol{H}_2$, da nach Voraussetzung $B \in h$ gilt.

Da $k_{(A)} \subseteq \boldsymbol{H}_1$ nach Voraussetzung, gilt:

$k_{(A)} \cap]DB[= \emptyset$. (*)

Schritt 2 Wir zeigen $k^*_A \cap]DB[= \emptyset$

Sei k^*_A der von A aus "nach links" gehende Strahl auf k. Wegen $B \in \boldsymbol{G}_1$ und $D \in g$ gilt: $]DB[\subseteq \boldsymbol{G}_1$. Wegen $k^*_{(A)} \subseteq \boldsymbol{G}_2$ gilt damit

$k^*_{(A)} \cap]DB[= \emptyset$. (**)

Aus den in Schritt 1 und Schritt 2 gezeigten Ergebnissen (*) und (**) folgt:

$k \cap]DB[= \emptyset$.

Also muß k - und damit dann auch $k_{(A)}$ - die Strecke]BC[schneiden, was zu zeigen war.

Satz 20 (Eindeutigkeit des Winkelabtragens)

Sei $\alpha = [g_A, h_A]$ ein Winkel. Sei g^*_B ein Strahl.

Dann gibt es in jeder Halbebene bezüglich g^* genau eine Halbgerade $h'_{(B)}$ bzw. $h^*_{(B)}$ derart, daß

$[g_A, h_A] \equiv [g^*_B, h'_B] \equiv [g^*_B, h^*_B]$.

Beweis

Wir zeigen zunächst die *Existenz*:

Dazu wählen wir auf g_A einen Punkt $X \neq A$ und auf g^*_B einen Punkt X^* mit $[AX] \equiv [BX^*]$.

Nach Satz 35 gibt es genau zwei Bewegungen $\boldsymbol{B}_1$ und $\boldsymbol{B}_2$ mit der Eigenschaft $\boldsymbol{B}_i([AX]) = [BX^*]$.

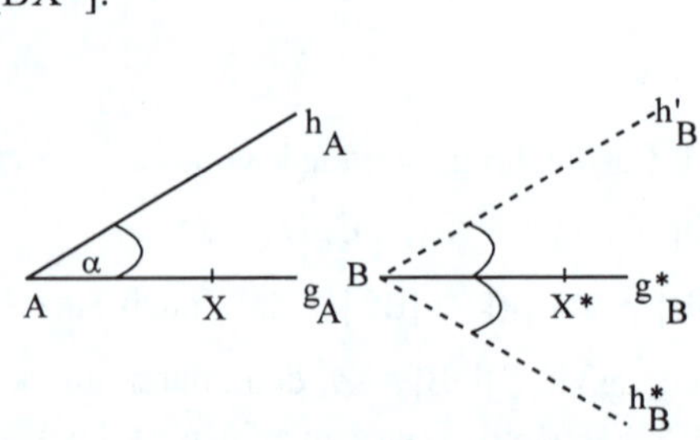

Mit $\boldsymbol{B}_2 = S_{g^*} \circ \boldsymbol{B}_1$ erzeugt die eine Abbildung h'_B, die andere h^*_B, wobei $h'_{(B)}$

und $h^*_{(B)}$ in verschiedenen Halbebenen bezüglich g^* liegen.

Eindeutigkeit
Wir nehmen nun an, daß es einen Strahl k_B gibt, der von h'_B und h^*_B verschieden ist, und für den ebenfalls gilt: $[g_A, h_A] \equiv [g^*_B, k_B]$.
Die Kongruenzabbildung, die $[g_A, h_A]$ auf $[g^*_B, k_B]$ abbildet, muß zugleich auch $[AX]$ auf $[BX^*]$ abbilden. Nach Satz 35 ist sie deshalb gleich $\boldsymbol{B}_1$ oder gleich $\boldsymbol{B}_2$. Damit kann der Strahl k_B nicht von h'_B und h^*_B verschieden sein, im Gegensatz zur Annahme. Damit ist der Eindeutigkeitsbeweis geführt.

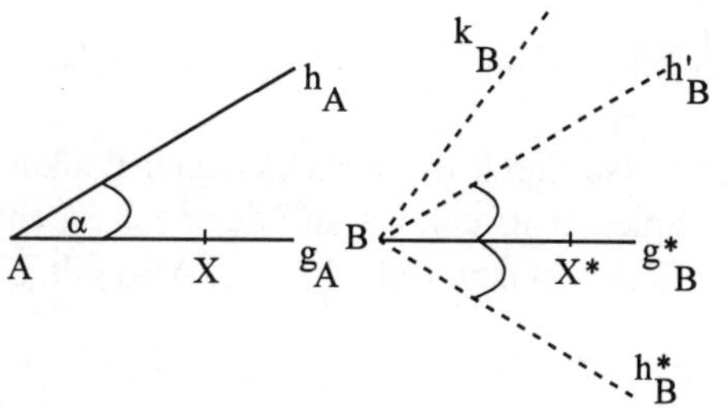

Satz 24
Die Relation "steht senkrecht auf" ist symmetrisch, d.h.:
Für alle Geraden g, h gilt: $h \perp g \Rightarrow g \perp h$.

Beweis
Voraussetzung: $h \perp g$, d.h. $S_g(h) = h$.
zu zeigen: $g \perp h$, d.h. $S_h(g) = g$.
Sei $P \in h$ und $P \notin g$.
Nach Voraussetzung liegt dann das Spiegelbild $P' = S_g(P)$ auch auf h.
Wegen $g \neq h$ gibt es ein $Q \in g$ mit $Q \notin h$.
Sei $Q' = S_h(Q)$.

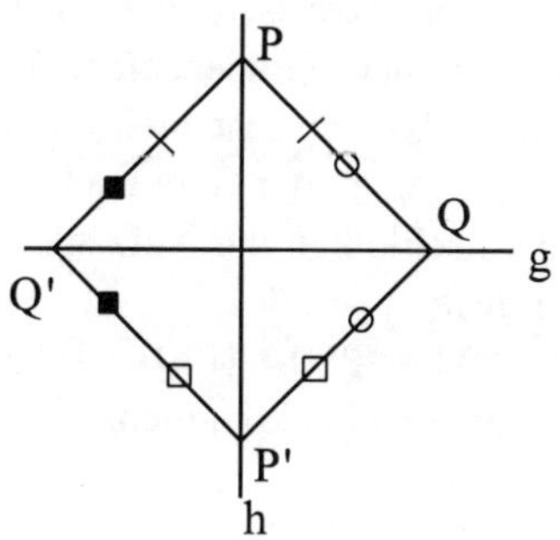

Nun zeigen wir, daß auch $Q' \in g$ ist.

Es gilt:
(1) $[PQ] \equiv [P'Q]$ ($Q \in g$, Satz 15)
(im Bild markiert durch: O)
(2) $[PQ] \equiv [PQ']$ ($P \in h$, Satz 15)
(im Bild markiert durch: |)

(3) [P'Q] ≡ [P'Q'] $(P' \in h$, Satz 15)
(im Bild markiert durch: □)

Wir wollen nun zeigen, daß [PQ'] ≡ [P'Q'] gilt. (■)

Durch Verkettung erhält man folgende Kongruenzen:

$$[PQ'] \overset{(2)}{\equiv} [PQ] \overset{(1)}{\equiv} [P'Q] \overset{(3)}{\equiv} [P'Q']$$

Also gilt: [PQ'] ≡ [P'Q'].

Wegen dieser Kongruenz muß nach Satz 15 der Punkt Q' auf g liegen.

Die Gerade g verläuft also durch die verschiedenen Punkte Q und Q'. Das Spiegelbild von g bei Spiegelung an h verläuft demnach durch $S_h(Q) = Q'$ und $S_h(Q') = S_h(S_h(Q)) = Q$ und ist demnach gleich g. Also gilt: $S_h(g) = g$, was zu zeigen war.

Rückblick

Wir wollen uns die Strategie des Beweises noch einmal vor Augen führen:
In diesem Beweis sollte gezeigt werden, daß die Gerade g senkrecht auf der Geraden h steht. Dazu mußten wir zeigen, daß die Gerade g eine Fixgerade bezüglich der Spiegelung an der Geraden h ist. Die Gerade g ist genau dann Fixgerade bezüglich der Spiegelung an h, wenn der Spiegelpunkt von Q, also Q', auf der Geraden g liegt. Q' liegt nach Satz 15 genau dann auf der Geraden g, wenn die Kongruenz [PQ'] ≡ [P'Q'] gilt.
Zum Beweis des Satzes benötigen wir also die Kongruenz der Strecken [PQ'] und [P'Q']. Diese Kongruenz weisen wir durch einen "Umweg" nach, indem wir einen "Kreisschluß" machen. Wir beginnen dabei bei der Kongruenz, die sich aus der Geradenspiegelung an der Geraden g ergibt: [PQ] ≡ [P'Q]. Im Anschluß daran sehen wir uns an, welche Kongruenzen sich aus der Geradenspiegelung an der Geraden h ergeben: [PQ] ≡ [PQ'] und [P'Q] ≡ [P'Q'].
Im Anschluß an die Aufzählung der Kongruenzen stellen wir die Äquivalenzen fest:

[PQ'] ≡ [PQ] ≡ [P'Q] ≡ [P'Q'].

Da die Streckenkongruenz eine Äquivalenzrelation ist, gilt die Transitivität, so daß gilt:

[PQ'] ≡ [P'Q'].

Damit schließt sich an dieser Stelle der Kreis, und wir haben die Kongruenzen, die wir benötigten, bewiesen.

Satz 25
Für alle $P \in \boldsymbol{E}$ gibt es zu jeder Geraden g *genau eine* Senkrechte h mit $P \in h$.

Beweis
Um die Aussage "....genau eine...." zu beweisen, müssen wir sowohl die *Existenz* als auch die *Eindeutigkeit* der Senkrechten h nachweisen.
Der Nachweis der Existenz beruht auf der Angabe einer Senkrechten, der Nachweis der Eindeutigkeit auf dem Ausschluß einer zweiten Senkrechten.

Es sind zwei Fälle zu betrachten:
1. $P \notin g$
2. $P \in g$

1. Fall: $P \notin g$

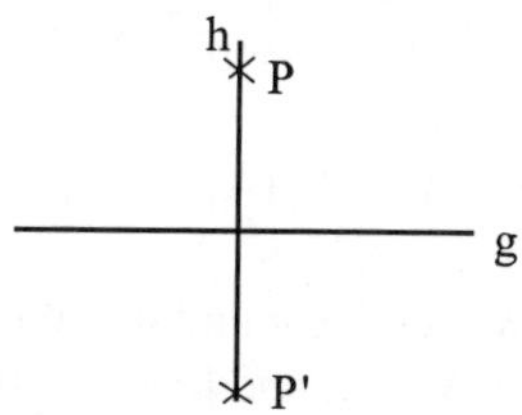

(1) Existenz:
Sei $P \notin g$, setze $P' = S_g(P)$. Dann ist $P' \neq P$. Die Gerade $h_{PP'}$ ist dann senkrecht zur Geraden g.

(2) Eindeutigkeit:
Da $h \perp g$, ist h Fixgerade bezüglich der Spiegelung an g. Das bedeutet, daß mit P auch $P' = S_g(P)$ auf h liegen muß.

Damit ist h eindeutig festgelegt.

2. Fall: $P \in g$

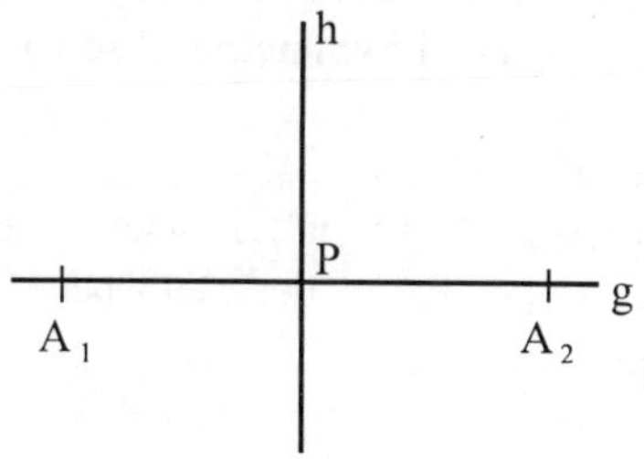

(1) Existenz:
Sei $P \in g$.
Wähle A_1, A_2 mit $A_1, A_2 \in g$ und $[A_1P] \equiv [PA_2]$.
(A_1, A_2 existieren gemäß K1).
Gemäß SP2 gibt es zu A_1, A_2 genau eine Symmetrieachse h, und aus $[PA_1] \equiv [PA_2]$ folgt mit Satz 15 $P \in h$.

Bleibt zu zeigen: $h \perp g$. Es genügt wegen Satz 24 $g \perp h$ zu zeigen. $g \perp h$ bedeutet aber $S_h(g) = g$.

Das gilt aber nach Konstruktion, da $S_h(A_1) = A_2 \in g$, $S_h(A_2) = A_1 \in g$ (weil h Symmetrieachse von A_1 und A_2 ist).

(2) Eindeutigkeit
Um die Eindeutigkeit zu zeigen, nehmen wir indirekt an, es gäbe eine weitere Gerade i mit $i \perp g$ und $P \in i$. Wir zeigen dann, daß $i = h$ gelten muß.

Annahme: $i \perp g$ und $P \in i$.
zu zeigen: $i = h$.

Aufgrund des Existenzbeweises gilt:

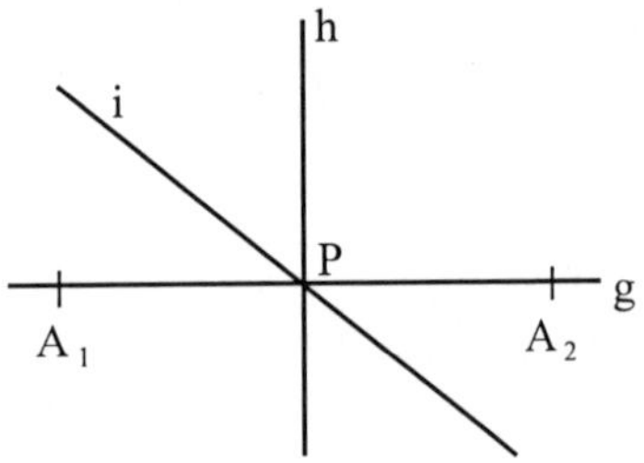

$A_1, A_2 \in g$
$A_1 = S_h(A_2)$
$A_2 = S_h(A_1)$
$[PA_1] \equiv [PA_2]$

Sei $A_1' = S_i(A_1)$.

Wegen $i \perp g$ und damit $g \perp i$ gilt:
$A_1' \in g$ und $[PA_1'] \equiv [PA_1]$
Insgesamt gilt also:
$[PA_1'] \equiv [PA_1] \equiv [PA_2]$
$\Rightarrow [PA_1'] \equiv [PA_2]$.

Da sowohl A_1' als auch A_2 Spiegelpunkte von A_1 bezüglich einer Senkrechten zu g durch den Punkt P sind, gilt mit K1: $A_1' = A_2$.
Also ist auch i Symmetrieachse von A_1 und A_2, so daß nach SP2 gilt: $i = h$.

Satz 27
Sei $P \notin g$, $P^* = S_g(P)$. P liege in der Halbebene $\boldsymbol{H}_1$ bezüglich g.
Dann liegt P^* in der Halbebene $\boldsymbol{H}_2$, d.h.
$]PP^*[\cap g \neq \emptyset$.

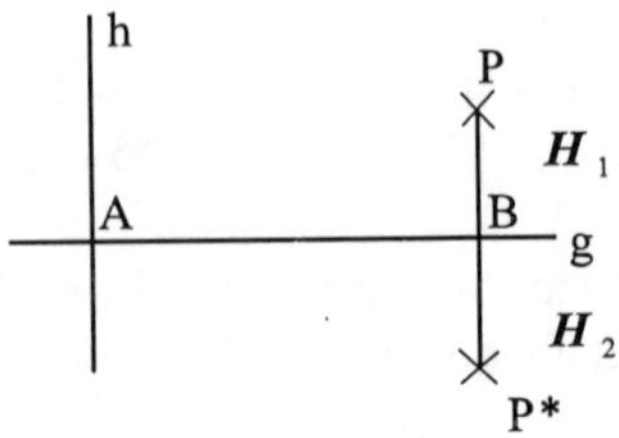

Beweis
Sei P ein beliebiger Punkt, g sei eine beliebige Gerade.
Voraussetzung: $P \notin g$
$P^* = S_g(P)$

P liege in der Halbebene $\boldsymbol{H}_1$ bezüglich g.

zu zeigen:]PP*[$\cap$ g $\neq \varnothing$.

Wir wählen auf g einen Punkt A, der nicht auf g_{PP*} liegt. h sei die Senkrechte zu g durch A.

Nach Voraussetzung gilt:

$g_{PP*} \perp g$

=> $g_{PP*} \parallel h$. (nach Satz 26)

Da außerdem $g_{PP*} \neq h$ ist, gilt nach Satz 2: g und g_{PP*} schneiden sich in einem Punkt B.

Wir wollen jetzt zeigen, daß B der Schnittpunkt von]PP*[und g ist. Wir gehen dabei wieder indirekt vor:

Annahme:]PP*[$\cap$ g = $\varnothing$

=> P und P* liegen in derselben Halbebene bezüglich g (A3).

=> P und P* liegen auf einem von B ausgehenden Strahl.

Weiter gilt: [BP] ≡ [BP*].

=> P = P*. (nach K1)

P = P* steht jedoch im Widerspruch zur Voraussetzung, daß P* das Spiegelbild von P an der Geraden g ist. Da P aber nicht auf g liegt, muß P $\neq$ P* sein. Also war die Annahme]PP*[$\cap$ g = $\varnothing$ falsch; P und P* liegen in verschiedenen Halbebenen.

Rückschau

Der Beweis gliederte sich in zwei Teile:

1. Man zeigt, daß die Gerade g_{PP*} einen Schnittpunkt B mit g hat.
2. Man zeigt, daß B *zwischen* P und P* liegt.

Satz 28

Steht g auf h senkrecht, so steht g auch auf jeder Parallelen zu h senkrecht.

Kurz: Für alle Geraden g, h, i gilt:

$$(g \perp h \wedge h \parallel i \Rightarrow g \perp i)$$

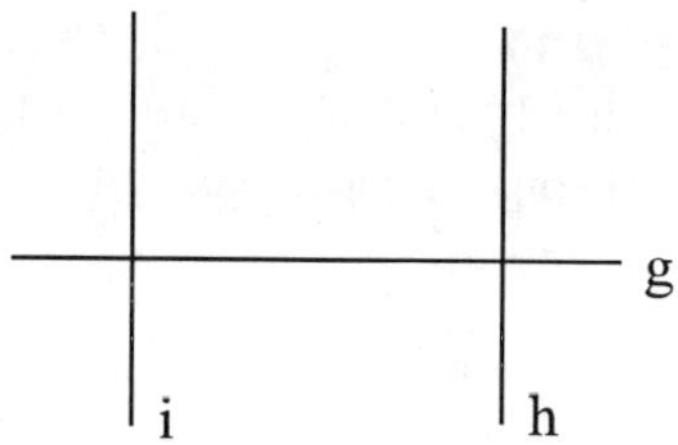

Beweis
g, h, i seien beliebige Geraden.
Voraussetzung: $g \perp h$, $h \parallel i$.
zu zeigen: $g \perp i$.

Aus der Voraussetzung $h \parallel i$ ergeben sich zwei Fälle (nach Definition 2):
1. Fall: $i = h$
$\Rightarrow g \perp i$.

2. Fall: $i \cap h = \emptyset$
Nach Voraussetzung gilt:
$g \perp h$
$\Rightarrow g \cap h \neq \emptyset$.

Aus $g \cap h \neq \emptyset$ und $i \cap h = \emptyset$ folgt nach Satz 2: $g \cap i \neq \emptyset$.
Sei also $g \cap i = \{P\}$.

Annahme: Die Gerade i steht *nicht* senkrecht auf g.

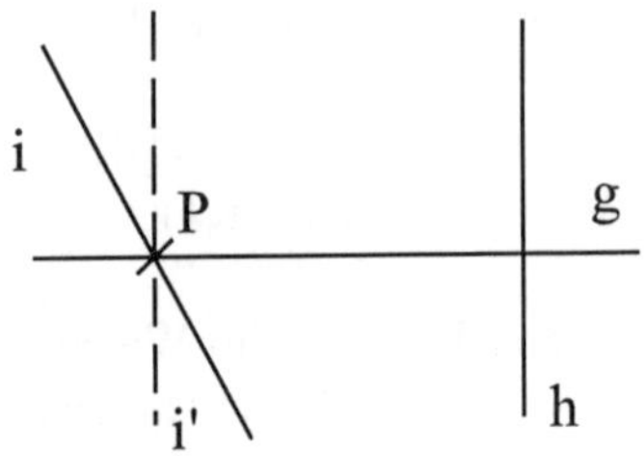

Dann sei i' die Gerade, für die gilt $i' \perp g$ und $i' \cap g = \{P\}$. (i' existiert nach Satz 25)

Aus $g \perp h$ (Voraussetzung) und $i' \perp g$ (Annahme) folgt $i' \parallel h$. (nach Satz 26)

Also wäre $i' \parallel h$ mit $i' \cap g = \{P\}$
und $i \parallel h$ mit $i \cap g = \{P\}$.
Also muß wegen des Parallelenaxioms $i' = i$ gelten, da es zu der Geraden h durch den Punkt P nur eine Parallele geben kann.
Also war die Annahme falsch, und es gilt $i \perp g$ und damit auch $g \perp i$ (Satz 24).

Satz 30
Seien P, Q Punkte mit $P \neq Q$, s die Symmetrieachse von [PQ], g sei eine beliebige Gerade. Dann gilt: $s' = S_g(s)$ ist Symmetrieachse von $P' = S_g(P)$ und $Q' = S_g(Q)$.

Vorüberlegung

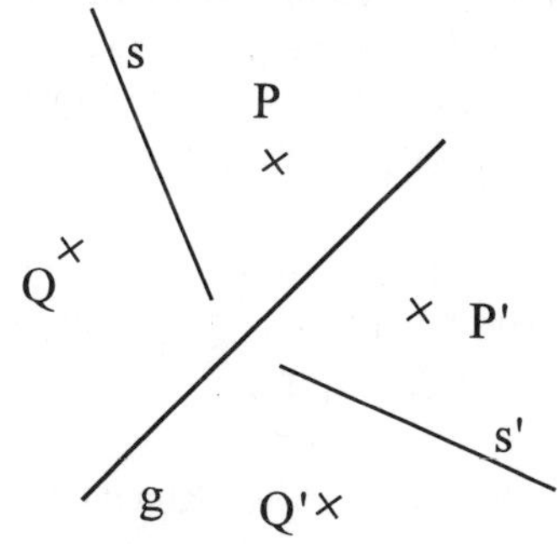

Wir wollen zeigen, daß s' die Symmetrieachse zu P' und Q' ist. Um dies zu leisten, sehen wir zunächst nach, was wir über Symmetrieachsen wissen.
Das Axiom SP2 besagt, daß es zu zwei verschiedenen Punkten genau eine Symmetrieachse gibt.
Es ist wegen der Axiome SP2 und SP3 offenbar sinnvoll, auf s zwei Punkte A und B anzunehmen, um mit Hilfe der Kongruenzbeziehungen zu zeigen, daß die Gerade durch A' und B' - das ist s' - Symmetrieachse von P' und Q' ist.

Um den Beweis führen zu können, zeichnen wir alle sinnvollen Strecken in das obige Bild ein und schreiben die zugehörigen Kongruenzen auf:

Beweis

Seien P und Q beliebige Punkte, g sei eine Gerade.

Voraussetzung: $P \neq Q$
s ist Symmetrieachse von P und Q.
$s' = S_g(s)$, $P' = S_g(P)$, $Q' = S_g(Q)$.

zu zeigen: s' ist Symmetrieachse von P' und Q'.

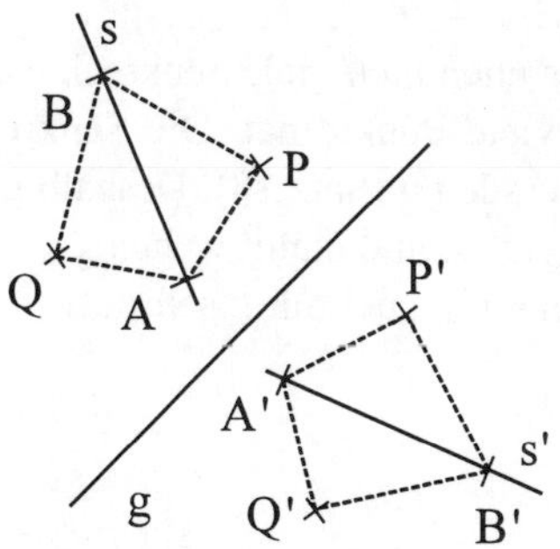

Es seien A, B Punkte mit $A \neq B$ und $\{A,B\} \in s$.
Dann gilt für $A' = S_g(A)$ und $B' = S_g(B)$: $\{A', B'\} \in s'$.
Nach SP3 gilt dann:
(1) $[PA] \equiv [P'A']$
(2) $[PB] \equiv [P'B']$
(3) $[QA] \equiv [Q'A']$
(4) $[QB] \equiv [Q'B']$

Da $\{A,B\} \in s$ und s Symmetrieachse von P und Q ist, gilt nach Satz 15:

(5) $[PA] \equiv [QA]$ und
(6) $[PB] \equiv [QB]$

Durch Verkettung erhält man dann:

$$\overset{(1)}{[P'A'] \equiv} \overset{(5)}{[PA] \equiv} \overset{(3)}{[QA] \equiv} [Q'A']$$

$$\Rightarrow \quad [P'A'] \equiv [Q'A'].$$

$$\overset{(2)}{[P'B'] \equiv} \overset{(6)}{[PB] \equiv} \overset{(4)}{[QB] \equiv} [Q'B']$$

$$\Rightarrow \quad [P'B'] \equiv [Q'B'].$$

Nach Satz 15 liegen dann die Punkte A', B' auf der Symmetrieachse von P' und Q'.
Ferner gilt: $\{A',B'\} \in s'$ (nach Konstruktion).
Da es zu P' und Q' genau eine Symmetrieachse gibt, muß diese gleich der Geraden $s' = S_g(s)$ sein (SP2).

Satz 31

Seien g und h zwei beliebige Geraden. Dann gilt:

(a) $g = h$ $\Rightarrow$ es gibt unendlich viele Geraden m derart, daß $S_m(g) = h$.

(b) $g \parallel h, g \neq h$ $\Rightarrow$ es gibt genau eine Gerade m mit $S_m(g) = h$.

(c) $g \cap h = \{S\}$ $\Rightarrow$ es gibt genau zwei Geraden m, a mit $S_m(g) = h$, $S_a(g) = h$.

Im Fall c) gilt für die beiden Geraden m, a: $m \perp a$.

Beweis

zu (a) g = h

Wegen Axiom A2 und Satz 25 gibt es unendlich viele Senkrechte auf die Gerade g, da die Gerade g unendlich viele Punkte hat. Die Senkrechten sind Fixgeraden bei Spiegelung an der Geraden g (Satz 18). Deshalb gilt für jede Senkrechte m auf die Gerade g: $S_m(g) = g$, und damit wegen $g = h$ auch $S_m(g) = h$. Neben diesen Senkrechten k gilt auch für g selbst: $S_g(g) = g = h$.

zu (b) $g \parallel h, g \neq h$

Vorüberlegung

Wir müssen zeigen, daß es genau eine Gerade m gibt mit $S_m(g) = h$. Das bedeutet, daß wir eine Gerade m mit der gewünschten Eigenschaft angeben (*Existenz*) und dann zeigen müssen, daß es keine weitere solche Gerade gibt (*Eindeutigkeit*).
Die gesuchte Gerade ist das, was man anschaulich “Mittelparallele” nennt.

g und h seien zwei beliebige Geraden.
Voraussetzung: $g \parallel h$, $g \neq h$.

zu zeigen: Es gibt genau eine Gerade m mit $S_m(g) = h$.

Existenz:

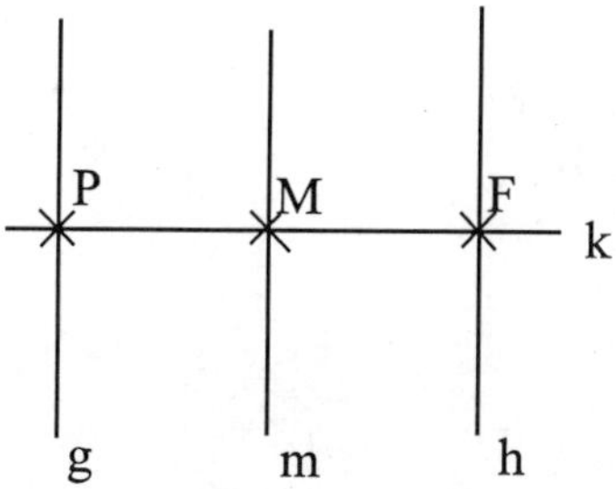

Wähle $P \in g$.
Sei k eine Gerade mit $k \perp g$ und $k \cap g = \{P\}$.
(k ist eindeutig festgelegt nach Satz 25)
Wegen $g \parallel h$ und $g \neq h$ gilt:
$k \cap h \neq \emptyset$. (Satz 2)
Sei also: $k \cap h = \{F\}$.
Dann sei $M \in k$ mit $[PM] \equiv [MF]$.
(M ist eindeutig nach Satz 29)

Ferner sei m eine Gerade mit $m \perp k$ und $m \cap k = \{M\}$. (m ist eindeutig nach Satz 25)
Somit gilt: $m \parallel g$ und $m \parallel h$. (nach Satz 26)

Nach Konstruktion ist m Mittelsenkrechte der Strecke [FP] mit $S_m(P) = F$.
Wegen $m \parallel g$ gilt ferner: $S_m(g) \parallel g$ (Satz 17)
mit $F \in S_m(g)$. (da $P \in g$)

Da aber bereits $g \parallel h$ mit $F \in h$ vorausgesetzt wurde, gilt wegen des Parallelenaxioms: $S_m(g) = h$.

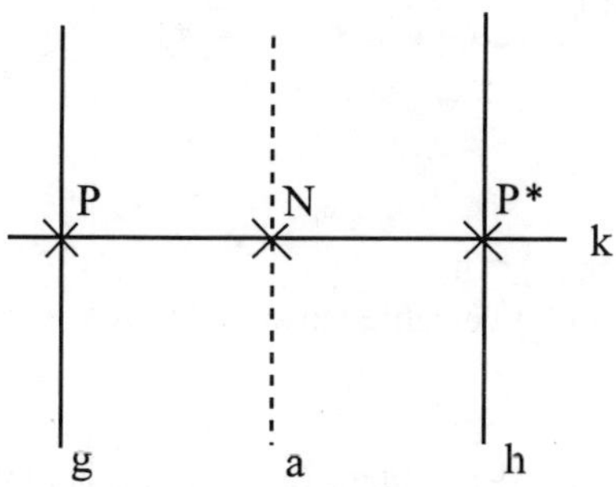

Eindeutigkeit
Annahme (indirekt): Es gibt eine zweite Gerade $a \neq m$ mit $S_a(g) = h$.

Jetzt müssen wir diese Annahme zum Widerspruch führen und $a = m$ zeigen.
Für a gilt nach Konstruktion:
$a \parallel g$ und $a \parallel h$.
Wir wählen P als Fußpunkt

des Lotes aus dem Existenzbeweis. P* sei das Spiegelbild von P bei Spiegelung an der Symmetrieachse a, also

$P^* = S_a(P)$,

und sei

$\{N\} = a \cap g_{PP^*}$.

k, m, F und M seien die im Existenzbeweis konstruierten Geraden und Punkte. Jetzt müssen wir zeigen, daß P* = F, N = M und a = m ist.

Es gilt: $g_{PP^*} \perp a$ da $P^* = S_a(P)$ (Satz 18)

=> $g_{PP^*} \perp h$ da $a \parallel h$ (Satz 28)

=> g_{PP^*} ist das Lot auf h durch P

=> $g_{PP^*} = k$ (Satz 25)

=> P* = F

=> a ist Symmetrieachse von [PF]

=> N ist Mittelpunkt von [PF]

=> N = M

=> a = m.

zu (c) $g \cap h = \{S\}$

Vorüberlegung

Bei den Geraden m und a handelt es sich um die "Winkelhalbierenden". Die Konstruktion vollzieht das nach.

Existenz

Wähle $P \neq S$ auf g und Q_1, Q_2 derart auf h, daß $[SQ_1] \equiv [SP]$ und $[SQ_2] \equiv [SP]$. Dann sei m die Symmetrieachse von $[PQ_1]$, a die Symmetrieachse von $[PQ_2]$.

Wegen $[SP] \equiv [SQ_1]$ gilt $S \in m$. (Satz 15)

Wegen $[SP] \equiv [SQ_2]$ gilt $S \in a$. (Satz 15)

Damit gilt $S_m(S) = S$, $S_m(P) = Q_1$.

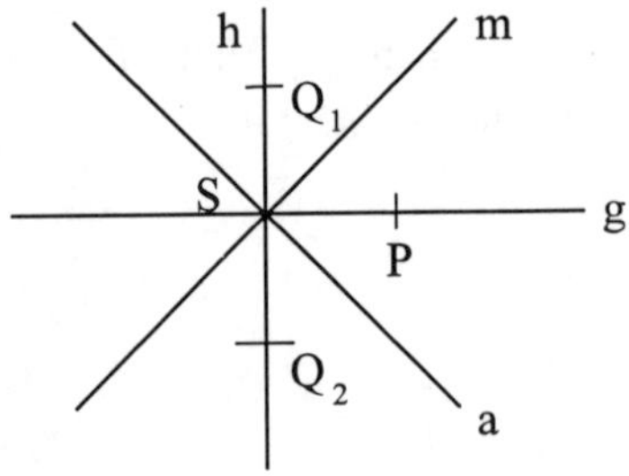

Da $\{S,P\} \in g$ und $\{S,Q_1\} \in h$ gilt:

$S_m(g) = h$.

Entsprechend erhält man: $S_a(g) = h$.

Da die Mittelpunkte von $[PQ_1]$ und $[PQ_2]$ verschieden sind, ist $m \neq a$.

Eindeutigkeit

Sei $g_{(S)}$ die Halbgerade bezüglich g, auf der P liegt, und $h_{(S)}$ die Halbgerade

bezüglich h, auf der Q_1 liegt.
Sei w eine weitere Symmetrieachse von g und h mit $S_w(g) = h$.
Wir müssen zeigen, daß w gleich m oder gleich a ist.

Zunächst gilt: $S \in w$
$\Rightarrow$ w schneidet $[PQ_1]$ oder $[PQ_2]$. (Satz 11)

1. Fall: w schneidet $[PQ_1]$
Dann sieht man, daß w auch Symmetrieachse von $[PQ_1]$ und wegen der Eindeutigkeit einer Symmetrieachse gleich m sein muß.
Denn es gilt:

Sei $R = S_w(P)$ mit $R \in h$.
$\Rightarrow S_w([SP]) = [SR]$
$\Rightarrow [SR] \equiv [SP]$.

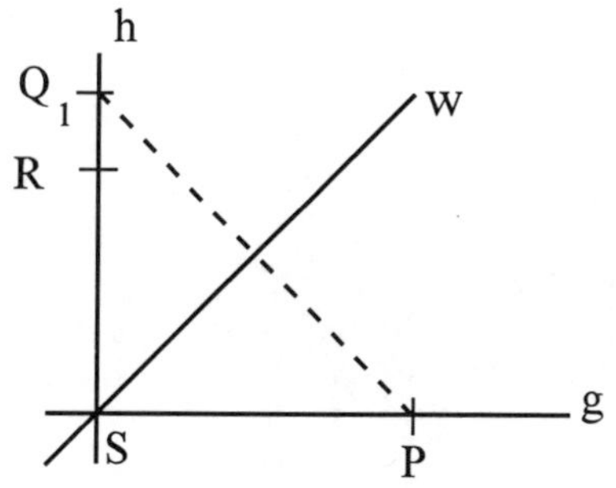

Nach Konstruktion (s. Existenzbeweis) gilt aber ebenfalls:

$[SP] \equiv [SQ_1]$
$\Rightarrow [SR] \equiv [SQ_1]$
$\Rightarrow R = Q_1$. (nach K1)

2. Fall: w schneidet $[PQ_2]$
Dann sieht man , daß w auch Symmetrieachse von $[PQ_2]$ sein muß und damit gleich a ist. Hierbei geht man ganz analog vor wie im 1. Fall.

Damit ist der Eindeutigkeitsbeweis abgeschlossen.
Bleibt zu zeigen: $m \perp a$, d.h. $S_a(m) = m$ (Definition 16).

Dabei haben wir bereits an Voraussetzungen:
(1) $a \neq m$
(2) $S_m(g) = h = S_a(g)$
$\Rightarrow S_m(h) = g = S_a(h)$.

Wegen $S_m(g) = h$ gilt:
m ist Symmetrieachse von g und h
$\Rightarrow S_a(m)$ ist Symmetrieachse von $S_a(g)$ und $S_a(h)$ (Satz 30)
$\Rightarrow S_a(m)$ ist Symmetrieachse von h und g.

Da wir bereits nachgewiesen haben, daß a und m die einzigen Symmetrieachsen zu g und h sind, muß entweder $S_a(m) = m$ oder $S_a(m) = a$ sein.
Wegen $m \neq a$ gilt aber:

$S_a(m) \neq S_a(a)$

$\Rightarrow \quad S_a(m) \neq a.$

Also muß $S_a(m) = m$ gelten, womit wir $m \perp a$ gezeigt haben.

Anhang

Lösungen zu den Aufgaben

Kapitel I

(9)

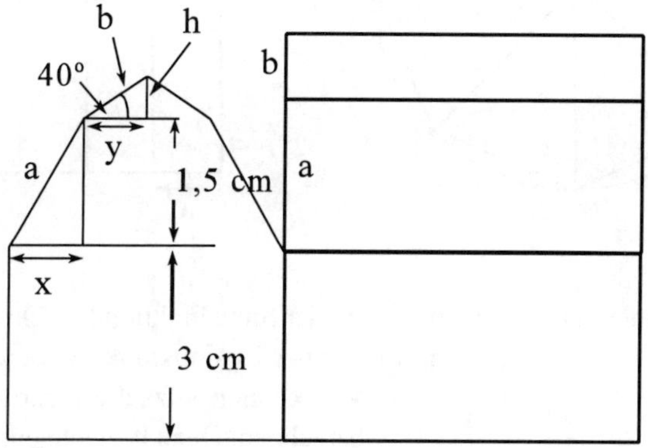

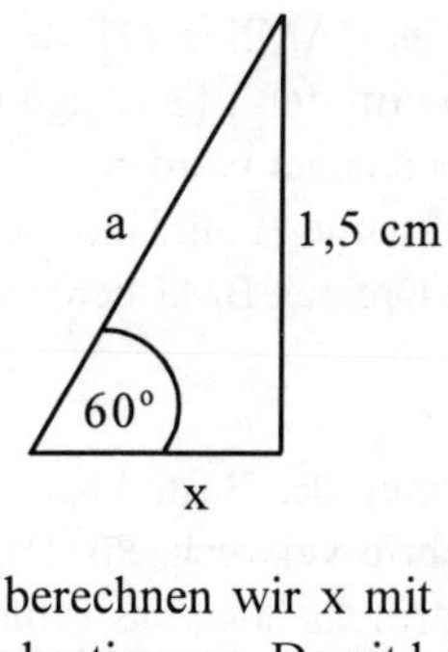

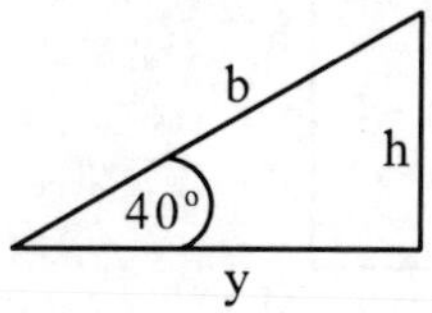

Zunächst berechnen wir x mit Hilfe der Tangens-Funktion. Danach ist y einfach zu bestimmen. Damit kann h mit Hilfe des Tangens berechnet werden.
a und b sind nun mit Hilfe des Sinus oder des Kosinus berechenbar. Damit sind alle für den Bastelbogen benötigten Größen bestimmt.

(10)

Wir gehen nur auf die Herstellung des Bastelbogens ein. Es gilt:
$\alpha = 22{,}5^\circ$.

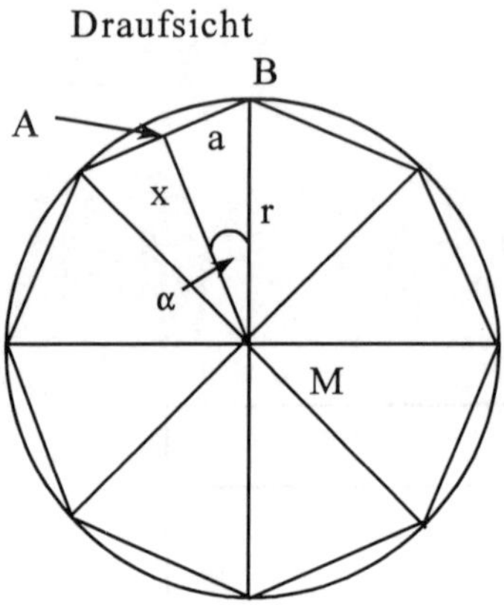

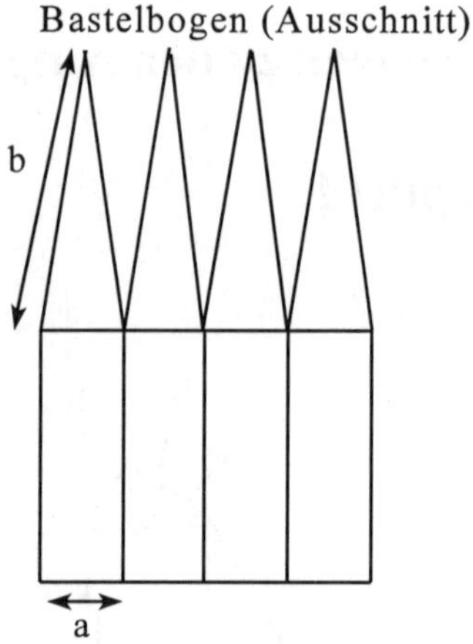

Wir können jetzt 1/2 · a mit Hilfe der Sinusfunktion berechnen. x läßt sich mit Hilfe der Kosinusfunktion berechnen.

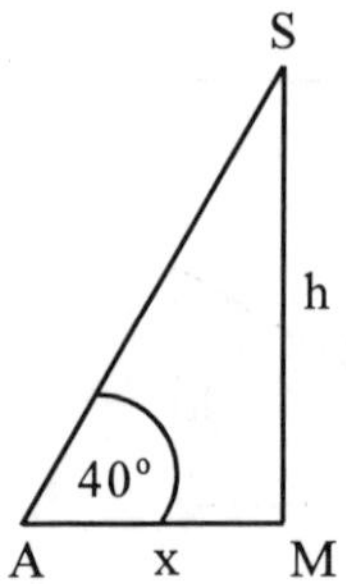

Wir können jetzt die Höhe h des Daches berechnen. Dazu bezeichnen wir die Spitze des Pavillons als S. Die Höhe h wird aus dem Dreieck AMS mit Hilfe der Tangensfunktion ermittelt (die Länge von x war ja bereits berechnet worden).
b können wir jetzt mit Hilfe des Pythagoras aus dem Dreieck BMS berechnen.

(11) Wir dürfen das Frontteil und das Seitenteil des Bastelbogens trotz ähnlicher Form nicht mit Aufriß und Seitenriß verwechseln. Deshalb bilden wir auf der Folgeseite sowohl den Aufriß als auch das Frontteil und das Seitenteil des Bastelbogens ab.
Das Hauptproblem bei der Lösung der Aufgabe besteht darin, jeweils die "richtigen" Seiten aufeinander zu beziehen. Dies soll im folgenden geschehen.
c muß so lang wie a sein; d muß so lang wie b sein.
Da Dachbruch und Traufe im Aufriß und im Frontteil gleich lang sein müssen, gilt:
r ist so lang wie y; s ist so lang wie x.

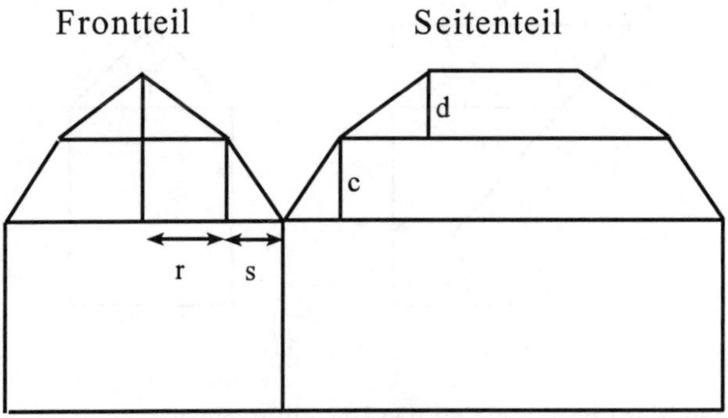

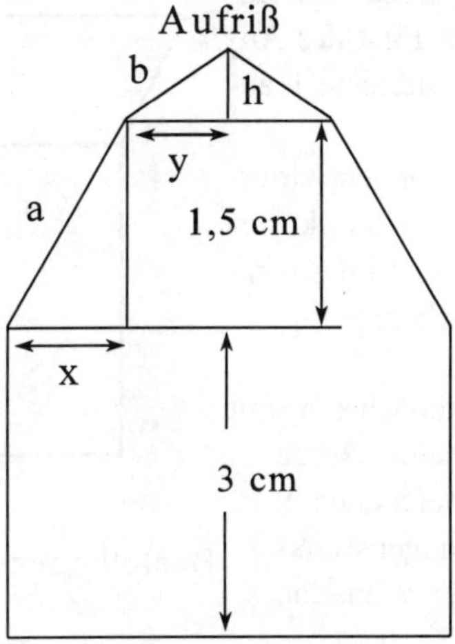

(13) Rechts ist der Bastelbogen für die Dachgaube abgebildet. Es folgen Aufriß und Seitenriß. Die gesuchten Größen lassen sich jetzt einfach berechnen.

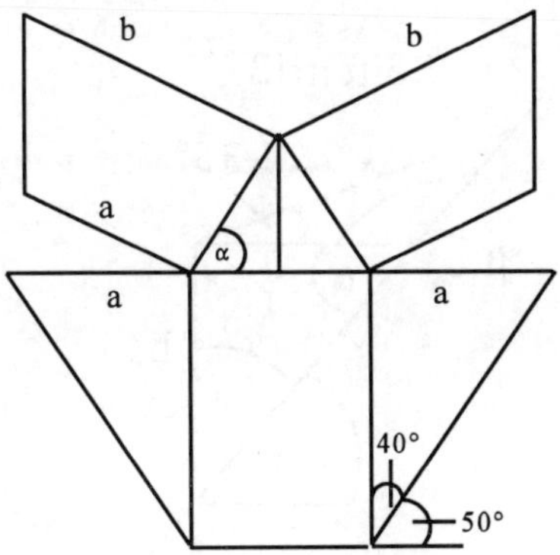

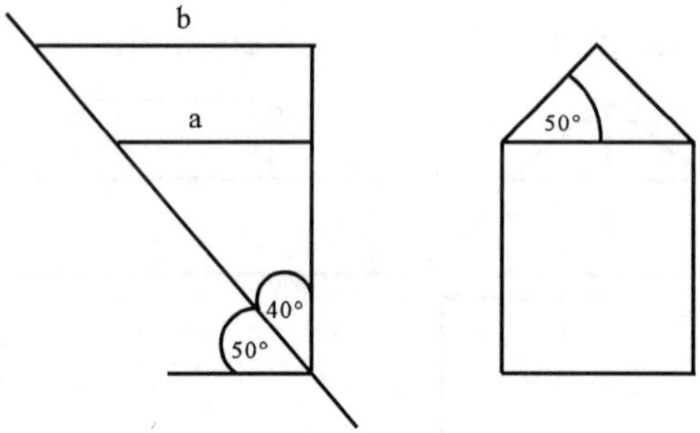

(14) Wir bilden hier nur einen Teil des Bastelbogens ab.
Da die Dachneigungen von Haupthaus und Anbau übereinstimmen, muß der First des Anbaus so lang sein wie seine Traufe.
Die Länge von x können wir ermitteln, indem wir die korrespondierende Strecke im Aufriß bzw. Seitenriß suchen.

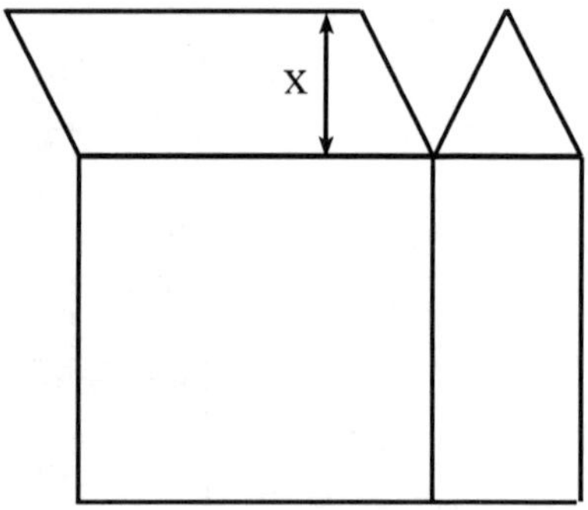

Bastelbogen für die Schleppgaube

(16) Wir berechnen zunächst α mit 50°. β hat dann eine Größe von 130°. Wir berechnen x mit Hilfe der Tangensfunktion aus h und der Winkelan

Seitenriß

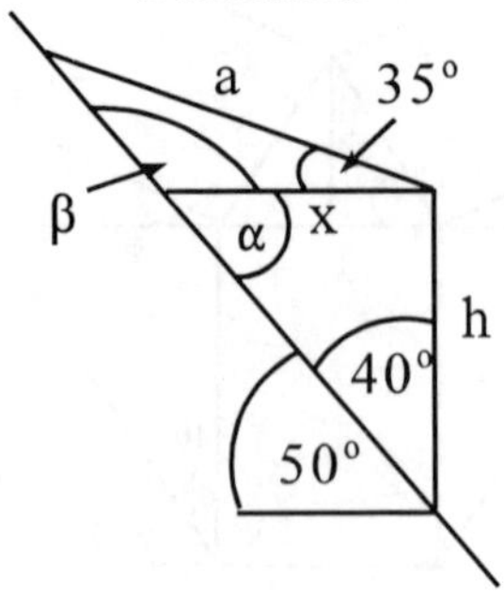

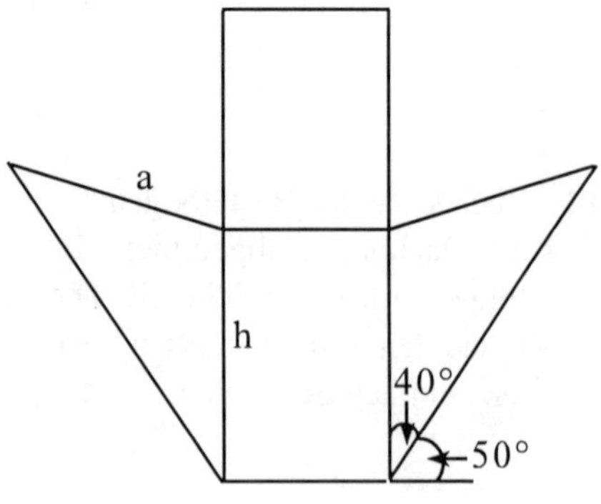

gabe. Wir können jetzt die Länge von a mit Hilfe des Sinussatzes berechnen.

Kapitel II

(2)

(1) (2) (3) (4) (5) (6) (7) (8) (9) (10) (11) (12)

(3)

(1) Verschiebung
(2) Verschiebung, Querspiegelung
(3) Verschiebung, Längsspiegelung, Schubspiegelung
(4) Verschiebung, Punktspiegelung
(5) Verschiebung, Querspiegelung, Längsspiegelung, Schubspiegelung, Punktspiegelung
(6) Verschiebung, Querspiegelung, Längsspiegelung, Schubspiegelung, Punktspiegelung
(7) Verschiebung, Schubspiegelung
(8) Verschiebung, Längsspiegelung, Schubspiegelung
(9) Verschiebung, Punktspiegelung
(10) Verschiebung, Querspiegelung, Schubspiegelung, Punktspiegelung
(11) Verschiebung, Querspiegelung, Schubspiegelung, Punktspiegelung
(12) Verschiebung, Querspiegelung

Die folgenden Ornamente bilden demnach jeweils Gruppen mit jeweils denselben Typen von Deckabbildungen:

Gruppen bilden also:
1. (2), (12) 2. (3), (8) 3. (4), (9) 4. (5), (6) 5. (7) 6. (10), (11)

(4)

∘	**Verschiebung**	**Längsspiegel.**	**Schubspiegel.**	**Querspiegel.**	**Punktspiegel.**
Verschiebung	Verschiebung	Schubspiegel.	Schubspiegel.	Querspiegel.	Punktspiegel.
Längsspiegel.	Schubspiegel.	Verschiebung[1]	Verschiebung	Punktspiegel.	Querspiegel.
Schubspiegel.	Schubspiegel.	Verschiebung	Verschiebung	Punktspiegel.	Querspiegel.
Querspiegel.	Querspiegel.	Punktspiegel.	Punktspiegel.	Verschiebung	Schubspiegel.
Punktspiegel.	Punktspiegel.	Querspiegel.	Querspiegel.	Schubspiegel.	Verschiebung

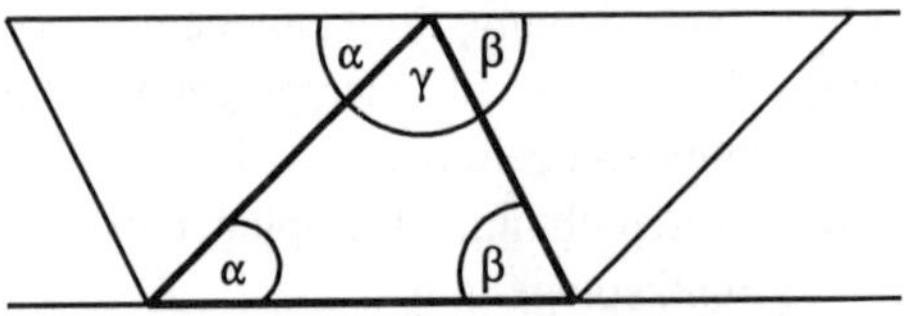

(9) Bei Punktspiegelung des Ausgangsdreiecks an der Seitenmitte von [BC] erhalten wir bei C einen Winkel der Größe β, bei Punktspiegelung des Ausgangsdreiecks an der Seitenmitte von [AC] erhalten wir bei C einen Winkel der Größe α. Nach dem Satz über die Summe der Innenwinkel im Dreieck gilt: $\alpha+\beta+\gamma= 180°$, die Winkel ergänzen sich in C also so, daß eine Gerade entsteht.
Bei Spiegelung der nun drei Dreiecke an dieser Gerade ergänzen sich in Punkt C die Winkel der deckungsgleichen Dreiecke demnach zu 360° und überdecken so die Ebene lückenlos.
Diese Konstruktion läßt sich sinngemäß für die anderen Eckpunkte des Dreiecks wie auch für die jeweils neu entstehenden Dreiecke fortsetzen.

(12) Die Summe der Innenwinkel im Fünfeck beträgt 540°, ein einzelner Innenwinkel im regelmäßigen Fünfeck hat damit die Größe

[1] Bei dieser Verschiebung handelt es sich um die Verschiebung um den Vektor $0 \cdot \vec{v}$.

$540°:5 = 108°$.

Wenn nun an einer Parkettecke mehrere regelmäßige Fünfecke zusammenstoßen sollen, so daß die Ebene lückenlos überdeckt wird, müssen sich die Winkel genau zu 360° ergänzen können. Dies ist aber nicht möglich, denn

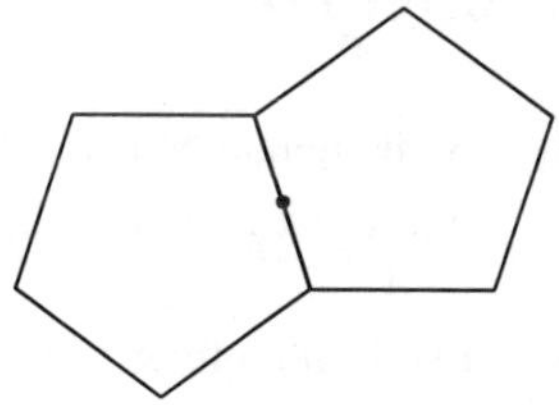

- für zwei Fünfecke ergeben sich nur 216°,
- für drei Fünfecke 324°,
- für vier Fünfecke jedoch bereits 432°.

Teilt man 360° durch die Winkelgröße 108°, so wird schnell klar, daß sich nie eine ganzzahlige Anzahl von Fünfecken ergeben kann, die in einer Ecke zusammenstoßen.

Damit ist gezeigt, daß sich die Ebene nicht mit regelmäßigen Fünfecken parkettieren läßt.

(13) Da in Vierecken die Summe der Innenwinkel 360° beträgt, gelten im nebenstehenden Viereck die folgenden Gleichungen:

$\epsilon = \alpha + \beta$ und $\nu = \alpha + \gamma + \delta$

Wenn man nun zwei dieser Figuren zusammensetzt, gilt weiter:

$\zeta = \lambda$ und $\eta = \nu$.

Damit ergibt sich, daß man diese großen Figuren lückenlos aneinandersetzen kann.

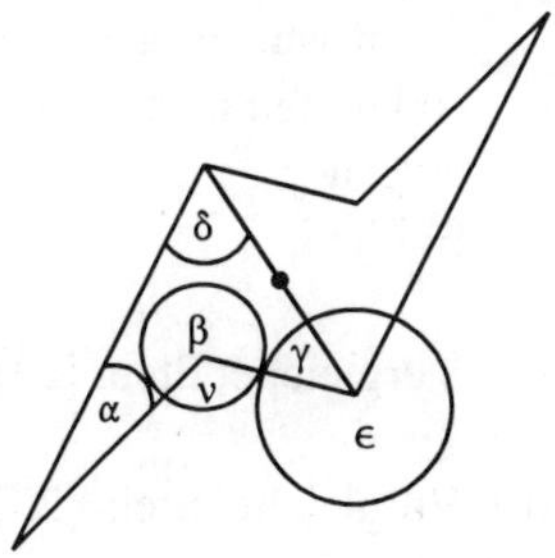

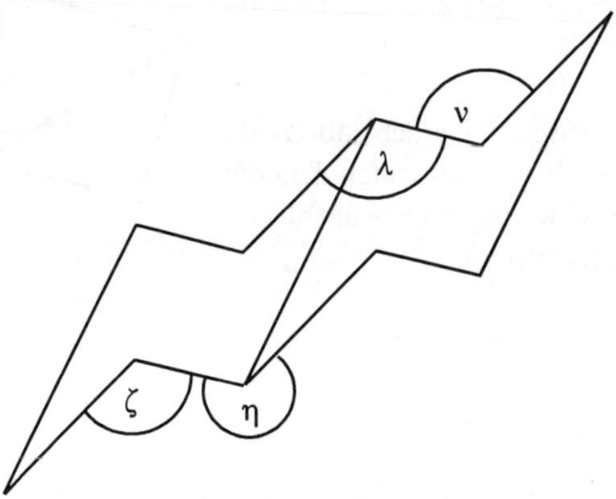

Kapitel III

(1) b_1 ist benachbart mit b_2, b_3, b_4, b_5 und b_7; b_2 ist benachbart mit b_1, b_4 und b_5; b_3 ist benachbart mit b_1, b_4, b_6 und b_7.

(4) Die Behauptung folgt unmittelbar aus Satz 1, da die Summe der Knotenordnungen von ungeradzahlig vielen Knoten ungerader Ordnung eine ungerade Zahl ist.

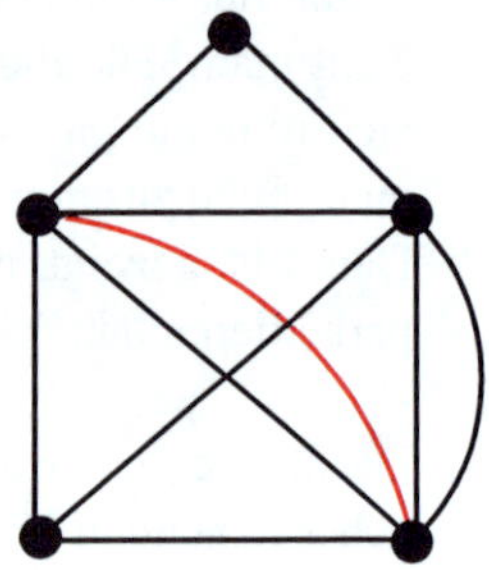

(5) a) Anstatt zwei Bögen doppelt zu besuchen, können wir für diese Bögen jeweils eine Kopie einzeichnen (rot in der Abbildung). In diesem Graphen müßte dann ein Eulerscher Bogenkreis existieren, der bei k_5 beginnt und endet. Es ist aber durch Einzeichnen von zwei derartigen Bögen nie möglich, für alle Knoten eine gerade Ordnung zu erzeugen.

b) Nein.

(6) Vergleiche: Stein [23]

(8) Vergleiche: Stein [23]

(11) Ein Gegenbeispiel ist der nebenstehende Graph.

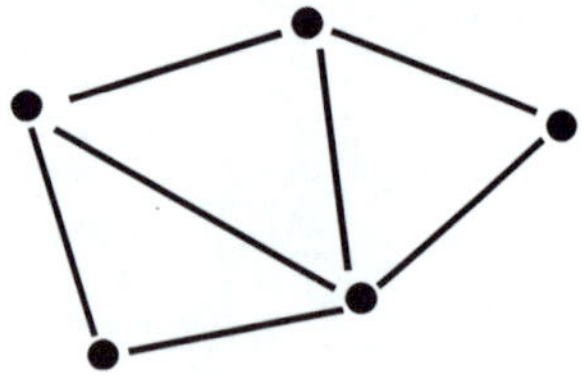

(12) Der Bogenkreis muß vor der Entfernung der nicht zu ihm gehörenden Knoten und Bögen eine ungerade Anzahl von Gebieten umschließen.

(13) Die Aussage ist korrekt.

(14) Vgl. Wippermann [25]

(18) Eine solche Folge ist: 1 - 7 - 9 - 2 - 8 - 10 - 3 - 5 - 11 - 4 - 6 - 12

(20) Das Rösselsprung-Problem für das 3x3-Schachbrett ist nicht lösbar, da man auf das mittlere Feld von keinem der anderen Felder gelangen kann. Wenn das Schachbrett ein Loch in der Mitte hat, ist das Problem lösbar.

(21) Das Problem ist nicht lösbar.
Wir zeigen dies indirekt und nehmen dazu an, daß das Problem doch lösbar ist. Bei der Lösung benutzen wir die beiden auf Seite 84 formulierten Regeln.
Da Feld 1 und Feld 14 jeweils die Ordnung 1 haben (wenn wir die Situation im Rösselsprung-Graphen betrachten), müssen diese Felder das Anfangs- und das Endfeld der Sprungfolge sein (Regel 1). Wir beginnen auf Feld 1. Von dort müssen wir nach Feld 7. Von Feld 7 aus müßten wir *sowohl* auf Feld 3 *als auch* auf Feld 13, denn beide Felder haben die Ordnung 2. Dies ist aber nicht möglich.
Also kann es keine Lösung für das Problem geben.

(24) Sie können sich an den Ausführungen in Stein [23] zu *zweigeteilten* Graphen orientieren.

(25) Wenn man für jedes Gebiet die Zahl seiner Grenzen notiert und aus diesen Werten die Summe bildet, ergibt sich durch entsprechende Umordnung als Gesamtzahl aller Grenzen der Term

$$s = g_1 + 2 \cdot g_2 + 3 \cdot g_3 + \ldots$$

Für einen Bogen b gibt es nun zwei Möglichkeiten:

(1) b ist Teil eines Bogenkreises, der ein Gebiet umschließt
In diesem Fall gilt: b ist Grenze für *zwei* Gebiete.

(2) b ist *nicht* Teil eines Bogenkreises, der ein Gebiet umschließt
Dann liegt b *innerhalb eines Gebietes*. Gemäß der Anmerkung wird b dann für dieses Gebiet *zweimal* als Grenze gezählt.

Insgesamt ergibt sich:
Jeder Bogen wird *zweimal* als Grenze gezählt. Deshalb ist die Summe s aller Gebietsgrenzen doppelt so groß wie die Anzahl der Bögen. Damit gilt

$$2 \cdot b = s = g_1 + 2 \cdot g_2 + 3 \cdot g_3 + \ldots.$$

(26) Nach Satz 9 gilt:

$2 \cdot b = 3 \cdot g$
$\Rightarrow g = 2/3 \cdot b$
Mit Satz 8 gilt:
$k - b + g = 2$
$\Rightarrow k - b + 2/3 \cdot b = 2$
$\Rightarrow k - 1/3 \cdot b = 2$
$\Rightarrow k - 2 = 1/3 \cdot b$
$\Rightarrow b = 3 \cdot (k - 2)$

(27) Vergleiche die Ausführungen zur Aufgabe (26).

(33) Es ist zu zeigen, daß Knoten, die in einer Bogenfolge mehrfach durchlaufen werden, *immer* (d.h. bei jedem "Besuch" des Knotens) gleich gefärbt werden.
Wenn in der Abfolge $k_a - ... - k_z$ ein Knoten k_i mehrfach vorkommt, fahren wir den Bogenkreis entlang, bis dies erstmalig geschieht
$k_a - ... - k_{i-1} - k_i - ... - k_i - k_j - ... - k_z$
Im Bogenkreis
$k_i - ... - k_i$
kommt nun kein Knoten - außer k_i - zweimal vor, k_i selbst kommt genau zweimal vor.
Damit erfüllt nun $k_i - ... - k_i$ die Voraussetzung des ersten Falles von Satz 6 und enthält deshalb geradzahlig viele Bögen. Daraus folgt unmittelbar, daß k_i beim ersten und zweiten Vorkommen gleich eingefärbt wird.
Man durchsucht die Bogenfolge nun zunächst nach weiteren Vorkommen von k_i, für die man analog schließt. Danach verfährt man entsprechend mit anderen Knoten, die mehrfach vorkommen.

(35) Wenn alle Knoten eine Ordnung > 5 hätten, müßte gelten:
$k^*_1 = k^*_2 = k^*_3 = k^*_4 = k^*_5 = 0.$
$\Rightarrow 6 \cdot (k^* - 2)$
$= k^*_1 + 2 \cdot k^*_2 + 3 \cdot k^*_3 + 4 \cdot k^*_4 + 5 \cdot k^*_5 + 6 \cdot k^*_6 + 7 \cdot k^*_7 + 8 \cdot k^*_8 + ...$
$= 6 \cdot k^*_6 + 7 \cdot k^*_7 + 8 \cdot k^*_8 + ...$
$\geq 6 \cdot k^*_6 + 6 \cdot k^*_7 + 6 \cdot k^*_8 + ...$
$= 6 \cdot k^*$
$> 6 \cdot (k^* - 2)$
Dies ist nicht möglich.

(38) Wenn Schlingen zugelassen wären, wäre $u_0 = 1$.

Kapitel IV

(1) Die Analyse der einfachen Flächenumwandlungen bleibt Ihnen überlassen.

(4) Die Winkelsumme im n-Eck beträgt $(n-2) \cdot 180°$.

(5) Da in regelmäßigen n-Ecken alle Winkel gleich groß sind, haben die Innenwinkel im Fünfeck eine Größe von 108°. Wenn eine Parkettierung der Ebene mit regelmäßigen Fünfecken möglich wäre, müßte die Summe der Innenwinkel der an einer Ecke zusammenstoßenden Fünfecke 360° betragen. Dies ist aber unmöglich, weil 108 kein Teiler von 360 ist.

Bei Sechsecken haben die Innenwinkel eine Größe von 120°, so daß dieses Problem nicht entsteht.

(6) Benutzen Sie Stufenwinkel- und Wechselwinkelsatz.

(8) Zeichnen Sie die Strecke [AB] mit der Länge 8 cm. Diese soll die Hypotenuse des Dreiecks werden. Zeichnen Sie den Thaleskreis über [AB]. Schlagen Sie um A einen Kreis mit Radius 5 cm.

(9) $\sqrt{p \cdot q}$ ist aufgrund des Höhensatzes die Länge der Höhe im erzeugten Dreieck. Diese ist stets kleiner oder gleich dem Radius des Kreises. Dieser hat aufgrund der Konstruktion

den Wert $\frac{p+q}{2}$.

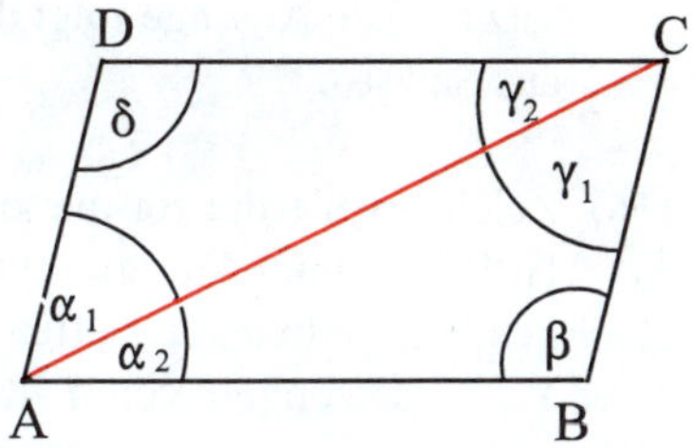

(10) Die Aussage folgt aus dem Satz des Thales.

(11) Zeichnen Sie eine Diagonale ein.

(12) a) Wir zeigen hier nur, daß die Gegenwinkel α und γ gleich

sind:
$\alpha_1 = \gamma_1$ (Wechselwinkelsatz)
$\alpha_2 = \gamma_2$ (Wechselwinkelsatz)
$\Rightarrow \alpha_1 + \alpha_2 = \gamma_1 + \gamma_2$
$\Rightarrow \alpha = \gamma$

b) Zunächst gilt: $\alpha + \beta = 180^\circ$.
Da es sich bei den eingezeichneten Geraden um Winkelhalbierende handelt, muß deshalb $\alpha_1 + \beta_1 = 90^\circ$ gelten.
Daraus folgt dann:
$\gamma = 90^\circ$.
Entsprechend argumentiert man für die anderen Innenwinkel des eingeschlossenen Vierecks.

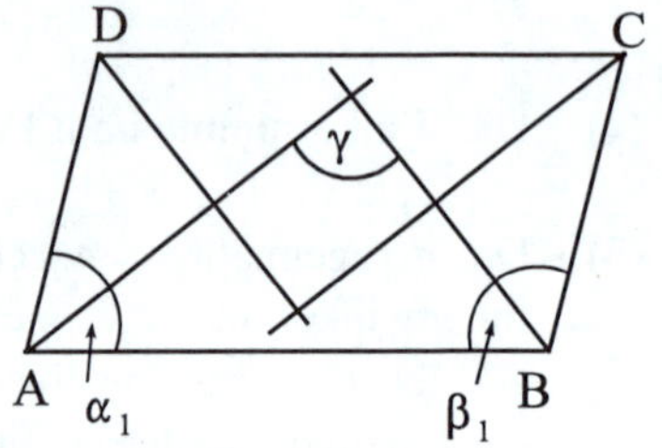

(13) Wir verlängern die Strecke [AC] über C hinaus bis zu dem Punkt C' als Schnittpunkt mit dem Halbkreis. Es gilt nun:
$\beta = 90^\circ$ (nach Voraussetzung) und
$\gamma = 90^\circ$ (Satz des Thales).
Analog zu Fall 1 ergibt sich nun bei der Betrachtung des Dreiecks CC'B ein Widerspruch zum Satz über die Winkelsumme im Dreieck.

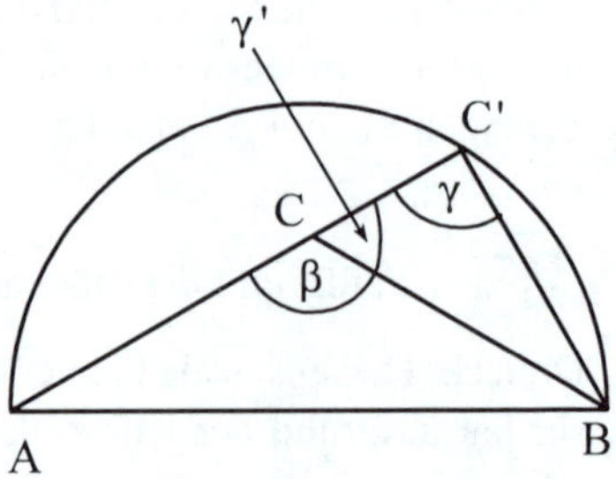

(14) Benutzen Sie den Satz des Thales und den Satz des Pythagoras.

(15) Wenden Sie auf einen der beiden Winkel den Scheitelwinkelsatz an. Die Aussage folgt dann aus Satz 16.

(16) Zeichnen Sie die rot markierte Hilfslinie ein. Auf die entstehenden Teilwinkel treffen die Voraussetzungen von Fall (1) zu.

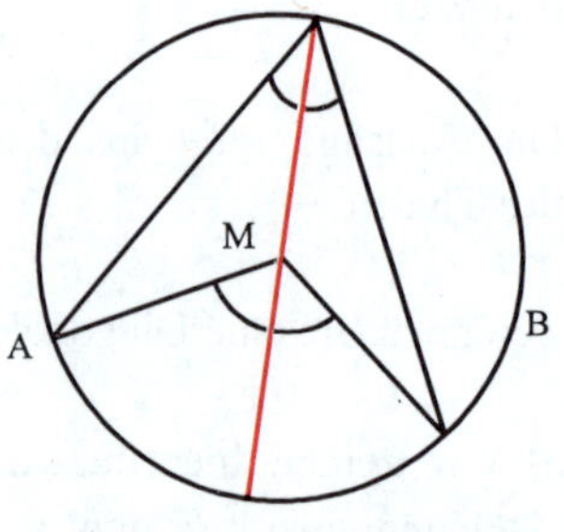

(17) Hinweise finden Sie im Buch von Holland [10].

(18) a) Vgl. Aufgabe (12).
b) Dies ist bei Quadraten der Fall.

Kapitel V

(2)

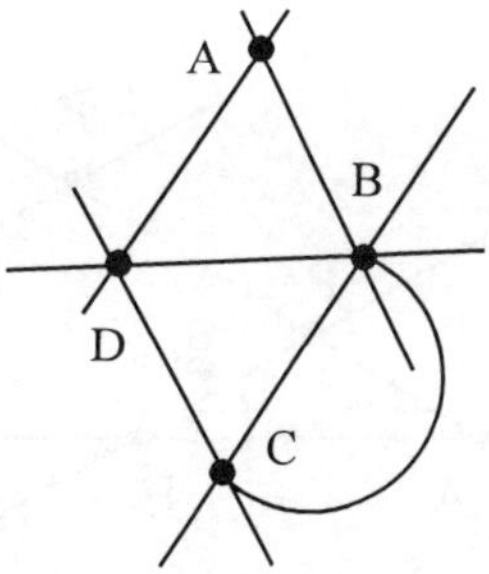

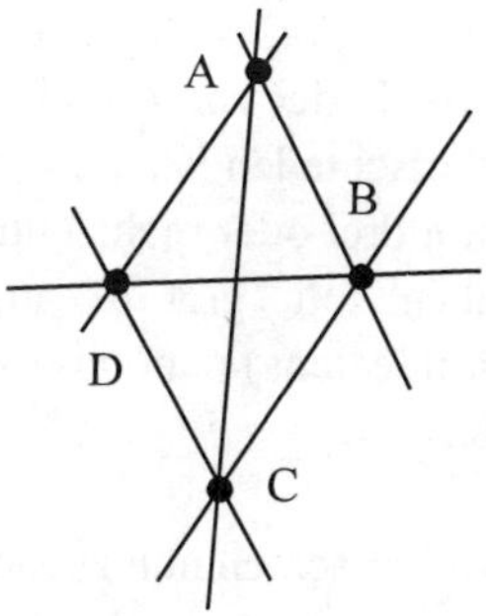

Linkes Modell
V2 und V3 gelten. V1 gilt nicht, weil es zwischen A und C keine Verbindungsgerade gibt. Das Parallelenaxiom ist nicht erfüllt, denn zu g_{DB} gibt es durch A keine Parallele.

Rechtes Modell
Die Axiome V1, V2, V3 und das Parallelenaxiom sind erfüllt.

(3)

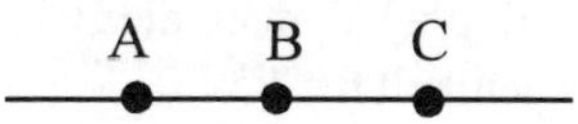

(4) Wir beweisen die Aussage indirekt und nehmen an, daß unter den gegebenen Voraussetzungen k nicht parallel zu g ist. k schneide g in P. Da g parallel zu h ist und k die Gerade g schneidet, muß k nach Satz 2 auch h schneiden, im Widerspruch zur Voraussetzung.

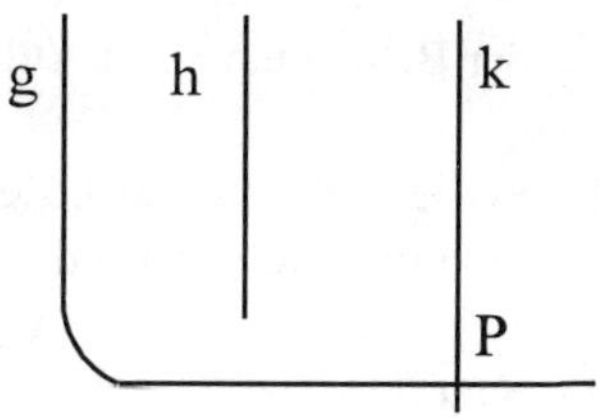

(5) Ja. Die Parallelität geht nicht entscheidend in die Überlegungen ein. Um dies zu erkennen, betrachten wir den Anfang des Beweises. Der Text bleibt erhalten, lediglich die Zeichnungen werden angepaßt.
g sei die Gerade mit genau zwei Punkten. Wir nennen die beiden Punkte auf g A und B.
Annahme (indirekt): Es gibt eine Gerade h mit 3 oder mehr Punkten.

Wir betrachten hier den Fall, daß h nicht parallel zu g ist, sondern g im Punkt A schneidet.
Da g und h verschieden sein sollen, gibt es auf h einen Punkt P, der von A und von B verschieden ist.
Da h drei oder mehr Punkte haben soll, gibt es auf h (mindestens) noch den Punkt R.

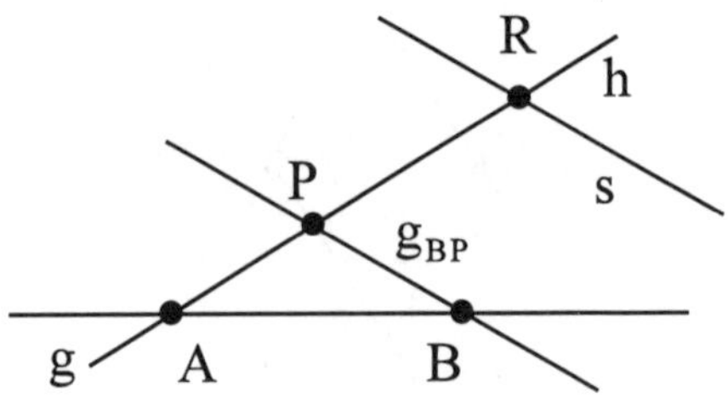

Wir betrachten nun zunächst die Gerade g_{BP}. Zu dieser Geraden zeichnen wir die Parallele s durch R.
Danach geht man weiter wie beim in Kapitel V vorgeführten Beweis vor.

(6) Man geht ganz analog wie beim Beweis von Satz 3 vor. Es ist lediglich eine Parallele mehr zu zeichnen.

(7) Seien die Geraden g, h und k paarweise verschiedene Geraden mit $h \parallel k$.
Dann gilt: Wenn die Gerade g die Gerade h in einem Punkt P schneidet, dann schneidet g auch die Gerade k.
Der Beweis ist derselbe wie in Kapitel V, denn die Behauptung gilt ohne zusätzliche Überlegungen für den Fall h = k.

(8) Wegen der Transitivität von $\parallel$ gilt $g \parallel k$. Damit folgt die Behauptung aus der Behauptung von Aufgabe 7.

(9) Fertigen Sie sich eine Zeichnung an. Sie werden erkennen, daß die Aussage unmittelbar aus dem Parallelenaxiom folgt.

(11) Satz 5
Seien A, B und C drei verschiedene Punkte einer Geraden. Der Punkt A

liege zwischen den Punkten B und C. Dann gilt:
Der Punkt B kann nicht zwischen den Punkten A und C liegen, und der Punkt C kann nicht zwischen den Punkten A und B liegen.

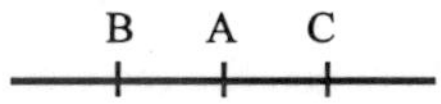

Beweis
Nach Definition 3 gilt für die "Zwischenrelation", daß entweder
$B \prec A \prec C$ oder $C \prec A \prec B$ gilt.
Wir betrachten nur den Fall $B \prec A \prec C$.
($C \prec A \prec B$ läßt sich entsprechend behandeln.)
Gelte also
$B \prec A \prec C$.
Mit der Transitivität von $\prec$ gilt
$B \prec C$.
Aus dem Anordnungsaxiom A1 folgt, daß wegen $B \prec A$
nicht $A \prec B$
und wegen $B \prec C$
nicht $C \prec B$
gelten kann.

Somit kann weder $A \prec B \prec C$ noch $C \prec B \prec A$ gelten, B kann also nicht zwischen A und C liegen.
Entsprechendes läßt sich auch für den Punkt C zeigen.

(12) Zwei Strahlen (Halbgeraden) sind parallel, wenn ihre jeweiligen Trägergeraden parallel sind. Keiner der beiden Sätze läßt sich auf Strahlen bzw. Halbgeraden übertragen.

(15) Zeichnen Sie eine Diagonale ein. Benutzen Sie den Satz von Pasch.

(16) Sei o.B.d.A. der Punkt $P \in h_{(A)}$ mit $P \in \boldsymbol{H}_1$. Dann ist]AP] eine Strecke mit $A \in g$. Nach Satz 8 gilt dann, daß die Strecke]AP] entweder ganz in der Halbebene $\boldsymbol{H}_1$ oder ganz in der Halbebene $\boldsymbol{H}_2$ liegt. Da P in der Halbebene $\boldsymbol{H}_1$ liegt, muß auch die Strecke]AP] ganz in der Halbebene $\boldsymbol{H}_1$ liegen.

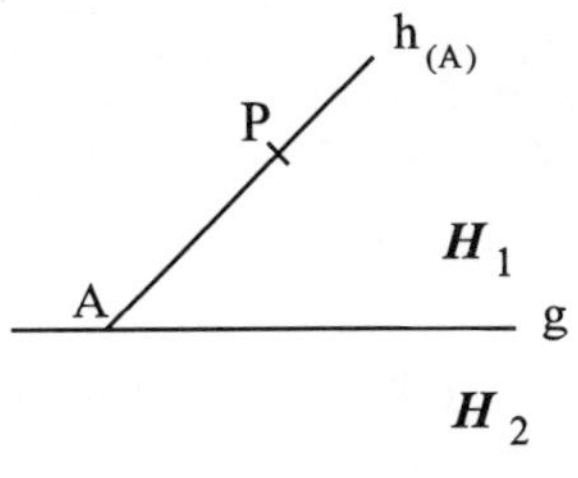

(17) Es gelten alle Axiome bis auf das Parallelenaxiom.

(18) Zeichnen Sie die Gerade g_{AP}. Sie ist eine Transversale des Winkels ∢(BAC) und schneidet somit]BC[in einem Punkt D. Auf das Dreieck ABD läßt sich der Satz von Pasch anwenden. Eine weitere Anwendung dieses Satzes liefert die Behauptung.

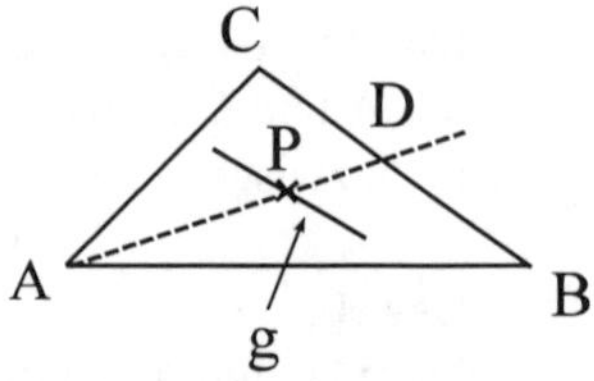

(19) Wenden Sie Satz 12 und K3 an.

(20) Die Beweisanfänge sind bereits gegeben. Vervollständigen Sie die Beweise.

(a) Wir behandeln zunächst die Richtung "⇐".
Voraussetzung: $A \in g$
zu zeigen: $[AP] \equiv [AP']$

Sei $A \in g$, A' sei das Spiegelbild von A an g. Dann ist
$A = A'$.
Fahren Sie jetzt selbständig fort.

(b) Jetzt ist "⇒" zu zeigen.
Voraussetzung: $[AP] \equiv [AP']$
zu zeigen: $A \in g$

Annahme (indirekt): $A \notin g$

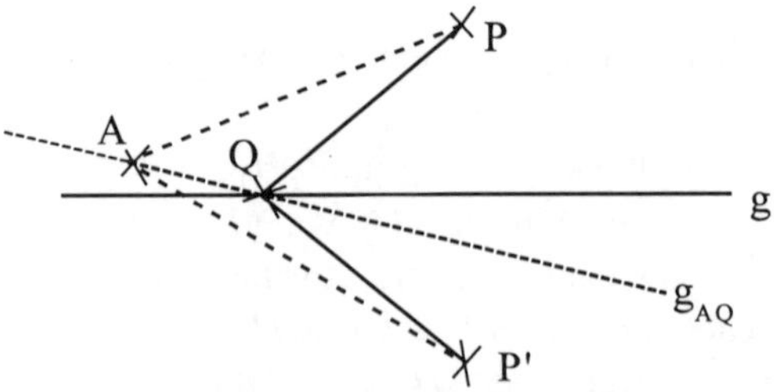

Dann nehmen wir auf g einen Punkt Q an, also: $Q \in g$

Dann gilt nach a):

$[QP] \equiv [QP']$.

Fahren Sie jetzt selbständig fort.
Hinweis: Überlegen Sie, was für die Gerade g_{AQ} gelten muß.

(22) Der Beweis ergibt sich unmittelbar aus den Ausführungen des Beweises von Satz 14.

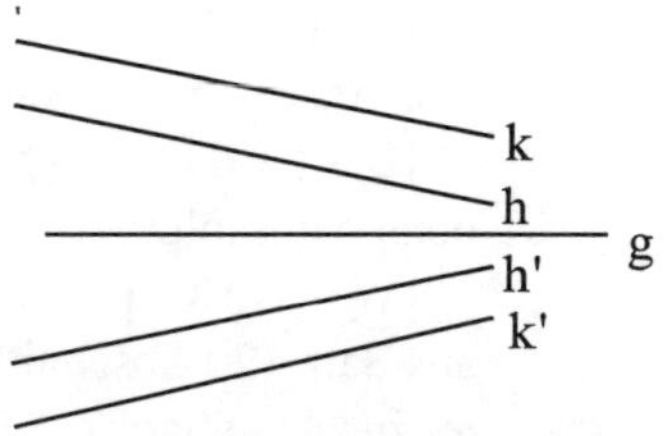

(23) **Beweis zu Satz 17**

Voraussetzung: $h \parallel k$

$h' = S_g(h)$

$k' = S_g(k)$

zu zeigen: $h' \parallel k'$

Annahme (indirekt):

$h' \nparallel k'$, d.h. $h' \cap k' = \{P'\}$

Nach Satz 14 a gilt: $S_g(h') = h$ und $S_g(k') = k$ und $S_g(P') = P$
Da die Geradenspiegelung eine involutorische Abbildung ist und

$h' \cap k' = \{P'\}$

gilt, müßte ebenso

$h \cap k = \{P\}$

gelten, was jedoch im Widerspruch zur Voraussetzung steht.

(25) Wenn $P = P^*$ ist, aber $Q \neq Q^*$, spiegelt man an der Symmetrieachse von $[QQ^*]$. Wenn $P = P^*$ und $Q = Q^*$, spiegelt man an der Symmetrieachse von $[PQ]$.

(27) Zeichnen Sie den Mittelpunkt M von [AB]. Verbinden Sie M mit C. Wenden Sie auf die entstehenden Dreiecke einen Kongruenzsatz an.

(28) a) Das Dreieck $A^*B^*C^*$ stimme mit ABC überein, lediglich die Bezeichnung von A und B seien vertauscht (s. Skizze).
Nach dem Kongruenzsatz (wsw) sind die Dreiecke ABC und $A^*B^*C^*$ kongruent.
Insbesondere gilt damit:

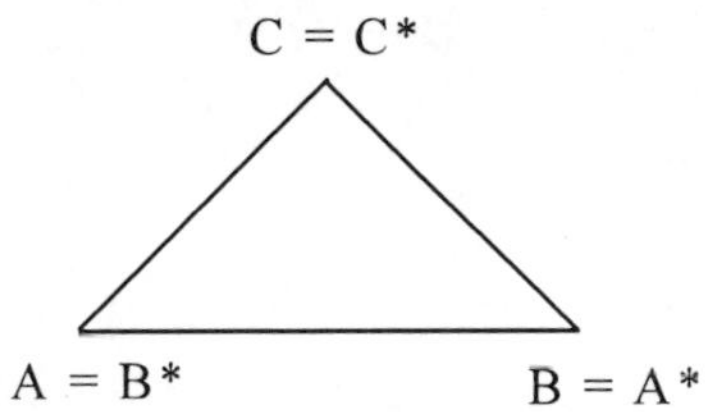

[AC] ≡ [A*C*] = [BC].
Das war zu zeigen.

b) Im Kapitel zur Schulgeometrie wurde bereits gezeigt, daß das Viereck WXYZ ein Rechteck ist.
Da der Winkel α kongruent zu β ist, muß aufgrund der Umkehrung des Basiswinkelsatzes gelten, daß
[BX] ≡ [DX].
Wir müssen nun noch zeigen, daß
[BW] ≡ [DY], (*)
denn dann folgt
[WX] ≡ [XY]
aus Satz 12 (Abschnitt 5 im Kapitel zur Axiomatik).

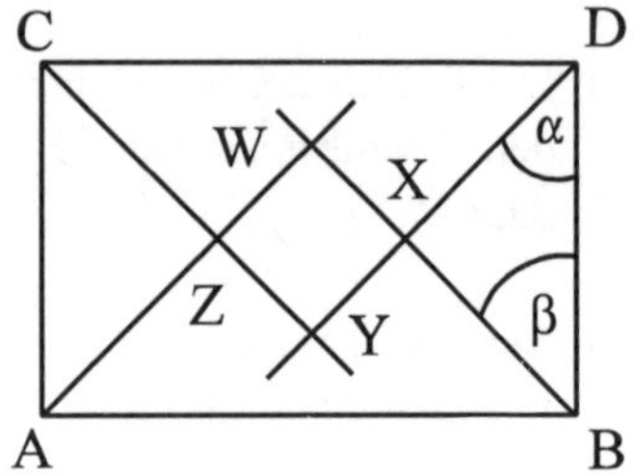

Man kann sich nun überlegen, daß beim Spiegeln an der Mittelsenkrechten von [DB] die Strecke [WX] auf [DY] abgebildet wird. Mit SP3 gilt dann die Kongruenz (*).

(29) Wenden Sie Satz 26 und Satz 28 an.

(30), (31), (32)
Das Vorgehen wird in vielen Schulbüchern beschrieben. Die Korrektheit des Vorgehens folgt aus den Spiegelungsaxiomen sowie aus den Sätzen über die Spiegelung und die Relation "steht senkrecht auf".

(33) f sei eine geraden- und streckentreue Abbildung. ABC seien drei nicht kollineare Punkte. Es sei
f(a) = A*, f(B) = B*, f(C) = C*.
Nach dem Kongruenzsatz (sss) gibt es eine Bewegung ***B***, die das Dreieck ABC auf das Dreieck A*B*C* abbildet. Der Beweis des Satzes zeigt, daß diese Abbildung aus höchstens 3 Spiegelungen zusammengesetzt ist. Aus Satz 32 folgt, daß f gleich dieser Bewegung sein muß.

Klausurvorschläge

Abschlußklausur zur Vorlesung Ausgewählte Kapitel aus der Geometrie

Es sind alle Aufgaben zu bearbeiten. Bearbeitungszeit: 2 Stunden

Aufgabe 1

Formulieren und beweisen Sie den Satz des Thales.
(6 Punkte)

Aufgabe 2

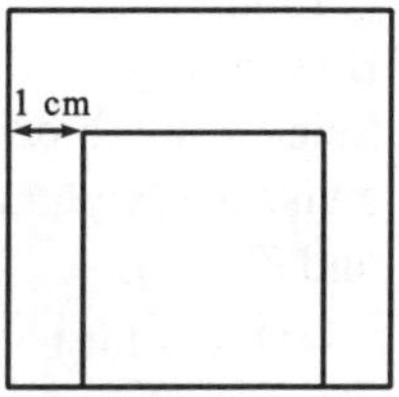

Auf einem Würfel der Seitenlänge 5 cm steht eine Pyramide mit quadratischer Grundfläche. Die Maße der Grundfläche der Pyramide betragen 3 cm · 3 cm. Die nicht maßstabsgetreue Skizze gibt die Lage der Pyramide auf dem Würfel an.
Die Seitenflächen der Pyramide haben eine Neigung von 45 °.
Zeichnen Sie den Gegenstand in Dreitafelprojektion und in Militärperspektive.
(5 Punkte)

Aufgabe 3

Der quaderförmige Körper eines Spitzgiebelhauses hat die Maße

Breite 5 cm
Länge 8 cm
Höhe 4 cm

Der Neigungswinkel des Daches betrage 41 °.

a) Zeichnen Sie das Haus in Dreitafelprojektion. (3 Punkte)
b) Zeichnen Sie das Haus in Kavalierperspektive. (3 Punkte)
c) Fertigen Sie für den Bastelbogen eine Skizze an. Berechnen Sie die für den Bastelbogen notwendigen Maße. (3 Punkte)

Aufgabe 4

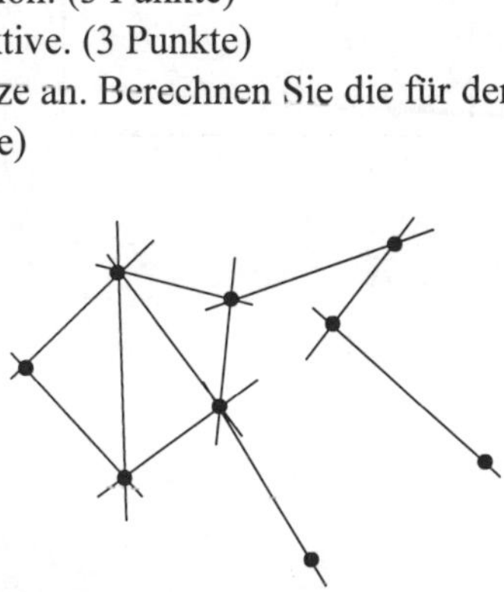

a) Formulieren Sie die Inzidenz-Axiome und das starke Parallelen-Axiom.
(2 Punkte)
b) Welche Axiome gelten in der Ebene der nebenstehenden Zeichnung. Es befinden sich nur dort Punkte, wo dies eindeutig

markiert ist. (mit Begründung) (2 Punkte)

c) Zeichnen Sie eine Ebene, die genau vier Punkte enthält, und in der die Inzidenz-Axiome gelten. Gilt in dieser Ebene das Parallelen-Axiom? (Mit Begründung) (2 Punkte)

d) ***E*** sei eine Ebene, in der die drei Inzidenz-Axiome gelten.
g, h und k seien Geraden. Zeigen Sie: Wenn g parallel h ist und k die Gerade g schneidet, dann schneidet k auch h. (2 Punkte)

Aufgabe 5

a) Formulieren Sie die Kongruenz-Axiome (2 Punkte)

b) Beweisen Sie:
Seien g und h orientierte Geraden. Auf g liegen die Punkte X, Y, Z mit Y zwischen X und Z. Auf h liegen die Punkte X', Y', Z' mit Y' zwischen X' und Z'.
Es sei [XY] ≡ [X'Y'] und [XZ] ≡ [X'Z'].
Dann ist [YZ] ≡ [Y'Z'].
(4 Punkte)

Aufgabe 6

Sind die Gebiete des folgenden Graphen mit zwei Farben korrekt färbbar? Begründen Sie Ihre Behauptung unter Benutzung des entsprechenden Satzes der Vorlesung. Kann man *einen* Bogen entfernen und den Graphen somit korrekt färbbar machen? (Mit Begründung) (3 Punkte)

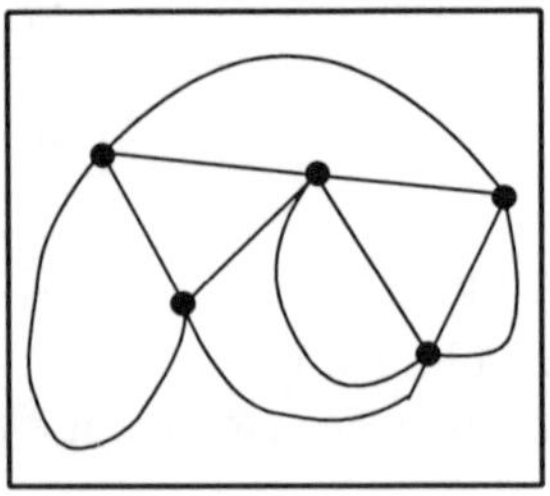

Examensklausur Geometrie Primarstufe
Weiteres Fach, Beispiel 1

Es sind alle Aufgaben zu bearbeiten. Bearbeitungszeit: 4 Stunden

Aufgabe 1

a) Zeigen Sie, daß die Summe der Ordnungen aller Knoten eines beliebigen Graphen geradzahlig ist.

b) Bei einem *Viereckgsgraph* sind alle Gebiete von genau vier Bögen begrenzt. *Dies muß auch für das äußere Gebiet gelten!* Nebenstehend sehen Sie ein Beispiel für einen Vierecksgraphen. Leiten Sie aus der Eulerschen Polyederformel her, daß für Vierecksgraphen gilt:
$4k - 2b = 8$

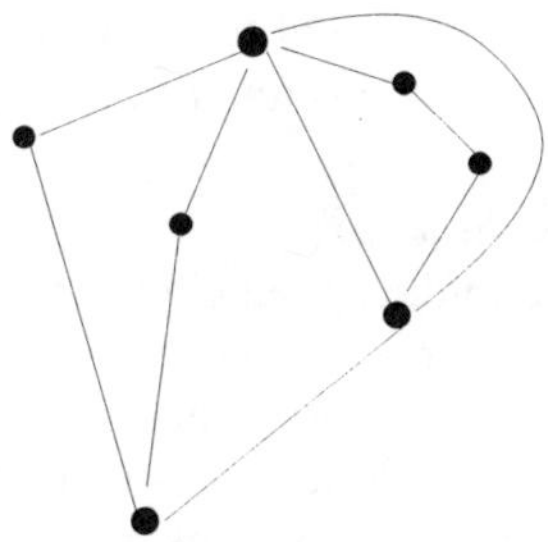

c) Ein schlichter Graph heißt *vollständiger Graph* V_n genau dann, wenn er n Knoten hat und jeder Knoten mit jedem anderen durch genau einen Bogen verbunden ist. Bestimmen Sie die Anzahl der Bögen von V_n, und begründen Sie Ihre Aussage.

Aufgabe 2

Gegeben ist eine Landschaft mit einem Fluß und mehreren Brücken:

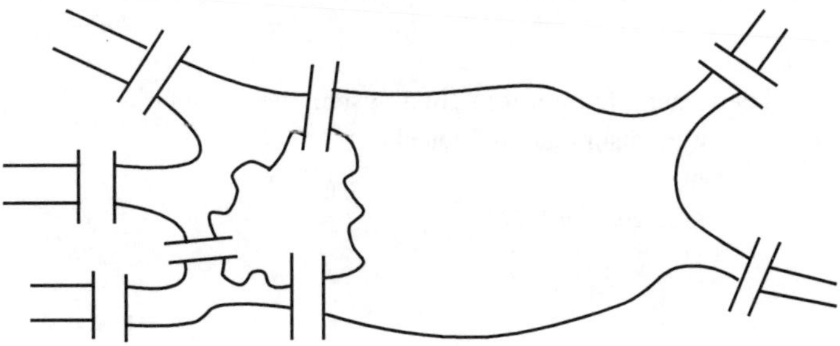

a) Gibt es einen Spazierweg, der über jede Brücke genau einmal führt? Der Weg braucht kein Rundweg zu sein. Zeigen Sie mit Hilfe eines geeigneten

Graphen, daß dies nicht geht. Die Zeichnung ist in nachvollziehbarer Weise zu beschriften.

b) Welche Brücke müßte *gesprengt* werden, um die Frage aus a) positiv zu beantworten.
Nennen Sie alle Möglichkeiten, geben Sie eine kurze Begründung.

c) Wäre es auch möglich, in der Landschaft von a) eine *zusätzliche* Brücke zu bauen, so daß anschließend ein Spazierweg möglich wäre, der über jede Brücke genau einmal führt? Geben Sie alle Möglichkeiten an.

Aufgabe 3

Formulieren und beweisen Sie im informellen System der Geometrie den Satz des Pythagoras und den Kathetensatz.

Aufgabe 4

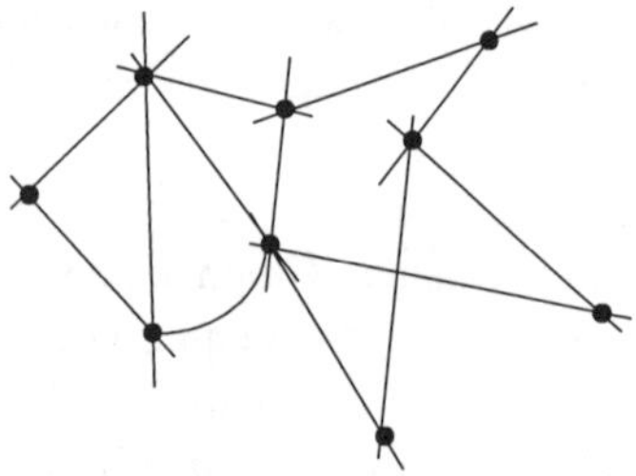

a) Formulieren Sie die Inzidenz-Axiome und das starke Parallelen-Axiom.

b) Welche Axiome gelten in der Ebene der nebenstehenden Zeichnung? Es befinden sich nur dort Punkte, wo dies eindeutig markiert ist. (Begründen Sie Ihre Angaben!)

c) Zeichnen Sie eine Ebene, die genau vier Punkte enthält, und in der die Inzidenz-Axiome gelten. Gilt in dieser Ebene das Parallelen-Axiom? (Mit Begründung)

d) ***E*** sei eine Ebene, in der die drei Inzidenz-Axiome und das Parallelenaxiom gelten.
g, h und k seien Geraden. Zeigen Sie: Wenn g parallel h ist und k die Gerade g schneidet, dann schneidet k auch h.

Aufgabe 5

Formulieren und beweisen Sie im informellen System der Geometrie

a) den Satz über die Winkelsumme im Dreieck;

b) den Außenwinkelsatz;

c) die Umkehrung des Satzes von Thales.

Examensklausur Geometrie Primarstufe Weiteres Fach, Beispiel 2[1]

Es sind alle Aufgaben zu bearbeiten. Bearbeitungszeit: 4 Stunden

Aufgabe 1

a) Formulieren Sie den Satz über die Durchlaufbarkeit von Graphen.
b) Beweisen Sie den Satz für den Fall, daß ein Graph nur Knoten gerader Ordnung enthält.
c) Diskutieren Sie am Beispiel "Haus des Nikolaus" die Frage, wie viele Knoten *ungerader* Ordnung ein Graph haben darf, wenn er ohne Wiederholungen durchlaufbar sein soll. Die Überlegungen sollen hier allgemeinverständlich gehalten sein.

Aufgabe 2

a) Im Landkreis Steinsland gibt es die Dörfer Adorf, Bdorf und Cdorf.
Ferner gibt es ein Wasser-, ein Strom- und ein Gaswerk. Jedes Dorf soll mit jedem der drei Versorgungswerke durch entsprechende Leitungen verbunden werden. Untereinander sollen die Dörfer nicht durch Leitungen verbunden sein, die drei Versorgungswerke ebenfalls nicht.
Zeichnen Sie die Situation.
b) Ist eine Verbindung durch Versorgungsleitungen kreuzungsfrei möglich?
Diese Frage läßt sich durch Rückgriff auf einen Satz der Vorlesung beantworten. Beweisen Sie diesen Satz.

Aufgabe 3

a) Formulieren und beweisen Sie den Satz des Pythagoras.
b) Formulieren und beweisen Sie den Höhensatz.

Aufgabe 4

a) Formulieren Sie die Anordnungsaxiome
b) Beweisen Sie im Rahmen der axiomatischen Geometrie den Satz von Pasch.

---

[1] Bei der Bearbeitung dieser Klausur werden Kenntnisse aus der *Einführung in die Mathematik II - Geometrie* (Stein [23]) vorausgesetzt.

Aufgabe 5

a) Gegeben ist die nebenstehende Figur, die zwei Spiegelachsen besitzt und ferner die Deckabbildungen D_0 und D_{180} habe.
Füllen Sie die unten vorbereitete Verknüpfungstafel für die Deckabbildungen der Figur aus.

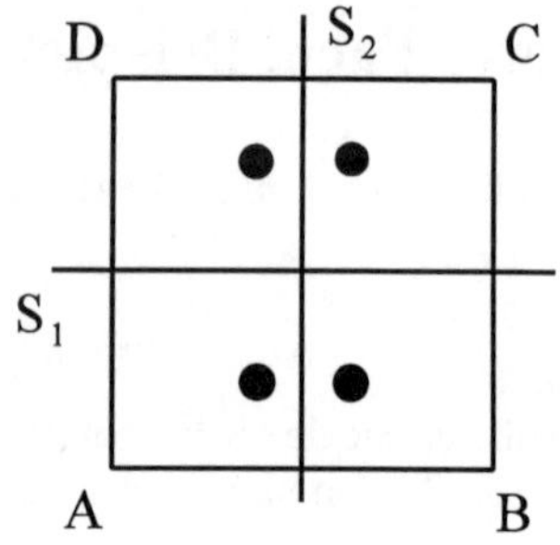

b) Zeigen Sie, daß die Menge der Deckabbildungen zusammen mit der Verknüpfung "Hintereinander ausführen" eine Gruppe bildet.

c) Geben Sie alle Untergruppen dieser Gruppe an.

	D_0	D_{180}	S_1	S_2
D_0				
D_{180}				
S_1				
S_2				

Literaturverzeichnis

[2] Bereis, R.: Darstellende Geometrie I. Akademie Verlag, Berlin 1964

[1] Berge, Cl.: Graphs and Hypergraphs. North Holland Publ. Comp.; Amsterdam, London 1973

[3] Bodendiek, R.; Lang, R.: Lehrbuch der Graphentheorie. Spektrum Akademischer Verlag, Heidelberg. Bd. 1: 1995 Bd. 2: 1996

[4] Coxeter, H.S.M.: Unvergängliche Geometrie. Birkhäuser Verlag, Basel 1963

[5] Coxeter, M.C. (Hrsg.): M.C. Escher: Art and Science. North Holland Publ., Amsterdam etc. 1988[3]

[6] Fraedrich, A.M.: Die Satzgruppe des Pythagoras. B.I. Wissenschaftsverlag, Mannheim 1994

[7] Freudenthal, H.: Mathematik als pädagogische Aufgabe, Bd. 2. Klett Verlag, Stuttgart 1973

[8] Haack, W.: Darstellende Geometrie Bd. I: Die wichtigsten Darstellungsmethoden - Grund- und Aufriß ebenflächiger Körper. Walter de Gruyter & Co., Berlin 1971

[9] Heinrich, Fr.: Verwandlungen von Parketten, in: Die Wurzel, Heft 8/97, S. 171 - 180

[10] Holland, G.: Geometrie in der Sekundarstufe. Spektrum Akademischer Verlag, Heidelberg 1996[2]

[11] Lorenz, J. H.: Parkettierungen - Von Quadraten zu Escher, in: Grundschule, Jg. 23 (1991), Heft 2, S. 16-19

[12] Marx, A.: Darstellende Geometrie für Unterricht, Studium und Praxis. Helmut Dähmlow Verlag, Neuss 1983

[13] Mitschka, A; Strehl, R.: Einführung in die Geometrie. Herder Verlag; Freiburg 1979

[14] Mitschka, A; Hollmann, E.; Strehl, R.: Einführung in die Geometrie. div Verlag Franzbecker, Hildesheim 1998

[15] Müller, K.P.; Wölpert, H.: Anschauliche Topologie. B.G. Teubner Verlag, Stuttgart 1976

[16] Oystein, O.: Graphen und ihre Anwendungen. Klett Verlag, Stuttgart 1974

[17] Padberg, Fr.: Einführung in die Mathematik I: Arithmetik. Spektrum Akademischer Verlag 1997

[18] Puscher, R.: Ornamente, in: mathematik lehren, Heft 79, 1996 - Mathe Welt, S. 1 - 24

[19] Rehbock, F.: Darstellende Geometrie. Berlin, Heidelberg, New York 1969

[20] Scheid, H.: Elemente der Geometrie. BI Wissenschaftsverlag, Mannheim 1991

[21] Stein, M.: Beweisen. Franzbecker Verlag, Bad Salzdetfurth 1986

[22] Stein, M.: Zur Einführung in das Beweisen. Eine Unterrichtsreihe für den Geometrie-Unterricht in Klasse 7, in: Praxis der Mathematik, Jg. 32, 1990, Heft 1, S. 14-26

[23] Stein, M.: Einführung in die Mathematik II: Geometrie. Spektrum Akademischer Verlag, Heidelberg, Berlin 1997

[24] Wippermann, H.: Ornamente, in: mathematik lehren, Heft 50, 1992, S. 55 - 60

[25] Wippermann, H.: Graphen im Unterricht. Georg Kallmeyer Verlag, Göttingen 1976

[26] Wittmann, E.: Elementargeometrie und Wirklichkeit. Vieweg Verlag, Braunschweig 1987

[27] Zickenheiner, K.; Nehmelmann, S.: Technologie für Zimmerer. Hermann Schroedel Verlag, Hannover 1979

Index

Liste der verwendeten Symbole

$\cup$	vereinigt mit
$\cap$	geschnitten mit
$\emptyset$	leere Menge
$<$	kleiner
$\leq$	kleiner oder gleich
$>$	größer
$\geq$	größer oder gleich
$=$	gleich
$\neq$	ungleich
$\approx$	ungefähr gleich
$\Rightarrow$	wenn, dann
$\Leftrightarrow$	genau dann, wenn
[A B]	abgeschlossene Strecke
]AB[	offene Strecke
g_{AB}	Gerade durch die Punkte A und B
$g_{(A)}$	Halbgerade mit dem Anfangspunkt A
g_A	Strahl mit dem Anfangspunkt A
$\boldsymbol{H}_1, \boldsymbol{H}_2$	Halbebenen
$\prec$	liegt vor
$\parallel$	parallel oder gleich
$\perp$	steht senkrecht auf
$\equiv$	kongruent
$\vec{v}$	Vektor
$\vec{v}_{AB}$	Vektor mit Anfangspunkt A und Zielpunkt B
<a;b>	ungeordnetes Paar
$\in$	Element
{1, 2, ...}	Menge in aufzählender Schreibweise
{x| ...}	Menge aller x, für die gilt ...
M&M	ungeordnetes Produkt von M

$f: A \to B$	Abbildung von A nach B
$f: x \mapsto y$	f ordnet x den Wert y zu
$\mathbb{N}$	Menge der natürlichen Zahlen
$\mathbb{Q}$	Menge der rationalen Zahlen
$\mathbb{Z}$	Menge der ganzen Zahlen
$\mathbb{R}$	Menge der reellen Zahlen
D_α	Drehung um den Winkel α
S_g	Spiegelung an der Geraden g
$D_{M;\alpha}$	Drehung um α mit Drehzentrum M
$D_1 \circ D_2$	Verknüpfung zweier Drehungen
b_1, b_2	Bögen von Graphen
k_1, k_2	Knoten von Graphen
$F_1, F_2, \ldots$	Maßzahlen von Flächeninhalten
$\mathscr{F}_1, \mathscr{F}_2, \ldots$	Bezeichnungen für geometrische Figuren
G, G_1, G_2	Graphen
$\frac{9}{4}$	Bruchzahl
1/2, 1/3 ...	Bruchzahl
$\sqrt{a}$	Quadratwurzel aus a
a^2	Quadrat einer Zahl
a^o	Maßzahlen von Winkeln
α, β, γ	Bezeichnung von Winkeln
$\sphericalangle BAC$	Winkel, der durch den Scheitel A und zwei weitere Punkte gegeben ist.
$[h_A, g_A]$	Winkel, der durch zwei Strahlen gegeben ist
cos	Kosinus
sin	Sinus
tan	Tangens
o. B. d. A.	ohne Beschränkung der Allgemeinheit